中國經營企業
決策與管理

（第二版）

黃潔 主編

財經錢線

總　序

　　高等教育的任務是培養具有創新精神和實踐能力的高級專門人才。「實踐出真知」，實踐是檢驗真理的唯一標準，也是知識的重要源泉。大學生的知識、能力、素養不僅來源於書本理論與老師的言傳身教，更來源於實踐感悟與體驗。大學教育的各種實踐教學環節對於培養學生的實踐能力和創新能力尤其重要，實踐對於大學生成長至為關鍵。

　　隨著中國高等教育從精英教育向大眾化教育轉變，客觀上要求高校更加重視培養學生的實踐能力。以往，各高校主要通過讓學生到企事業單位和政府機關實習的方式來訓練學生的實踐能力。但隨著高校不斷擴招，傳統的實踐教學模式受到學生人數多、崗位少、成本高等多重因素的影響，越來越無法滿足實踐教學的需要，學生的實踐能力培養越來越得不到保障。有鑒於此，各高校開始探索通過校內實驗教學和校內實訓的方式來緩解上述矛盾，而實驗教學也逐步成為人才培養中不可替代的途徑和手段。目前，大多數高校已經普遍認識到實驗教學的重要性，認為理論教學和實驗教學是培養學生能力和素質的兩種同等重要的手段，二者相輔相成、相得益彰。

　　相對於理工類實驗教學而言，經濟管理類專業實驗教學起步較晚，發展滯后。在實驗課程體系、教學內容（實驗項目）、教學方法、教學手段、實驗教材等諸多方面，經濟管理實驗教學都尚在探索之中。要充分發揮實驗教學在經濟管理類專業人才培養中的作用，就更需要深化實驗教學研究和推進改革，加強實驗教學基本建設的任務更加緊迫。

再版前言

近年來，大學院校經濟管理類專業實驗、實訓教學的發展和創新日新月異。綜合實訓類課程更是得到了很多專家和學生的肯定，在多個大學開展建設。本教材以企業經營管理為背景，內容涉及戰略管理、市場營銷、生產運作管理等多個專業的基礎理論知識，分別設計實訓模塊。並力圖在一個統一的數據、資料背景下，將所有的實訓模塊融會貫通起來，體現課程的綜合性和系統性。

教材出版後，我們在授課過程中不斷發現問題，總結經驗。從教學實踐來看，本教材在各章節實訓環節的系統性和無縫銜接這方面仍然存在著不少問題。因此，本次再版，我們對幾個章節的實訓內容進行了調整。一是實訓內容的調整和精簡，刪掉部分重複性的內容，簡化了部分環節。二是力圖使每個實訓任務與整個實訓的大背景資料結合得更加緊密。因此，我們對部分章節的背景資料和數據進行了進一步完善，讓不同章節實訓環節的內在聯繫更加緊密。

但因個人能力有限，本教材肯定仍然存在許多不當之處，懇請廣大讀者繼續批評指正，我們也將繼續努力，不斷完善！

編者

目 錄

第一章　企業設立 ·· （1）
 第一節　企業設立的概述 ·· （1）
  一、企業 ·· （1）
  二、企業設立 ·· （2）
  三、重慶微型企業設立及扶持政策 ······································ （7）
 第二節　有限責任公司設立 ·· （9）
  一、有限責任公司設立概述 ·· （9）
  二、有限責任公司設立基本流程 ·· （9）
 第三節　有限責任公司設立模擬 ··· （15）
  一、實訓目的 ··· （15）
  二、實訓背景資料 ··· （15）
  三、實訓內容及要求 ··· （16）
  四、實訓表單 ··· （22）

第二章　公司戰略制定 ··· （58）
 第一節　戰略管理基礎理論及方法 ··· （58）
  一、公司戰略來源 ··· （58）
  二、公司戰略體系 ··· （59）
  三、戰略類型 ··· （61）
  四、戰略分析方法 ··· （63）
 第二節　戰略制定模擬 ·· （69）
  一、實訓目的 ··· （69）
  二、實訓內容及要求 ··· （69）

第三章　全面預算管理 ··· （73）
 第一節　全面預算管理概述 ·· （73）
  一、全面預算管理的含義 ·· （73）
  二、全面預算管理的內容 ·· （73）

  三、全面預算管理的功能 …………………………………………… (76)
  四、全面預算管理的實施條件 ………………………………………… (77)
 第二節　全面預算的編製 …………………………………………………… (77)
  一、全面預算編製的方法 ……………………………………………… (77)
  二、全面預算編製的體系 ……………………………………………… (79)
  三、全面預算編製的內容 ……………………………………………… (80)
 第三節　公司全面預算編製模擬 …………………………………………… (82)
  一、實訓目的 …………………………………………………………… (82)
  二、實訓要求 …………………………………………………………… (82)
  三、實訓背景資料 ……………………………………………………… (82)
  四、實訓步驟 …………………………………………………………… (90)
  五、實訓表單 …………………………………………………………… (91)

第四章　營銷管理及決策 ……………………………………………………… (104)
 第一節　營銷基礎理論 ……………………………………………………… (104)
  一、市場營銷的基本概念及營銷的職能 ……………………………… (104)
  二、市場營銷環境 ……………………………………………………… (105)
  三、目標市場策略 ……………………………………………………… (106)
  四、市場營銷組合策略 ………………………………………………… (108)
 第二節　營銷管理的核心工作 ……………………………………………… (113)
  一、認識市場營銷部門 ………………………………………………… (113)
  二、市場營銷的主要工作流程 ………………………………………… (114)
  三、市場營銷的主要工作內容及方法 ………………………………… (115)
 第三節　營銷實務模擬 ……………………………………………………… (128)
  一、實訓目的 …………………………………………………………… (128)
  二、實訓背景資料 ……………………………………………………… (129)
  三、實訓內容及要求 …………………………………………………… (130)
  四、實訓表單 …………………………………………………………… (131)

第五章　生產運作管理與決策 ………………………………………………… (138)
 第一節　生產運作管理基礎理論 …………………………………………… (138)

一、生產運作管理的目標和主要內容 …………………… (138)
　　二、生產運作系統設計 …………………………………… (139)
　　三、生產運作系統運行管理 ……………………………… (144)
　第二節　生產運作管理的核心工作 ………………………… (151)
　　一、認識生產部門 ………………………………………… (151)
　　二、生產運作管理的主要工作內容及方法 ……………… (152)
　第三節　生產運作管理實務模擬 …………………………… (157)
　　一、實訓目的 ……………………………………………… (157)
　　二、實訓背景資料 ………………………………………… (157)
　　三、實訓內容及要求 ……………………………………… (158)
　　四、實訓表單 ……………………………………………… (171)

第六章　人力資源管理及決策 ………………………………… (191)
　第一節　人力資源管理基礎理論 …………………………… (191)
　　一、人力資源管理概述 …………………………………… (191)
　　二、人力資源管理的內容 ………………………………… (191)
　　三、人力資源管理活動的主體 …………………………… (192)
　第二節　人力資源管理的核心工作 ………………………… (194)
　　一、組織結構與組織設計 ………………………………… (194)
　　二、員工招聘 ……………………………………………… (198)
　　三、績效考核 ……………………………………………… (203)
　第三節　人力資源管理實務模擬 …………………………… (207)
　　一、實訓目的 ……………………………………………… (207)
　　二、實訓內容及要求 ……………………………………… (207)

第七章　財務管理及決策 ……………………………………… (216)
　第一節　財務管理基礎理論 ………………………………… (216)
　　一、財務管理的概念 ……………………………………… (216)
　　二、財務管理的內容 ……………………………………… (216)
　　三、財務管理的目標 ……………………………………… (221)
　第二節　財務管理的核心工作 ……………………………… (222)

一、財務管理的組織機構 …………………………………………(222)
　　二、財務分析 ………………………………………………………(223)
　　三、財務管理決策 …………………………………………………(230)
　　四、營運資本管理 …………………………………………………(232)
　　五、帳務處理 ………………………………………………………(232)
　　六、稅務處理 ………………………………………………………(234)
　第三節　財務管理實務模擬 …………………………………………(235)
　　一、實訓目的 ………………………………………………………(235)
　　二、實訓資料 ………………………………………………………(235)
　　三、實訓操作要求 …………………………………………………(237)
　　四、實訓步驟 ………………………………………………………(237)
　　五、實訓表單 ………………………………………………………(240)

第八章　企業經營對抗實戰 ……………………………………………(247)
　第一節　BOSS 軟件使用指南 ………………………………………(247)
　　一、瞭解 BOSS 軟件 ………………………………………………(247)
　　二、相關專業知識的準備 …………………………………………(249)
　　三、瞭解各部門的決策依據 ………………………………………(250)
　　四、業務狀況表、現金流量表、資產負債表和損益表 …………(252)
　第二節　企業經營對抗模擬 …………………………………………(259)
　　一、單一市場四決策項目運作模擬 ………………………………(259)
　　二、單一市場八決策項目運作模擬 ………………………………(263)
　　三、多市場十四決策項目運作模擬 ………………………………(265)
　　四、多市場十八決策項目運作模擬 ………………………………(267)

參考文獻 …………………………………………………………………(270)

第一章　企業設立

第一節　企業設立的概述

一、企業

(一) 什麼是企業

　　企業（Enterprise）是從事生產、流通、服務等經濟活動，以產品或服務滿足社會需要，實行自主經營、獨立核算、依法設立的一種營利性的經濟組織。從動態的角度看，企業是個人或一個全體，依法設立、以營利為目的而進行的商品（或服務）生產和交換的經濟活動，廣義上包括營利性和非營利性兩類。

　　企業的含義有三方面：①企業是一種社會經濟組織。企業是由一個或一群人，為了明確的目的而組建起來的。②企業是從事經營活動的。也就是說，企業能夠為社會提供產品或服務。③企業以營利為目的。即企業流入的資金額應大於流出的資金額，一個成功經營的企業，可以連續多年有效地通過經營循環下去，並獲得營利。

(二) 企業的分類

　　按照不同的分類標準，企業有多種分類：

　　(1) 按所有制結構可分為全民所有制企業、集體所有制企業和私營企業。

　　(2) 按企業規模可分為特大型企業、大型企業、中型企業、小型企業和微型企業。

　　(3) 按投資者的不同可分為內資企業，外資企業和港、澳、臺商投資企業。

　　(4) 按企業法律形態可分為公司企業和非公司企業。公司企業包括有限責任公司和股份有限公司；非公司企業包括個人獨資企業、合夥企業、個體工商戶等。

　　(5) 按股東對公司負責人不同分為：無限責任公司、有限責任公司、股份有限公司。

　　(6) 按信用等級可分為人合公司、資合公司、人合兼資合公司。

　　(7) 按隸屬關係可分為母公司、子公司。

　　(8) 按經濟部門可分為農業企業、工業企業和服務企業等。

　　(9) 按企業健康程度可分為相對比較健康的隨機應變型企業、軍隊型企業、韌力調節型企業，相對不健康的消極進取型企業、時停時進型企業、過度膨脹型企業、過度管理型企業。

(三) 企業與公司的區別

1. 什麼是公司（Company）

公司是指依法成立、以營利為目的、從事生產或服務、獨立承擔民事責任的社會組織。《中華人民共和國公司法》（以下簡稱《公司法》）中第二條規定：本法所稱公司是指依照本法在中國境內設立的有限責任公司和股份有限公司。

2. 企業與公司的關係

公司是一種企業組織形式。從嚴格意義上講，公司是指依照法律規定，由股東出資設立的以營利為目的的社團法人。換句話說，公司是按照一定的組織形式，以營利為目的，從事商業經營活動或某些目的而成立的組織。公司以實現投資人利益最大化為使命，通過提供產品或服務換取收入。它是社會發展的產物，因社會分工的發展而發展。公司一般獨立承擔民事責任，統稱為法人。

因此，企業與公司是種屬關係，凡公司均為企業，但企業未必都是公司。公司只是企業的一種組織形態。

二、企業設立

(一) 企業設立的概念

企業設立是指按照法律規定的條件和程序，發起人為組建企業，使其取得合法經營資格，必須採取和完成的一系列行為的總稱。

不同法律形態的企業，在設立時的條件是不同的。這些條件將影響到企業業主數量、註冊資金、設立流程、風險責任、決策程序、貸款難易、經營特徵、利潤分配等的差異性。

不同法律形態的企業特點各不相同（見表1-1）。

表1-1　部分企業法律形態的特徵

	業主數	註冊資本	成立條件	經營特徵	債務責任	利潤分配
有限責任公司	由2個以上50個以下的股東組成	註冊資本因經營內容有不同下限限制	●股東符合法定人數 ●股東出資達到法定資本最低限額 ●股東共同制定章程 ●有公司名稱，建立符合有限責任公司要求的組織機構 ●有固定的生產經營場所和必要的生產經營條件	公司設立股東會、董事會和監事會。由董事會聘請職業經理管理經營業務	股東以出資額為限承擔有限責任	股東按出資比例分配利潤

表1-1(續)

	業主數	註冊資本	成立條件	經營特徵	債務責任	利潤分配
股份有限公司	發起人5人以上,半數的發起人在中國境內有住所	註冊資本有最低限額	●發起人符合法定人數 ●發起人認繳和社會公開募集的股本達到法定資本的最低限額 ●股份發行、籌辦事項符合法律規定 ●發起人制定公司章程,並經創立大會通過 ●有公司名稱,建立符合股份有限公司要求的組織機構 ●有固定的生產經營場所和必要的生產經營條件	公司設立股東會、董事會和監事會。由董事會聘請職業經理管理經營業務	股東以出資額為限承擔有限責任	股東按股份分配利潤
個人獨資企業	業主是一個人	無資本數量限制	●投資人是一個自然人 ●有合法的企業名稱 ●有投資人申報的出資 ●固定的經營場所和必要的條件 ●必要的從業人員	財產為投資人個人所有,業主既是投資者,又是經營管理者	以個人財產對企業債務承擔無限責任	利潤歸個人所有
合伙企業	業主兩個人及以上	無資本數量限制	●有兩個及以上合夥人 ●有書面合夥協議 ●有合夥人的出資 ●有合夥企業的名稱 ●有經營場所和必要條件	依照合夥協議,共同出資、合夥經營	共同對企業債務承擔無限連帶責任	按合夥協議分配利潤
個體工商戶	業主是一個人或家庭	無資本數量限制	●業主有相應的經營資金和經營場所即可 ●個體工商戶可以起字號	資產屬業主所有,業主既是所有者,又是勞動者和管理者	利潤歸個人或家庭所有	以個人或家庭財產承擔無限責任

(二) 企業設立的條件

1. 有限責任公司設立的條件

根據《公司法》的規定,設立有限責任公司,應當具備下列五個條件:

(1) 股東符合法定人數。設立有限責任公司的法定人數分兩種情況:一是在通常情況下,法定股東數須是2人以上50人以下;二是在特殊情況下,國家授權投資的機構或國家授權的部門可以單獨設立國有獨資的有限責任公司。

(2) 股東出資達到法定資本最低限額。法定資本是指公司向公司登記機關登記時實繳的出資額,即經法定程序確認的資本。在中國,法定資本又稱為註冊資本,既是公司成為法人的基本特徵之一,又是企業承擔虧損風險的資本擔保,同時也是股東權益劃分的標準。

中國《公司法》根據行業的不同特點,規定了不同的法定資本最低限額:以生產經營為主的公司,人民幣50萬元;以商品批發為主的公司,人民幣50萬元;以商業零售為主的公司,人民幣30萬元;科技開發、諮詢、服務性公司,人民幣10萬元。

關於出資方式，股東可以用貨幣出資，也可以用實物、工業產權、非專利技術、土地使用權作價出資。其中以工業產權、非專利技術作價出資的金額不得超過有限責任公司註冊資本的20%，但國家對採用高新技術成果有特別規定的除外。

（3）股東共同制定章程。公司章程是關於公司組織及其活動的基本規章。制定公司章程既是公司內部管理的需要，也是便於外界監督管理和交往的需要。根據《公司法》的規定，公司章程應當載明的事項有：公司名稱和住所、公司經營範圍、公司註冊資本、股東姓名或名稱、股東的權利和義務、股東的出資方式和出資額、股東轉讓出資的條件、公司的機構及其產生辦法和職權及議事的規則、公司的法定代表人、公司的解散事項與清算辦法、其他事項。

（4）有公司名稱，建立符合有限責任公司要求的組織機構。公司作為獨立的企業法人，必須有自己的名稱。公司設立名稱時還必須符合法律、法規的規定。有限責任公司的組織機構是指股東會、董事會或執行董事、監事會或監事。

（5）有固定的生產經營場所和必要的生產經營條件。生產經營場所可以是公司的住所，也可以是其他經營地。生產經營條件是指與公司經營範圍相適應的條件。它們都是公司從事經營活動的物質基礎，是設立公司的起碼要求。

2. 股份有限公司設立的條件

根據中國《公司法》的規定，設立股份有限公司，應當具備以下六個條件：

（1）發起人符合法定人數。設立股份有限公司必須有發起人；發起人既可以是自然人，也可以是法人。發起人應當在5人以上，其中須有過半數的發起人在中國境內有住所。國有企業改建為股份有限公司的，發起人可以少於5人，但應當採取募集設立方式。

（2）發起人認繳和社會公開募集的股本達到法定資本的最低限額。中國《公司法》明確規定：股份有限公司的註冊資本應為在公司登記機關登記的實收股本。股本總額為公司股票面值與股份總數的乘積。同時還規定，公司註冊資本的最低限額為人民幣1,000萬元，最低限額需要高於人民幣1,000萬元的，由法律、行政法規另行規定。

在發起設立的情況下，發起人應認購公司發行的全部股份；在募集設立的情況下，發起人認購的股份不得少於公司股份數的35%。

（3）股份發行、籌辦事項符合法律規定。

（4）發起人制定公司章程，並經創立大會通過。

（5）有公司名稱，建立符合股份有限公司要求的組織機構。股份有限公司的組織機構由股東大會、董事會、經理、監事會組成。股東大會是最高權力機構，股東出席股東大會，所持每一股份有一表決權。董事會是公司股東會的執行機構，由5～19人組成。經理負責公司的日常經營管理工作。

（6）有固定的生產經營場所和必要的生產經營條件。

3. 合夥企業設立的條件

根據《中華人民共和國合夥企業法》（以下簡稱《合夥企業法》）的規定，設立合夥企業應當具備下列五個條件：

（1）有兩個以上的合夥人，並且都是依法承擔無限責任者。合夥企業合夥人至少

為 2 人，這是最低的限額。最高限額未作規定。與有限責任公司的股東不同，合夥企業中的合夥人承擔的是無限責任，合夥企業不允許有承擔有限責任的合夥人。

（2）有書面合夥協議。合夥協議是由各合夥人通過協商，共同決定相互間的權利義務，達成的具有法律約束力的協議。合夥協議應當由全體合夥人協商一致，以書面形式訂立。合夥協議經全體合夥人簽名、蓋章后生效。

（3）有各合夥人實際繳付的出資。合夥人的出資可以用貨幣、實物、土地使用權、知識產權或其他財產權利繳納出資。經全體合夥人協商一致，合夥人也可以用勞務出資。對勞務出資，其評估辦法由全體合夥人協商確定。

（4）有合夥企業名稱。合夥人在成立合夥企業時，必須確定其合夥企業名稱。該名稱必須符合企業名稱管理的有關規定。

（5）有營業場所和從事合夥經營的必要條件。合夥企業要經常、持續地從事生產經營活動，就必須有一定的營業場所和從事合夥經營的必要條件。所謂必要條件，就是根據合夥企業的合夥目的和經營範圍，如果欠缺則無法從事生產經營活動的物質條件。

4. 個體工商戶設立的條件

為維護個體工商戶的合法權益，申請人應正確履行法定義務，在辦理個體工商戶登記註冊之前，應詳細閱讀《中華人民共和國行政許可法》《城鄉個體工商戶管理暫行條例》《城鄉個體工商戶管理暫行條例實施細則》《個體工商戶登記程序規定》《個體工商戶名稱登記管理辦法》等有關法律法規。

設立時填寫《個體工商戶設立登記申請書》，變更時填寫《個體工商戶變更登記申請書》。

(三) 企業設立的程序

1. 有限責任公司設立的程序

（1）訂立公司章程。設立公司必須先訂立章程，將要設立的公司的基本情況都通過章程反應出來，這樣才便於有關部門審查、批准和登記。

（2）審批。按照中國《公司法》的規定，並不是設立公司都要經審批，只有國家法律、行政法規規定必須經有關部門審批的，才應當在公司登記前辦理審批手續。

（3）法人登記。股東的全體出資經法定的驗資機構驗資后，由全體股東指定的代表或共同委託的代理人向公司登記機關申請設立登記。公司經核准登記，領取公司營業執照后，方告成立，並取得法人資格。

（4）分公司的設立。公司可以設立分公司，分公司只是總公司管理的一個分支機構，不具有法人資格。設立分公司也應當向公司登記機關申請登記，領取營業執照。

（5）出資證明書。出資證明書是證明股東繳納出資額的文件，由公司在登記註冊后簽發。出資證明書必須由公司蓋章。

2. 股份有限公司設立的程序

（1）發起人擬訂公司章程。由股份有限公司發起人擬訂公司章程，將要設立的公司的基本情況都通過章程反應出來，便於有關部門審查、批准和登記。

（2）發起人依法認購其應認購的股份或公開募集股本。以發起方式設立股份有限公司的，發起人在書面認足公司章程規定發行的股份后，應立即繳納全部股款；以募集方式設立股份有限公司的，其股本除由發起人自己認購一部分外，還須向社會公開募集。公開募集的程序如下：

①須經有關部門批准。設立股份有限公司，必須經過國務院授權的部門或者省級人民政府批准。發起人要向社會公開募集股份時，必須向國務院證券管理部門遞交募股申請，並報送批准設立公司的文件、公司章程、經營估算書、發起人姓名或者名稱、發起人認購的股份數、出資種類和驗資證明、招股說明書、代收股款銀行的名稱及地址、承銷機構名稱及有關協議等文件。

②向社會公開有關信息。發起人在向社會募集股份時，必須向社會公告招股說明書，附公司章程，並製作認股書。

③由證券經營機構承銷。發起人向社會公開募集股份，應當由依法設立的證券經營機構承銷。發起人不能自己直接向社會公開募集股份，也不能任意找一個機構去募集。

（3）召開創立大會。股份有限公司的創立大會應在股款繳足、經法定的驗資機構驗資並出具證明后 30 日內召開。創立大會是公司成立的先決條件。創立大會確定了所創公司的基本的、重大的問題，這些決定是創立者們向國家申報的具有法律約束的文件。創立大會在法定期間召開后，認股人不能抽回其股本。

（4）進行法人登記，取得營業執照。股份有限公司必須依法登記后才能成為獨立的企業法人，受國家法律、行政法規的保護。公司登記以后取得營業執照，宣告公司成立。股份有限公司成立后，應當進行公告。

3. 合夥企業設立的程序

根據《合夥企業法》《中華人民共和國合夥企業登記管理辦法》的規定，合夥企業設立的程序如下：

（1）向企業登記機關提交相關文件。需提交的文件有：合夥申請書、合夥人的身分證明、合夥協議、出資權屬證明、經營場所證明以及合夥人指定代理或共同委託的代理人的委託書等。

（2）審批。企業登記機關自收到申請登記文件之日起 30 日內作出是否登記的決定。對符合《合夥企業法》規定條件的予以登記，發給營業執照；對不符合規定條件的，不予登記，並應當給予書面答復，說明理由。合夥企業的營業執照簽發日期，為合夥企業的成立日期。合夥企業設立分支機構，應當向分支機構所在地企業登記機關申請登記，領取營業執照。

4. 個體工商戶設立的程序

填寫《個體工商戶設立登記申請書》，變更時填寫《個體工商戶變更登記申請書》。所需提供材料：

（1）名稱預先核准通知書。

（2）申請人簽署的《個體工商戶申請開業登記表》。

（3）申請人身分證複印件及免冠照片 2 張。

（4）經營場所證明。自有房產提交產權證複印件，租賃房屋提交租賃協議原件（或比對后留存複印件）以及出租方產權證複印件，如沒有產權證的可提供其他房屋產權使用證明複印件。

（5）國家工商行政管理總局規定提交的其他文件。

（6）委託代理人申請設立登記的，應當提交投資人的委託書和代理人的身分證明或資格證明。

三、重慶微型企業設立及扶持政策

（一）微型企業

雇員（含投資者）20人以下，創業者投資金額10萬元以下的企業為微型企業。組織形式可採取個人獨資企業、合夥企業、有限責任公司等多種形式。創業者興辦公司，其註冊資本金依法可分期繳付。

（二）重慶微型企業設立的程序

（1）申請人通過企業名稱預先核准後，應在擬創業所在地的重慶農村商業銀行、重慶銀行、重慶三峽銀行等銀行中選擇一家開戶銀行以預先核准的企業名稱開設帳戶，並將投資資金存入該帳戶。

（2）申請人通過創業審核，且投資資金到位後，由區縣（自治縣）微企辦向同級財政部門申請資本金補助。財政部門按照微企辦審定的補助比例在5個工作日內將資本金補助資金轉入申請人開設的帳戶。

（3）創業者投資資金和財政補助資金到位後，區縣（自治縣）微企辦應當按照企業登記的相關規定，將相關資料轉到企業註冊登記辦理機構，5個工作日內辦完營業執照。

（三）重慶微型企業扶持政策

1. 扶持對象

根據《重慶市人民政府關於大力發展微型企業的若干意見》的有關規定，重慶微型企業創業扶持對象包括九類人群：

（1）大中專畢業生——指畢業未就業的全日制中專、高職、大專、本科、研究生等學歷層次的畢業生，以及取得職業技能等級證書和職業教育畢業證書的職教生（含本市集體戶口）。

（2）下崗失業人員——指持有下崗證或職工失業證的本市國有企業下崗失業人員、國有企業關閉或破產需要安置的人員、城鎮集體企業下崗失業人員三類人員；持有城鎮失業人員失業證和最低生活保障證明的已享受城鎮居民最低生活保障且失業的本市城鎮其他登記失業人員。

（3）返鄉農民工——指在國家規定的勞動年齡內，在戶籍所在地之外從事務工經商1年以上，並持有相關外出務工經商證明的本市農村戶籍人員。

（4）農轉非人員——指因農村集體土地被政府依法徵收（用）進行了城鎮居民身

分登記的本市居民。徵地時已作就業安置、戶籍關係已遷出本市的人員除外。

（5）三峽庫區移民——指在本市行政區域內安置的長江三峽工程重慶庫區水淹移民和占地移民。

（6）殘疾人——指持有《中華人民共和國殘疾人證》和《中華人民共和國殘疾軍人證》，並具備創業能力的本市居民。

（7）城鄉退役士兵——指在本市行政區域內，所有城鎮戶籍和農村戶籍的退役士官和義務兵。符合退役士兵安置條件，已安置工作的除外。

（8）文化創意人員——指從事文化藝術、動漫游戲、教育培訓、諮詢策劃及產品、廣告、時裝設計等的本市居民。

（9）信息技術人員——指從事互聯網服務、軟件開發、信息技術服務外包服務的本市居民。

2. 扶持條件

根據《重慶市微型企業創業扶持管理辦法（試行）》的規定，微型企業扶持應同時具備下列條件：

（1）屬於國家政策聚集幫扶的九類人群，即高等院校（本科、碩士、博士）畢業生、下崗失業人員、返鄉農民工、農轉非人員、三峽庫區移民、殘疾人、城鄉退役士兵、文化創意人員、信息技術人員等；

（2）具有創業能力，即應當具備年齡、行為能力條件，並經創業培訓，具備一定的經營管理能力；

（3）與他人創辦合夥企業或有限責任公司，且在合夥企業或公司中的份額或投資比例不低於50%。

扶持對象申請創業，應向戶籍地鄉鎮人民政府（街道辦事處）提交申請。鄉鎮人民政府（街道辦事處）對申請人是否符合九類人群條件進行審查后，出具推薦書；當地工商部門收到申請書及推薦書后，對申請人是否具備創業能力以及是否有在辦企業進行審查，對具備條件的人員納入創業培訓計劃；申請人參加創業培訓且結業后，向工商部門遞交創業投資計劃書或項目可行性論證報告，並由工商部門組織評審；通過評審並完成企業註冊後，創業者方可享受扶持政策。

3. 扶持內容

重慶創辦微型企業可享受財政扶持、稅收扶持、融資擔保扶持、行政規費減免等扶持政策。

（1）財政扶持。市級財政部門每年根據市微企辦確定的各區縣（自治縣）微型企業發展計劃，安排扶持微型企業發展資金預算，將補助資金切塊下達給各區縣（自治縣）財政部門。區縣（自治縣）財政部門對市級財政資金、區縣（自治縣）配套資金實行集中管理、統籌安排，並向申請人撥付資本金補助資金。補助比例控制在註冊資本金的50%以內，具體補助辦法和標準由各區縣（自治縣）政府結合本地實際情況制定。

（2）稅收扶持。從微型企業成立次年起，財政部門按企業上年實際繳納企業所得稅、營業稅、增值稅地方留存部分計算稅收優惠財政補貼，補貼總額以微型企業獲得

的資本金補助資金等額為限。微型企業憑納稅證明和營業執照，向當地財政部門申請享受稅收扶持政策。稅收優惠財政補貼的具體審核、撥付工作由區縣（自治縣）財政部門辦理，於每年 6 月底前完成，7 月底前向市財政局書面報送辦理情況。按現行財政體制應由市級財政承擔的部分，由市級財政通過年終結算的方式補助給區縣（自治縣）財政。

（3）融資擔保扶持。微型企業可在開戶銀行申請微型企業創業扶持貸款，用於借款人生產經營所需的流動資金或固定資產購置，貸款額度不超過投資者投資金額的 50%，貸款利率按照中國人民銀行公布的同期貸款利率基準利率執行。貸款發放原則上應在借款人向銀行提出借款之日起 30 個工作日內完成。

微型企業創業扶持貸款期限為 12 年，並按有關規定享受財政貼息。

具備抵押或擔保條件的微型企業，在申請微型企業創業扶持貸款時，可按照《重慶市小額擔保貸款辦法》規定，持工商、稅務核發的工商登記證、稅務登記證、抵押物清單或擔保合同以及有效證件向所在地社區居委會或村委會申請。

市三峽擔保公司負責全市微型企業貸款擔保工作。各區縣（自治縣）政府指定當地專業擔保公司為微型企業提供擔保的，由市三峽擔保公司為其提供再擔保。擔保公司按現行擔保貸款管理辦法的最低標準且不高於擔保額的 2% 收取擔保費。

擴展閱讀：

1. 《重慶市人民政府關於大力發展微型企業的若干意見》http://baike.baidu.com/view/3887465.htm；

2. 《重慶市微型企業創業扶持管理辦法（試行）》http://baike.baidu.com/view/3995922.htm。

第二節　有限責任公司設立

一、有限責任公司設立概述

有限責任公司，又稱有限公司，指根據《中華人民共和國公司登記管理條例》（以下簡稱《公司登記管理條例》）規定登記註冊，由 2 個以上、50 個以下的股東共同出資，每個股東以其所認繳的出資額對公司承擔有限責任，公司以其全部資產對其債務承擔責任的經濟組織。

有限責任公司包括國有獨資公司以及其他有限責任公司。

在中國境內，有限責任公司設立需要根據相關法律法規規定的登記程序，向相關管理部門提供有效的證明材料和文件等，完成登記手續，方能取得合法經營資格。

二、有限責任公司設立基本流程

根據《公司法》《公司登記管理條例》《公司註冊資本登記管理規定》《企業名稱登記管理規定》《企業名稱登記管理實施辦法》《中華人民共和國稅收徵收管理法》（以下簡稱《稅收徵收管理法》）、《人民幣銀行結算帳戶管理辦法》等有關法律法規的

有關規定，有限責任公司設立需經歷以下流程（圖1-1）：

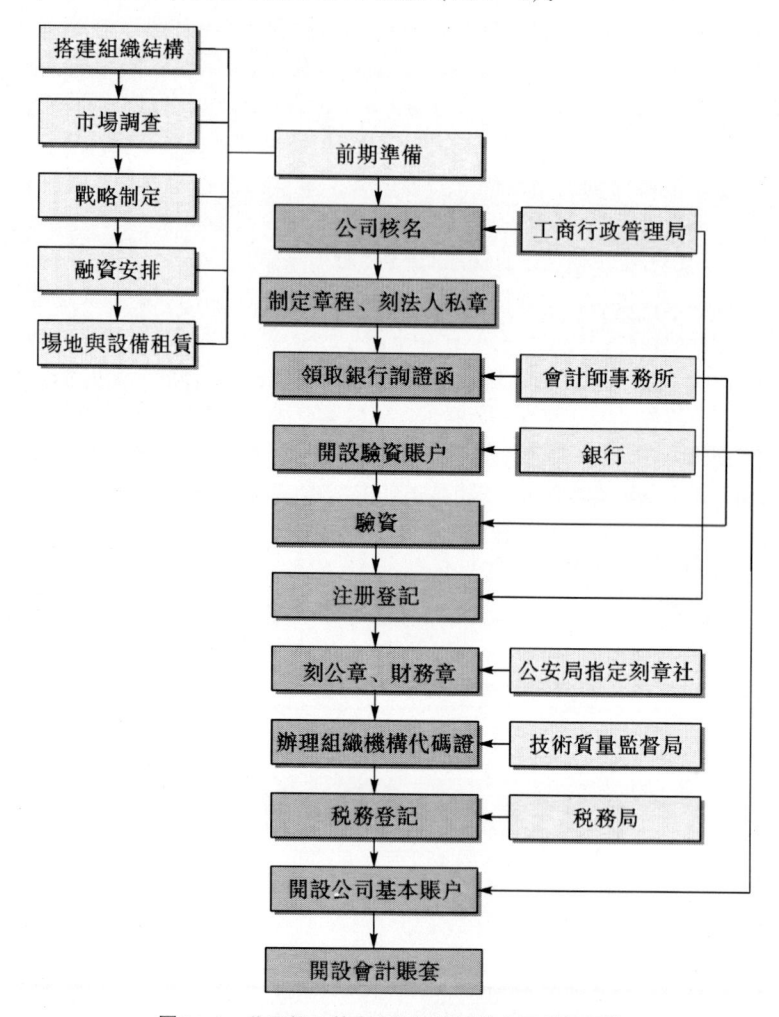

```
搭建組織結構
    ↓
市場調查         前期準備
    ↓               ↓
戰略制定         公司核名 ────── 工商行政管理局
    ↓               ↓
融資安排         制定章程、刻法人私章
    ↓               ↓
場地與設備租賃   領取銀行詢證函 ── 會計師事務所
                    ↓
                開設驗資賬戶 ──── 銀行
                    ↓
                驗資
                    ↓
                註冊登記
                    ↓
                刻公章、財務章 ── 公安局指定刻章社
                    ↓
                辦理組織機構代碼證 ─ 技術質量監督局
                    ↓
                稅務登記 ──────── 稅務局
                    ↓
                開設公司基本賬戶
                    ↓
                開設會計賬套
```

圖1-1　公司設立基本流程及涉及的主要外部組織

(一) 有限責任公司設立籌備

有限責任公司設立籌備即設立有限責任公司的前期準備工作。

1. 擬訂公司名稱，搭建公司組織結構

召開股東會議，選舉董事、監事和總經理，就出資比例達成意向，為公司擬訂幾個候選名稱。瞭解不同類型組織結構的特點，建立適宜的公司組織結構，在總經理帶領下，搭建組織結構，進行人員分工（選任主要部門管理崗位人員），明確各部門職責和崗位職責，並填寫公司員工一覽表。

2. 市場調查

(1) 市場調查。市場調查就是指運用科學的方法，有目的地、系統地搜集、記錄、

整理有關市場營銷的信息和資料，分析市場情況，瞭解市場的現狀及其發展趨勢，為市場預測和營銷決策提供客觀的、正確的資料。

（2）市場調查內容。市場調查的內容很多，如：市場環境，包括政策環境、經濟環境、社會文化環境；市場基本狀況，主要包括市場規範、總體需求量、市場的動向、同行業的市場分佈情況及市場佔有率等；銷售可能性，包括現有和潛在用戶的人數及需求量、市場需求變化趨勢、本企業競爭對手的產品在市場上的佔有率、擴大銷售的可能性和具體途徑等。此外還可對消費者及消費需求、企業產品、產品價格、影響銷售的社會因素和自然因素、銷售渠道等開展調查。

通過市場調查，分析、研究市場現狀及變化趨勢，為公司戰略制定奠定良好基礎。

3. 戰略制定

（1）戰略制定。戰略制定是指確定企業任務，認定企業的外部機會與威脅，認定企業內部優勢與弱點，建立長期目標，制定供選擇的戰略，以及選擇特定的實施戰略。此乃戰略計劃的形成過程。

（2）戰略制定的內容。戰略制定的內容包含若干子項：願景、目標、路線、項目選擇、投資規模、業務策略等。

戰略的制定不是一勞永逸，到一個階段要隨需而調。組織架構要跟多元化的願景目標相匹配。

4. 融資安排

（1）選擇融資的方式、途徑、出資比例等。

（2）進行公司開辦費預算，並根據公司註冊資本數據和股東出資意向，準備進行公司設立登記。

5. 場地及設備

（1）場地。選擇場地地址，確定場地租賃還是購買等。

（2）設備。確定需要設備的品種、數量、規格，決定設備是購買還是租賃等。

進行生產經營辦公場所和廠房的選擇、佈局。去商務區寫字樓租辦公室，去開發區租廠房（和辦公室），簽訂租房合同。購買或租賃生產設備，招聘工人，為公司生產營運做好準備。

(二) 有限責任公司設立登記步驟

1. 工商註冊登記

（1）工商註冊登記概述

在中國，工商註冊登記機關是各級工商行政管理部門。《中華人民共和國公司登記管理條例》規定：「有限責任公司和股份有限公司（以下統稱公司）設立、變更、終止，應當依照本條例辦理公司登記。」

公司經公司登記機關依法登記，領取《企業法人營業執照》，方取得企業法人資格。未經公司登記機關登記的，不得以公司名義從事經營活動。

國家工商行政管理總局負責下列公司的登記：

①國務院國有資產監督管理機構履行出資人職責的公司以及該公司投資設立並持

有50%以上股份的公司；

②外商投資的公司；

③依照法律、行政法規或者國務院決定的規定，應當由國家工商行政管理總局登記的公司；

④國家工商行政管理總局規定應當由其登記的其他公司。

省、自治區、直轄市工商行政管理局負責本轄區內下列公司的登記：

①省、自治區、直轄市人民政府國有資產監督管理機構履行出資人職責的公司以及該公司投資設立並持有50%以上股份的公司；

②省、自治區、直轄市工商行政管理局規定由其登記的自然人投資設立的公司；

③依照法律、行政法規或者國務院決定的規定，應當由省、自治區、直轄市工商行政管理局登記的公司；

④國家工商行政管理總局授權登記的其他公司。

（2）工商註冊登記程序

①申請公司名稱核准。由全體股東指定的代表或共同委託的代理人向當地工商行政管理部門申請名稱預先核准。

●全體股東或全體發起人簽名的企業（字號）名稱預先核准申請表（此表可在工商行政管理機關領取或其網上下載）；

●全體股東或全體發起人指定代表或委託代理人的證明；

●公司登記機關要求提交的其他文件，如特殊人群開設公司的證明：大學生在校證明、下崗證明、殘疾證明等。

②編製公司章程，刻法人及股東私章。召集臨時股東會議，商榷公司未來發展計劃，編製公司章程。根據相關法律法規，有限責任公司章程應當包含下列內容：

●公司名稱和住所；

●公司經營範圍；

●公司註冊資本；

●股東的姓名（或名稱）、出資方式、出資額、出資時間；

●股東的權利和義務；

●股東轉讓出資的條件；

●公司的機構及其產生辦法、職權、議事規則；

●公司法定代表人；

●其他。

刻法人及股東私章（私章可在任何刻章的地方刻制），備用。

（3）發起人出資，並領取銀行詢證函

①出資。根據中國《公司法》的規定，發起人對公司的投資，既可採取貨幣出資方式，也可以實物、工業產權、非專利技術、土地使用權作價出資的方式。每種出資方式應遵守相應的規定：

●貨幣出資方式。貨幣出資方式是指股東直接用資金向公司投資的方式。股東直接用金錢向公司投資，其認繳的股本金額應在辦理公司登記前將現金出資一次足額存

入準備設立的有限責任公司在銀行或其他金融機構開設的臨時帳戶。

●實物作價出資方式。實物作價出資方式是指股東對公司的投資是以實物形態進行的，並且實物構成公司資產的主體。實物必須是公司生產經營所必需的建築物、設備、原材料或者其他物資，非公司生產經營活動所需的物資，不得作為實物入股公司。根據《公司法》的規定，以實物出資的，應當到有關部門辦理轉移財產的法定手續。對於實物出資，必須評估作價，核實財產，不得高估或者低估作價。對於國家行政事業單位、社會團體、企業以國有資產為實物出資的，實物作價結果應由國有資產管理部門核資、確認。股東以實物作價出資，應在辦理公司登記辦理實物出資的轉移手續，並由有關驗資機構驗證。

●工業產權出資方式。工業產權（包括非專利技術）是一種無形的知識資產，它與有形資產不同，它是一種使用權。用工業產權出資，大體上可分為兩類：一類是專利權和商標權；一類是專有技術，指的是製造工藝、材料配方及經營管理秘訣。股東以工業產權（包括非專利技術）作為出資向公司入股，股東必須是該工業產權（包括非專利技術）的合法擁有者，並經過法律程序的確認。股東以工業產權（包括非專利技術）作價出資，必須對工業產權、非專利技術進行評估作價，不得高估或者低估作價，並應在公司辦理登記註冊之前辦妥其轉讓手續。中國《公司法》規定，股東以工業產權（包括非專利技術）作價出資的金額不得超過有限責任公司註冊資本的20%。

●土地使用權出資方式。在中國，根據法律的規定，土地歸國家和集體所有。股東以土地出資入股，只能是以土地使用權出資。

發起人出資需經依法設立的驗資機構驗資並出具證明。

②領取銀行詢證函。到會計師事務所、資產評估公司等驗資機構，簽訂驗資合同，繳納驗資定金（按驗資總費用的50%收取），領取銀行詢證函。

（4）開設驗資帳戶

所有發起人入股的現金，應拿到銀行開立公司驗資帳戶。

開好驗資帳戶后，發起人股東的現金出資存入該帳戶（資金被凍結，至營業執照辦好后，該帳戶資金轉入公司基本帳戶，方可使用）。銀行出具現金繳款，並在「銀行詢證函」上蓋章。

（5）驗資

憑銀行出具的股東現金繳款單、銀行蓋章后的銀行詢證函和其他資產驗資證明等相關資料，根據驗資合同辦理驗資報告。

驗資后，驗資機構應出具驗資報告。

（6）申請工商註冊登記，領取營業執照

到主管工商行政管理機關申請工商註冊登記。

經工商行政管理機關核准設立登記，並頒發企業法人營業執照，公司即取得合法經營資格。憑企業法人營業執照到指定的刻章社刻公司印章，到技術質量監督局申請組織機構代碼登記，到稅務機關申請稅務登記，到銀行開設公司帳戶。

2. 刻公司印章

憑企業法人營業執照，到公安機關指定的合法刻章社刻企業印章。

3. 組織機構代碼登記

組織機構代碼是對中華人民共和國境內依法註冊、依法登記的機關、企事業單位、社會團體和民辦非企業單位等機構頒發的在全國範圍內唯一的、始終不變的代碼標示，其作用相當於單位的身分證號。組織機構代碼按照強制性國家標準 GB11714《全國組織機構代碼編製規則》編製，由八位數字（或大寫拉丁字母）本體代碼和一位數字（或大寫拉丁字母）校驗碼組成。組織機構代碼證書包括正本、副本和電子副本（IC卡），代碼登記部門在為組織機構賦碼發證的同時，還要採集二十八項基礎信息，並按照國家標準對這些信息進行編碼，將這些信息存入代碼數據庫和代碼證電子副本（IC卡）中，供代碼應用部門使用。代碼登記部門所採集的基礎信息包括機構名稱、機構地址、機構類型、經濟性質、行業分類、規模、法定代表人、主要產品、註冊資金等。

組織機構代碼證是社會經濟活動中的通行證。它是每個依法註冊、依法登記的機關、企事業單位和群團組織在全國範圍內唯一的始終不變的代碼標示。其作用相當於單位的身分證。

國家質量監督檢驗檢疫總局（以下簡稱國家質檢總局）依法負責統一組織協調全國組織機構代碼管理工作。省級及市、縣級質量技術監督部門在各自職責範圍內負責組織協調本行政區域內組織機構代碼管理工作。

4. 稅務登記

稅務登記，是指稅務機關根據稅法規定，對納稅人的生產、經營活動進行登記管理的一項法定制度，也是納稅人依法履行納稅義務的法定手續。稅務登記又稱納稅登記，它是稅務機關對納稅人實施稅收管理的首要環節和基礎工作，是徵納雙方法律關係成立的依據和證明，也是納稅人必須依法履行的義務。

中國實行分稅制，國稅登記在國家稅務局，地稅登記在地方稅務局。

辦理稅務登記應帶的手續依行業、經濟性質與具體相關事務的不同而有所區別，所以稅務登記辦理前應諮詢相應稅務機關。

稅務機關審核通過后領取稅務登記證。填寫領購發票審批表，領購發票。

5. 銀行開戶登記

(1) 銀行開戶

開辦企業，在經濟業務往來過程中需要收付貨款等，即需要結算。企業結算有現金結算和銀行結算兩種方法。若採用銀行結算方式就必須開立銀行結算帳戶。

銀行結算帳戶是指存款人在經辦銀行開立的辦理資金收付結算的人民幣活期存款帳戶。銀行結算帳戶按存款人不同分為單位銀行結算帳戶和個人銀行結算帳戶。存款人以單位名稱開立的銀行結算帳戶為單位銀行結算帳戶；存款人以個人名義開立的銀行結算帳戶為個人銀行結算帳戶。

根據《中華人民共和國中國人民銀行法》《中華人民共和國商業銀行法》和《人民幣銀行結算帳戶管理辦法》等的規定：經中國人民銀行核准，企業應在註冊地或住所地自主選擇開戶銀行，開設銀行結算帳戶，符合異地開立的除外。銀行結算帳戶種類包括基本存款帳戶、一般存款帳戶、臨時存款帳戶和專用帳戶。

（2）基本存款帳戶

基本存款帳戶是企業主要存款帳戶。該帳戶主要辦理日常轉帳結算和現金收付，存款單位的工資、獎金等現金的支取只能通過該帳戶辦理。基本存款帳戶的開立須報當地人民銀行審批並核發開戶許可證。許可證正本由存款單位留存，副本交開戶行留存。企業只能選擇一家商業銀行的一個營業機構開立一個基本存款帳戶。

（3）一般存款帳戶

一般存款帳戶是企業在基本帳戶以外的銀行因借款開立的帳戶，該帳戶只能辦理轉帳結算和現金的繳存，不能支取現金。

（4）臨時存款帳戶

臨時存款帳戶是外來臨時機構或個體經濟戶因臨時經營活動需要開立的帳戶。該帳戶可辦理轉帳結算和符合國家現金管理規定的現金結算。

（5）專用帳戶

專用帳戶是對特定用途資金進行專項管理和使用而開立的單位銀行結算帳戶。單把某一項資金拿出來，方便管理和使用，所以新開設的帳戶叫專用帳戶。但是開設專用帳戶需要經過人民銀行批准。

（6）簽發出資證明書

公司成立后，企業管理部門應向股東簽發出資證明書並編製股東名冊。股東名冊內容包括股東的姓名或名稱及住所、股東的出資額以及出資證明書編號。

第三節　有限責任公司設立模擬

一、實訓目的

通過本實訓項目的實訓操作，使學生熟悉有限責任公司設立的基本步驟，掌握有限責任公司設立需要填寫的各項申請書、表單和需要提供的材料。

二、實訓背景資料

（1）背景資料：以實訓組（5～8人/組）為單位，每組設立一家有限責任公司，實訓小組的成員即為發起人。

（2）公司名稱：重慶_____玩具工藝有限責任公司。註冊資本：6,700萬元。經營範圍：玩具（研發、生產、經營、貿易）。

（3）公司組織結構：總經理、營銷部、採購部、生產部（下設兩個車間、一個技術科）、人事部、財務部、物流部、倉儲部等。

（4）實訓小組：每個小組5～6人，每個小組設辦公桌椅、計算機、檔案櫃、微型倉庫，以及紙筆、文件夾等必要的辦公設備。

三、實訓內容及要求

實訓內容主要是有限責任公司的註冊登記。要求根據實訓資料，按有限責任公司設立流程，填寫各種公司設立申請表。根據相關要求，提供所需材料，填寫表單。

（一）召集股東大會，制定公司章程

召集股東大會，擬訂公司章程，並經大會通過，股東簽字蓋章生效。商榷公司取名。

1. 名稱的構成

企業名稱一般由四部分組成：行政區劃（地區）＋字號（商號）＋行業＋組織形式（公司性質）或者字號＋（行政區劃）＋行業特點＋組織形式。

企業名稱中的行政區劃是本企業所在地縣級以上行政區劃的名稱或地名。具備下列條件的企業法人，可以將名稱中的行政區劃放在字號之後、組織形式之前：

（1）使用控股企業名稱中的字號；

（2）使用外國（地區）出資企業字號的外商獨資企業，可以在名稱中間使用（中國）字樣。註冊資本（或註冊資金）不少於 5,000 萬元，或在國家工商行政管理局登記註冊的企業可使用不含行政區劃的企業名稱。

2. 字號

企業名稱中的字號應當由 2 個以上漢字組成，行政區劃不得用作字號，但縣以上行政區劃地名具有其他含義的除外。企業名稱可以使用自然人投資人的姓名作字號。

3. 行業

企業名稱中的行業表述應當是反應企業經濟活動性質所屬國民經濟行業或者企業經營特點的用語。企業名稱中行業用語表述的內容應當與企業經營範圍一致。企業經濟活動性質分別屬於國民經濟行業不同大類的，應當選擇主要經濟活動性質所屬國民經濟行業類別用語表述企業名稱中的行業。

企業名稱中不使用國民經濟行業類別用語表述企業所從事行業的，應當符合以下條件：①企業經濟活動性質分別屬於國民經濟行業 5 個以上大類；②企業註冊資本（或註冊資金）1 億元人民幣以上或者是企業集團的母公司；③與同一工商行政管理機關核准或者登記註冊的企業名稱中字號不相同。

企業為反應其經營特點，可以在名稱中的字號之后使用國家（地區）名稱或者縣級以上行政區劃的地名。上述地名不視為企業名稱中的行政區劃。如北京四川火鍋有限公司、北京韓國燒烤有限公司。「四川火鍋」「韓國燒烤」字詞均視為企業的經營特點。

企業名稱不應當或者暗示有超越其經營範圍的業務。

4. 組織形式

依據中國《公司法》《中外合資經營企業法》《中外合作經營企業法》《外資企業法》申請登記的企業名稱，其組織形式為有限公司（有限責任公司）或者股份有限公司；依據其他法律、法規申請登記的企業名稱，組織形式不得申請為有限公司（有限

責任公司）或股份有限公司；非公司制企業可以申請用廠、店、部、中心等作為企業名稱的組織形式，例如重慶食品廠、重慶商店、重慶技術開發中心。

（二）刻法人單位及股東私章

到刻章處刻法人及股東私章備用。私章可不在公安局指定的刻章處刻。企業印章包括企業行政印章、企業財務印章、企業合同印章、企業發票印章、企業部門印章等（圖1-2）。

公司行政印章：為圓章，中間有五角星。

法定代表人章：18毫米×18毫米，字體要求是標準的。

財務專用章：憑公司介紹信和稅務登記證複印件刻發票專用章和財務專用章。財務專用章的式樣為橢圓形，長軸為4.5厘米，短軸為3厘米，邊寬為0.1厘米。上半圓刻單位或個體工商戶的全稱，第二行刻稅務登記號碼，第三行刻財務專用章字樣，字體大小由各市、縣地方稅務局確定。

發票專用章：發票專用章在領用發票時在稅務局備案。

合同專用章：簽訂合同時使用。

部門章：組織內各個部門的印章，需要和公章等一起在公安局備案。

會計作業用章：如現金收訖、現金付訖、銀行收訖、銀行付訖等。

圖1-2　企業印章

（三）申請公司名稱審核

1. 路徑

進入校園網主頁→機構設置→經濟管理實驗教學中心→創新創業平臺→用戶註冊→用戶登錄→工商註冊（圖1-3）。

圖1-3　路徑

2. 點擊「工商行政管理局」（圖1-4）

圖1-4　進入「工商行政管理局」

3. 填寫企業名稱預先核准申請書

提交以下材料：

（1）企業名稱預先核准申請書；

（2）指定代表或共同委託代表證明；

（3）公司員工一覽表。

事先為公司取好3~4個名字，以備重名時及時更換。

凡文件、證件齊全的，工商行政管理機關在受理後完成對申請名稱的核准或核駁手續。

核准通過，將發給企業名稱預先核准通知書。

（四）領取銀行詢證函

點擊「會計師事務所」，進入相應頁面（圖1-5）。

圖1-5　進入會計師事務所頁面

1. 簽訂驗資合同

會計師事務所驗資收費標準如表1-2所示：

表1-2　　　　　會計師事務所驗資收費標準參考

單位資產總額（人民幣）	50萬元以下	51萬元至100萬元	101萬元至500萬元	501萬元至1,000萬元	1,001萬元至3,000萬元	3,001萬元至5,000萬元	5,001萬元至1億元	1億元以上
費用（元）	2,000	2,000	3,000	4,000	6,000	8,000	10,000	按萬分之1.5收費

2. 領取銀行詢證函

銀行詢證函需到銀行開立驗資帳戶，並存入現金，銀行蓋章后方生效。

(五) 開立驗資帳戶

點擊進入「中國商業銀行」。

開立公司設立「驗資帳戶」，開戶時需向銀行提供以下材料：①企業名稱預先核准通知書；②印鑒章，包括法定代表人私章、股東私章；③銀行詢證函（填好隨現金給銀行）；④法定代表人及所有股東身分證（複印件）（原件要核對）；⑤指定代表人或共同委託人授權書（如委託辦理）；⑥公司章程（用於核對股東）。

銀行審核合格，開立驗資帳戶，將股東出資現金存入該帳戶，銀行出具銀行現金繳款單，並在銀行詢證函上簽字蓋章。

(六) 出具驗資報告

點擊進入「會計師事務所」，並向會計師事務所提供下列材料：①公司章程及股東名冊；②法定代表人及股東身分證複印件；③公司住所證明及複印件；④銀行蓋章的銀行詢證函；⑤銀行現金繳款單；⑥其他材料。

會計師事務所審查合格，出具驗資報告。

(七) 企業設立申請

點擊「工商行政管理局」，填寫 企業/公司設立申請書，並提交以下材料（表1-3）：

表1-3　　　　　　　　　　　　提交材料項目

序號	材料名稱	提交情況（有的打√）
1	公司法定代表人簽署的公司設立登記申請書	
2	全體股東簽署的指定代表或者共同委託代理人的證明及指定代表或委託代理人的身分證件複印件；應標明指定代表或者共同委託代理人的辦理事項、權限、授權期限	
3	全體股東簽署的公司章程	
4	股東的主體資格證明或者自然人身分證件複印件	
5	依法設立的驗資機構出具的驗資證明	
6	股東首次出資是非貨幣財產的，提交已辦理財產權轉移手續的證明文件	
7	以股權出資的，提交股權認繳出資承諾書	
8	董事、監事和經理的任職文件及身分證件複印件；依據《公司法》和公司章程的有關規定，提交股東會決議（註：一人公司提交股東簽署的書面決定）、董事會決議或其他相關材料。股東會決議由股東簽署，董事會決議由董事簽字	
9	法定代表人任職文件及身分證件複印件；根據《公司法》和公司章程的有關規定，提交股東會決議（註：一人公司提交股東簽署的書面決定）、董事會決議或其他相關材料。股東會決議由股東簽署，董事會決議由董事簽字	
10	住所使用證明	
11	企業名稱預先核准通知書	

表1-3(續)

序號	材料名稱	提交情況（有的打√）
12	法律、行政法規和國務院決定規定設立有限責任公司（一人有限責任公司）必須報經批准的，提交有關的批准文件或者許可證書複印件	
13	公司申請登記的經營範圍中有法律、行政法規和國務院決定規定必須在登記前報經批准的項目，提交有關的批准文件或者許可證書複印件或許可證明	

（八）營業執照

經審核文件材料合格，工商行政管理局將頒發企業法人營業執照。

（九）刻公章

點擊進入「公安局特行科印章處」（圖1-6）。

圖1-6　進入公安局特行科印章處

獲得營業執照后，就可以到公安局的刻章處刻公司公章，包括公司行政公章、公司法人章、公司財務專用章、公司部門專用章等。辦理時需提供營業執照及複印件。

每個章50元人民幣。

（十）申請組織機構代碼登記

點擊進入「市國家質量技術監督管理局」（圖1-7）。

圖1-7　進入市國家質量技術監督管理局

申請辦理組織機構代碼證，需要提供以下材料：①工商行政管理部門核發的營業執照（正本或副本）原件及複印件各一份；②法定代表人（負責人）的身分證複印件一份；③經辦人身分證複印件；④單位公章；⑤其他材料。

(十一) 稅務登記

點擊進入「國家（地方）稅務局」（圖1-8）。

圖1-8　進入國家（地方）稅務局

填寫稅務登記表，一般情況下，稅務登記應向稅務機關如實提供以下證件和資料：①企業法人營業執照或其他核准執業證件；②有關合同、章程、協議書；③組織機構代碼證；④法定代表人或負責人居民身分證、護照或者其他合法證件；⑤主管稅務機關要求提供的其他有關證件、資料等。

稅務機關審查合格，頒發國家（地方）稅務登記證。

辦理好稅務登記證，就可以向稅務機關購買蓋有稅務機關專用章的發票。

(十二) 銀行開戶

點擊進入「中國工商銀行」。

辦理銀行開戶需要提供以下材料：①企業法人營業執照；②企業法定代表人（負責人）的身分證複印件；③稅務登記證；④其他材料。

(十三) 簽發出資證明書

公司成立后，企業管理部門應向股東簽發出資證明書並編製股東花名冊。股東名冊內容包括：股東的姓名或名稱及住所、股東的出資額以及出資證明書編號。這將是以后公司股利分配和債務承擔的有效法律證書。

至此有限責任公司設立已完成所有合法手續，當然，在實際公司設立中可能會有一些差異性。

四、實訓表單

表單一：

重慶××有限公司
首屆股東會決議

會議時間：

會議地點：

主 持 人：

參加人員：

決議內容：

在本次股東會議上，經討論，形成如下決議：

1. 審議通過並承諾嚴格遵守本公司章程；

2. 選舉_____為本公司執行董事；

3. 選舉_____為本公司監事；

4. 聘任_____為本公司經理；

5. 指定（或委託）_____同志負責辦理本公司設立登記事宜。

全體股東簽名或蓋章：

表單二：

重慶××有限責任公司章程

第一章　總則

第一條　為維護公司、股東的合法權益，規範公司的組織和行為，根據《中華人民共和國公司法》（以下簡稱《公司法》）和其他有關法律、行政法規的規定，制定本章程。

第二條　公司名稱：　　　　　　　（以下簡稱公司）

第三條　公司住所：

第四條　公司營業期限：永久存續（或：自公司設立登記之日起至　　年　　月　　日）。

第五條　執行董事為公司的法定代表人（或：經理為公司的法定代表人）。

第六條　公司是企業法人，有獨立的法人財產，享有法人財產權。股東以其認繳的出資額為限對公司承擔責任。公司以全部財產對公司的債務承擔責任。

第七條　本章程自生效之日起，即對公司、股東、執行董事、監事、高級管理人員具有約束力。

第二章　經營範圍

第八條　公司的經營範圍：

（以上經營範圍以公司登記機關核定為準）。

第九條　公司根據實際情況，可以改變經營範圍，但須經公司登記機關核准登記。

第三章　公司註冊資本

第十條　公司由　　個股東共同出資設立，註冊資本為人民幣＿＿＿＿萬元。

股東姓名或名稱	出資額（萬元）	出資方式	出資比例（％）

（註：出資比例是指占註冊資本總額的百分比；出資方式應註明為貨幣、實物、知識產權、土地使用權等）

股東以貨幣出資的，應當將貨幣出資足額存入公司在銀行開設的帳戶；以非貨幣財產出資的，應當評估作價並依法辦理其財產權的轉移手續。

第十一條　股東應當按期足額繳納各自所認繳的出資額，並在繳納出資后，經依法設立的驗資機構驗資並出具證明。

第十二條　公司註冊資本由全體股東依各自所認繳的出資比例分　　次繳納。首次出資應當在公司設立登記以前足額繳納（註：股東出資採取一次到位的，不需要填寫下表）。

股東繳納出資情況如下：

（一）首次出資情況

股東姓名或名稱	出資額(萬元)	出資方式	出資比例(%)	出資時間

（二）第二次出資情況

股東姓名或名稱	出資額(萬元)	出資方式	出資比例(%)	出資時間

……

（註：出資比例是指占註冊資本總額的百分比；出資方式應註明為貨幣、實物、知識產權、土地使用權等）

第十三條　公司可以增加或減少註冊資本。公司增加或減少註冊資本，按照《公司法》以及其他有關法律、行政法規的規定和公司章程規定的程序辦理。

第十四條　公司成立后，應當向股東簽發出資證明書。

第四章　股東

第十五條　公司編製股東名冊，記載下列事項：

（一）股東的姓名或名稱及住所；

（二）股東的出資額；

（三）出資證明書編號。

記載於股東名冊的股東，可以依股東名冊主張行使股東權利。

第十六條　股東享有如下權利：

（一）按照其實繳的出資比例分取紅利；公司新增資本時，優先按照其實繳的出資比例認繳出資；

（二）參加或委託代理人參加股東會，按照認繳出資比例行使表決權；

（三）優先購買其他股東轉讓的股權；

（四）對公司的經營行為進行監督，提出建議或者質詢；

（五）選舉和被選舉為公司執行董事或監事；

（六）查閱公司會計帳簿，查閱、複製公司章程、股東會會議記錄、執行董事的決議、監事的決議和財務會計報告；

（七）公司終止後，按其實繳的出資比例分得公司的剩餘財產；

（八）法律、行政法規或公司章程規定的其他權利。

第十七條　股東承擔如下義務：

（一）遵守法律、行政法規和公司章程，不得濫用股東權利損害公司或者其他股東的利益；

（二）按期足額繳納所認繳的出資；

（三）在公司成立后，不得抽逃出資；

（四）國家法律、行政法規或公司章程規定的其他義務。

第十八條　自然人股東死亡后，由合法繼承人繼承其股東資格，其他股東不得對抗或妨礙其行使股東權利。

第五章　股權轉讓

第十九條　股東之間可以相互轉讓其全部或部分股權，無須徵得其他股東同意。

第二十條　股東向股東以外的人轉讓股權，應當經其他超過半數的股東的同意。股東應就其股權轉讓事項書面通知其他股東徵求同意，其他股東自接到書面通知之日起 30 日內未答復的，視為同意轉讓。其他股東半數以上不同意轉讓的，不同意的股東應當購買該轉讓的股權；不購買的，視為同意轉讓。

第二十一條　經股東同意轉讓的股權，在同等條件下，其他股東有優先購買權。兩個以上股東主張行使優先購買權的，協商確定各自的購買比例；協商不成的，按照各自認繳的出資比例行使優先購買權。

第二十二條　依本章程第十九條、第二十條、第二十一條的規定轉讓股權後，公司應當註銷原股東的出資證明書，向新股東簽發出資證明書，並相應修改公司章程和股東名冊中有關股東及其出資額的記載。對公司章程該項修改不需再由股東會決議。

第六章　股東會

第二十三條　股東會由全體股東組成，是公司的權力機構，行使下列職權：

（一）決定公司的經營方針和投資計劃；

（二）選舉或者更換執行董事、非由職工代表擔任的監事，決定有關執行董事、監事的報酬事項；

（三）聘任或者解聘公司經理，決定其報酬事項；

（四）審議批准執行董事的報告；

（五）審議批准監事的報告；

（六）審議批准公司年度財務預算方案、決算方案；

（七）審議批准公司年度利潤分配方案和彌補虧損方案；

（八）對公司增加或者減少註冊資本做出決議；

（九）對發行公司債券做出決議；

（十）對公司的合併、分立、解散、清算或者變更公司形式做出決議；

（十一）修改公司章程；

（十二）對公司向其他企業投資或者為他人提供擔保做出決議；

（十三）決定聘用或解聘承辦公司審計業務的會計師事務所；

（十四）國家法律、行政法規和本章程規定的其他職權。

第二十四條　股東可以自行出席股東會，也可以委託代理人出席股東會並代為行使表決權。委託代理人出席會議的，其代理人應出示股東的書面委託書。

第二十五條　首次股東會會議由出資最多的股東召集和主持。

第二十六條　股東會會議分為定期會議和臨時會議。

定期會議每年召開一次，並於上一會計年度完結之后3個月之內舉行。經代表十分之一以上表決權的股東、執行董事、監事提議，應當召開臨時會議。

第二十七條　召開股東會會議，應當於會議召開15日前通知全體股東。經全體股東一致同意，可以調整通知時間。

股東或者其合法代理人按期參加會議的，視為已接到了會議通知。該股東不得僅以此主張股東會程序違法。

第二十八條　股東會會議由執行董事召集和主持；執行董事不能履行職務或者不履行職務的，由監事召集和主持；監事不召集和主持的，代表十分之一以上表決權的股東可自行召集和主持。

第二十九條　股東會會議由股東按照認繳出資比例行使表決權。

第三十條　股東會會議對所議事項作出決議，須經代表過半數以上表決權的股東通過，但是對公司修改章程、增加或者減少註冊資本以及公司合併、分立、解散或者變更公司形式作出決議，須經代表三分之二以上表決權的股東通過。

第七章　執行董事、經理、監事

第三十一條　公司設執行董事，由股東會選舉或更換。

執行董事任期每屆＿＿＿年。（註：不超過3年）任期屆滿，可連選連任。

第三十二條　執行董事對股東會負責，行使下列職權：

（一）召集股東會會議，並向股東會報告工作；

（二）執行股東會的決議；

（三）決定公司的經營計劃和投資方案；

（四）制訂公司的年度財務預算方案、決算方案；

（五）制訂公司的利潤分配方案和彌補虧損方案；

（六）制訂公司增加或減少註冊資本以及發行公司債券的方案；

（七）制訂公司分立、合併、解散或者變更公司形式的方案；

（八）決定公司的內部管理機構的設置；

（九）根據經理的提名，決定聘任或者解聘公司副經理、財務負責人及其報酬事項（註：執行董事兼任經理的，此處應修改為「決定聘任或者解聘公司副經理、財務負責人及其報酬事項」）；

（十）制定公司的基本管理制度；

（十一）公司章程規定或股東會授予的其他職權。

第三十三條　公司設經理，由股東會決定聘任或者解聘。經理行使以下職權：

（一）主持公司的生產經營管理工作，組織實施股東會或者執行董事的決議；

（二）組織實施公司年度經營計劃和投資方案；

（三）擬訂公司內部管理機構設置方案；

（四）擬訂公司的基本管理制度；

（五）制定公司的具體規章；

（六）提請聘任或者解聘公司副經理、財務負責人；

（七）決定聘任或者解聘除應由執行董事決定聘任或者解聘以外的負責管理人員；

（八）股東會或執行董事授予的其他職權。

第三十四條　公司設監事一名（註：或兩名）。股東代表出任的，由股東會選舉或更換；職工代表出任的，由公司職工通過職工大會（註：或職工代表大會）民主選舉產生。

執行董事、高級管理人員不得兼任監事。

監事任期每屆為3年。監事任期屆滿，連選可以連任。

第三十五條　監事行使下列職權：

（一）檢查公司財務；

（二）對執行董事、高級管理人員執行公司職務的行為進行監督，對違反法律、行政法規、公司章程或者股東會決議的執行董事、高級管理人員提出罷免的建議；

（三）當執行董事、高級管理人員的行為損害公司的利益時，要求董事、高級管理人員予以糾正；

（四）提議召開臨時股東會會議，在執行董事不依職權召集和主持股東會會議時負責召集和主持股東會會議；

（五）向股東會提出議案；

（六）法律、行政法規、公司章程規定或股東會授予的其他職權。

第八章　公司財務、會計

第三十六條　公司分配當年稅后利潤時，應當提取利潤的10%列入公司法定公積

金。公司法定公積金累計額為公司註冊資本的 50% 以上的，可以不再提取。

公司的法定公積金不足以彌補以前年度虧損的，在依照前款規定提取法定公積金之前，應當先用當年利潤彌補虧損。

公司從稅后利潤中提取法定公積金后，經股東會決議，還可以從稅后利潤中提取任意公積金。

公司彌補虧損和提取公積金后所余稅后利潤，按照股東的實繳出資比例分配紅利。

第九章　公司的解散和清算

第三十七條　公司有下列情形之一的，可以解散：

（一）公司章程規定的營業期限屆滿；

（二）股東會決議解散；

（三）因公司合併或者分立需要解散；

（四）依法被吊銷營業執照、責令關閉或者被撤銷；

（五）人民法院依據《公司法》第一百八十三條的規定予以解散。

公司有前款第（一）項情形的，可以通過修改公司章程而存續。

第三十八條　公司因章程第三十七條第（一）、（二）、（四）、（五）項的規定而解散，應當依法組建清算組並進行清算；公司清算結束后，清算組製作清算報告，報股東會確認，並報送公司登記機關，申請註銷公司登記，公告公司終止。

第三十九條　清算組由股東組成，依照《公司法》及相關法律、行政法規的規定行使職權和承擔義務。

第十章　附則

第四十條　本章程所稱公司高級管理人員指公司經理、副經理、財務負責人。

第四十一條　公司章程的解釋權屬股東會。本章程與國家法律、法規相抵觸的，以國家法律、法規為準。

第四十二條　本章程所稱「以上」含本數；「過半數」不含本數。

第四十三條　公司根據需要或因公司登記事項變更而修改公司章程的，修改后的公司章程應送公司原登記機關備案。

全體股東簽名（蓋章）：

年　　月　　日

表單三：

＿＿＿＿＿＿＿公司員工一覽表

員工編號	姓名	職務	主要職責	聯繫方式

表單四：

企業（字號）名稱預先核准申請書

特別提示：本申請書所填報的投資人必須與登記時的實際投資人一致，否則工商部門將不予受理登記。

申請企業（字號）名稱	
備選名稱 （請選用不同的字號）	1. 2. 3.
經營範圍	（只需填寫與申請名稱行業表述一致的主要業務項目）
註冊資本（金） 或資金數額	（萬元）
主體類型	
住所地	

投　資　人

姓名或名稱	證照類型	證照號碼	投資額（萬元）	投資比例(%)

登記機關 初審意見	年　　月　　日

註：申請企業名稱預先核准的，「主體類型」欄按照申請的企業類型填寫；申請個體工商戶字號預先核准的，「主體類型」欄填寫「個體工商戶」。

表單五：

指定代表或者共同委託代理人的證明

指定代表或者委託代理人：

指定代表或者委託代理人更正有關材料的權限：

1. 同意□不同意□修改有關表格的填寫錯誤；
2. 其他有權更正的事項：

指定或者委託的有效期限：自＿＿年＿＿月＿＿日至＿＿年＿＿月＿＿日

指定代表或委託代理人聯繫電話	固定電話：
	移動電話：

（指定代表或委託代理人身分證明複印件粘貼處）

投資人（企業）蓋章或簽字：

　　　　　　　　　　　　　　　　　　　　　　　年　　月　　日

註：1. 企業新設立的，投資人是擬設立企業的全體出資人。投資人是法人和經濟組織的由其蓋章；投資人是自然人的由其簽字。
　　2. 企業名稱變更的，由本企業蓋章。
　　3. 指定代表或者委託代理人更正有關材料的權限，選擇「同意」或「不同意」並在□中打√；第二項按授權內容自行填寫。

表單六：

企業名稱預先核准通知書

（　　）名預核內字［　　］第　　號

根據《企業名稱登記管理規定》《企業名稱登記管理實施辦法》等規定，同意預先核准下列＿＿個投資人出資，註冊資本＿＿＿＿萬元（人民幣），住所設在＿＿＿＿＿＿＿＿＿＿＿＿＿＿＿的企業名稱為：

＿＿＿＿＿＿＿＿＿＿＿＿＿＿＿＿＿＿有限責任公司

投資人、投資額和投資比例：

以上預先核准的企業名稱保留期至＿＿年＿月＿日。在保留期內，企業名稱不得用於經營活動，不得轉讓。經企業登記機關設立登記，頒發營業執照后企業名稱正式生效。

核准日期：＿＿＿＿年＿＿＿月＿＿＿日

註：1. 預先核准的企業名稱未到企業登記機關完成設立登記的，通知書規定的有效期滿后自動失效。有正當理由，需延長預先核准名稱有效期的，申請人應在有效期滿前 1 個月內申請延期。有效延長時間不超過 6 個月。

2. 名稱預先核准時不審查投資人資格和企業設立條件，投資人資格和企業設立條件在企業登記時審查。申請人不得以企業名稱已核為由抗辯企業登記機關對投資人資格和企業設立條件的審查。企業登記機關也不得以企業名稱已核為由不予審查就準予企業登記。

3. 企業登記機關應在企業設立登記之日起 30 日內，務必要加蓋登記機關印章的企業營業執照複印件反饋給企業名稱核准機關備案。未備案的，企業名稱得不到有效保護。

4. 企業設立登記后，企業登記機關應將本通知書原件存入企業檔案。

表單七：

驗資合同

甲方：_____
住所：_____ 郵編：_____ 聯繫電話：_____
乙方：重慶九洲會計師事務所
法定代表人：陸仁賈
住所：重慶市江北區建新北路183號　　郵編：400053　　聯繫電話：023-65478912

雙方經友好協商就驗資服務問題約定如下：
第一條　驗資範圍
1.1　乙方的驗資範圍為甲方截至_____年_____月_____日（包括本日）的實收資本。
第二條　資料的提供
2.1　在乙方驗資之前，甲方應為乙方提供驗資所需的資料：
（1）工商行政管理部門核發的《企業名稱預先核准通知書》；
（2）甲方股東簽署的公司章程；
（3）其他相關資料。
2.2　甲方提供資料的期限為_____年_____月_____日止。
第三條　陳述和保證
3.1　甲方向乙方陳述和保證如下：
（1）其保證所供資料的真實性、合法性、完整性；
（2）甲方的所有股東同意簽訂該協議；
（3）本協議自簽訂之日起對其構成有約束力的義務。
3.2　乙方向甲方陳述和保證如下：
（1）其是一家依法設立並有效存續的有限責任公司；
（2）其有權進行本協議規定的交易，並已採取所有必要的公司和法律行為（包括獲得所有必要的政府批准）授權簽訂和履行本協議；
（3）其保證出具的驗資報告真實、合法；
（4）本協議自簽訂之日起對其構成有約束力的義務。
第四條　定金的支付
4.1　甲方應於_____年_____月_____日前向乙方繳納驗資定金人民幣_____元；
第五條　項目負責人
5.1　甲方同意乙方指派_____會計師為本項目主要負責人；
5.2　未經得甲方同意，乙方不得另行指派他人。
第六條　驗資服務完成期限
6.1　乙方應在_____年_____月_____日前完成驗資，出具驗資報告。
第七條　驗資費的結算
7.1　乙方在驗資過程中支付的費用，由乙方承擔。
7.2　乙方完成驗資服務，甲方應向乙方支付驗資費共計人民幣_____元，甲方所付的定金抵作驗資費。
7.3　驗資費於乙方出具驗資報告后的_____天內支付。

甲方（蓋章）：　　　　　　　　　　乙方（蓋章）：
代表（簽字）：_____　　　　　代表（簽字）：_____
_____年___月___日　　　　　　_____年___月___日

表單八：

銀行詢證函

編號：

中國農業銀行重慶分行：

　　本公司聘請的　重慶九洲　會計師事務所正在對本公司的註冊資本實收（變更）情況進行審驗。按照國家有關法規的規定和中國註冊會計師獨立審計準則的要求，應當詢證本公司外方股東向貴行繳存的出資額。下列數據出自本公司帳簿記錄，如與貴行記錄相符，請在本函下端「證明無誤」處蓋章證明；如有不符，請在「不符」處列明不符事項。回函請直接寄至　重慶九洲　會計師事務所。

　　通信地址：重慶市江北區建新北路183號　　郵編：400053

　　截至＿＿＿年＿＿＿月＿＿＿日，本公司股東繳入的出資額列示如下：

繳款人	繳入日期	帳戶性質	銀行帳號	幣種	金額	款項用途	款項來源 境內	款項來源 境外	備註

委託單位蓋章：

年　　月　　日

結論：

1. 證明無誤　　　　　　　　　　　　2. 不符

　　開戶核准件編號：

　　銀行蓋章：　　　　　　　　　　　銀行蓋章：
　　　　年　　月　　日　　　　　　　　　　年　　月　　日

　　經辦人：　　　　　　　　　　　　經辦人：
　　聯繫電話：　　　　　　　　　　　聯繫電話：

表單九：

中國農業銀行　　現金繳款單

年　　月　　日　　　　　　　　　序號：

<table>
<tr><td rowspan="5">客戶填寫部分</td><td colspan="2">收款人戶名</td><td colspan="4"></td></tr>
<tr><td colspan="2">收款人帳戶</td><td></td><td>收款人開戶行</td><td colspan="2"></td></tr>
<tr><td colspan="2">繳款人</td><td></td><td>款項來源</td><td colspan="2"></td></tr>
<tr><td rowspan="2">幣種</td><td>人民幣□</td><td rowspan="2">大寫：</td><td colspan="3">千 百 十 萬 千 百 十 元 角 分</td></tr>
<tr><td>外幣：</td><td colspan="3"></td></tr>
<tr><td rowspan="2">銀行填寫部分</td><td colspan="2">日期：
金額：</td><td>日誌號：
終端號：</td><td>交易碼：
主管：</td><td colspan="2">幣種：
櫃員：</td></tr>
<tr><td colspan="5"></td></tr>
</table>

制票：　　　復核：

表單十：

驗 資 報 告

＿＿＿＿＿＿＿＿有限責任公司（籌）：

　　我們接受委託，審驗了貴公司（籌）截至＿＿年＿月＿日止申請設立登記的註冊資本實收情況。按照法律法規以及協議、章程的要求出資，提供真實、合法、完整的驗資資料，保護資產的安全、完整是全體股東及貴公司（籌）的責任。我們的責任是對貴公司（籌）註冊資本的實收情況發表審驗意見。我們的審驗是依據《中國註冊會計師審計準則第1602號——驗資》進行的。在審驗過程中，我們結合貴公司（籌）的實際情況，實施了檢查等必要的審驗程序。

　　根據協議、章程的規定，貴公司（籌）申請登記的註冊資本為人民幣＿＿＿元，由全體股東於＿＿年＿月＿日之前一次繳足。經我們審驗，截至＿＿年＿月＿日止，貴公司（籌）已收到全體股東繳納的註冊資本（實收資本），合計人民幣＿＿＿元（大寫）。各股東以貨幣出資＿＿＿元，實物出資＿＿＿元。

　　（如果存在需要說明的重大事項增加說明段）

　　本驗資報告供貴公司（籌）申請辦理設立登記及據以向全體股東簽發出資證明時使用，不應被視為是對貴公司（籌）驗資報告日後資本保全、償債能力和持續經營能力等的保證。因使用不當造成的后果，與執行本驗資業務的註冊會計師及本會計師事務所無關。

附件：1. 註冊資本實收情況明細表
　　　2. 驗資事項說明

　　__重慶九洲__ 會計師事務所　　　中國註冊會計師：＿＿＿＿＿
　　　　（蓋章）　　　　　　　　　（主任會計師/副主任會計師）
　　　　　　　　　　　　　　　　　　　（簽名並蓋章）
　　　　　　　　　　　　　　　　　中國註冊會計師：＿＿＿＿＿
　　　　　　　　　　　　　　　　　　　（簽名並蓋章）

　　中國重慶市　　　　　　　　　　年　　月　　日

表單十一：

註冊資本實收情況明細表

截至　年　月　日止

被審驗單位名稱：　　　　　　　　　　　　　　　　　　　貨幣單位：

股東名稱	認繳註冊資本		實際出資情況				實收資本			
^	金額	出資比例	貨幣	實物	知識產權	土地使用權	其他	合計	金額	占註冊資本總額比例	其中：貨幣出資	
^	^	^	^	^	^	^	^	^	^	^	金額	占註冊資本總額比例
合計												

表單十二：

驗資事項說明

一、基本情況

＿＿＿＿＿＿公司（籌）（以下簡稱貴公司）系由＿＿＿＿＿（以下簡稱甲方）和＿＿＿＿＿（以下簡稱乙方）共同出資組建的有限責任公司，於＿＿＿年＿＿月＿＿日取得＿＿＿＿＿＿［公司登記機關］核發的＿＿＿＿＿＿號《企業名稱預先核准通知書》，正在申請辦理設立登記。（如果該公司在設立登記前須經審批，還需說明審批情況。）

二、申請的註冊資本及出資規定

根據協議、章程的規定，貴公司申請登記的註冊資本為人民幣＿＿＿＿＿元，由全體股東於＿＿＿＿年＿＿月＿＿日之前一次繳足。其中：甲方認繳人民幣＿＿＿＿＿元，占註冊資本的＿＿%，出資方式為貨幣＿＿＿＿＿元，實物（機器設備）＿＿＿＿＿元；乙方認繳人民幣＿＿＿＿＿元，占註冊資本的＿＿＿＿%，出資方式為貨幣。

三、審驗結果

截至＿＿＿＿＿年＿＿月＿＿日止，貴公司已收到甲方、乙方繳納的註冊資本（實收資本）合計人民幣＿＿＿＿＿元，實收資本占註冊資本的＿＿＿＿%。

（一）甲方實際繳納出資額人民幣＿＿＿＿＿＿＿元。其中：貨幣出資＿＿＿＿＿＿＿元，於＿＿＿＿年＿＿月＿＿日繳存＿＿＿＿＿＿＿公司（籌）在＿＿＿＿＿＿＿銀行開立的人民幣臨時存款帳戶＿＿＿＿＿＿＿帳號內；於＿＿＿＿年＿＿月＿＿日投入機器設備＿＿＿＿＿＿［名稱、數量等］，評估價值為＿＿＿＿＿元，全體股東確認的價值為＿＿＿＿＿元。

＿＿＿＿＿＿資產評估有限公司已對甲方出資的機器設備進行了評估，並出具了［文號］資產評估報告。

甲方已與貴公司於＿＿＿＿＿年＿＿月＿＿日就出資的機器設備辦理了財產交接手續。

（二）乙方實際繳納出資額人民幣＿＿＿＿＿＿＿元。其中：貨幣出資＿＿＿＿＿＿＿元，於＿＿＿＿年＿＿月＿＿日繳存＿＿＿＿＿＿＿公司（籌）在＿＿＿＿＿＿＿銀行開立的人民幣臨時存款帳戶＿＿＿＿＿＿＿帳號。

［如果股東的實際出資金額超過其認繳的註冊資本金額，應當說明超過部分的處理情況］

（三）以上全體股東的貨幣出資金額合計＿＿＿＿＿元，占註冊資本總額的＿＿＿＿%。

四、其他事項

表單十三：

公司設立登記申請書

名　　稱			
名稱預先核准通知書文號		聯繫電話	
住　　所		郵政編碼	
法定代表人姓　　名		職　　務	
註冊資本	（萬元）	公司類型	
實收資本	（萬元）	設立方式	
經營範圍	許可經營項目： 一般經營項目：		
營業期限	長期／_____年	申請副本數量	個

　　本公司依照《公司法》《公司登記管理條例》設立，提交材料真實有效。謹此對真實性承擔責任。

　　　　　　　　　　　　　　　　　　法定代表人簽字：
　　　　　　　　　　　　　　　　　　　　　　年　　月　　日

註：1. 手工填寫表格和簽字請使用黑色或藍黑色鋼筆、毛筆或簽字筆，勿使用圓珠筆。
　　2. 公司類型應當填寫「有限責任公司」或「股份有限公司」。其中，國有獨資公司應當填寫「有限責任公司（國有獨資）」；一人有限責任公司應當註明「有限責任公司（自然人獨資）」或「有限責任公司（法人獨資）」。
　　3. 股份有限公司應在「設立方式」欄選擇填寫「發起設立」或者「募集設立」。
　　4. 營業期限：請選擇「長期」或者「_____年」。

表單十四：

公司股東（發起人）出資信息

股東（發起人）名稱或姓名	證件名稱及號碼	認繳 出資額（萬元）	認繳 出資方式	認繳 出資時間	持股比例（%）	實繳 出資額（萬元）	實繳 出資方式	實繳 出資時間	備註

註：1. 根據公司章程的規定及實際出資情況填寫，本頁填寫不下的可以附紙填寫。
2. 「備註」欄填寫下述字母：A. 企業法人；B. 社會團體法人；C. 事業法人；D. 國務院、地方人民政府；E. 自然人；F. 外商投資企業；G. 其他。
3. 出資方式填寫：貨幣、實物、知識產權、土地使用權、其他。

表單十五：

董事、監事、經理信息

姓名_____ 職務_____ 身分證件號碼：_____   （身分證件複印件粘貼處）
姓名_____ 職務_____ 身分證件號碼：_____   （身分證件複印件粘貼處）
姓名_____ 職務_____ 身分證件號碼：_____   （身分證件複印件粘貼處）

註：本頁填寫不完的，可另行附表。

表單十六：

法定代表人信息

姓　　名		聯繫電話	
職　　務		任免機構	
身分證件類型			
身分證件號碼			

（身分證件複印件粘貼處）

法定代表人簽字：

　　　　　　　　　　　　　　　　　　　　　　年　　月　　日

　　以上法定代表人信息真實有效，身分證件與原件一致，符合《公司法》《企業法人法定代表人登記管理規定》關於法定代表人任職資格的有關規定，謹此對真實性承擔責任。

（蓋章或者簽字）
年　　月　　日

註：依照《公司法》、公司章程的規定程序，出資人、股東會確定法定代表人的，由二分之一以上出資人、股東簽署；董事會確定法定代表人的，由二分之一以上董事簽署。

表单十七：

企业法人营业执照

注册号

名　　称　　　　　　有限责任公司

住　　所

法定代表人姓名

公 司 类 型　　　　　有限责任公司

经 营 范 围　　　　　儿童玩具的生产销售

注 册 资 本

实 收 资 本

成 立 日 期

营 业 期 限

工商行政管理局

年　月　日

表單十八：

重慶市組織機構代碼證書申報表

單位代碼：□□□□□□□□－□　　受理項目：□新申報 □變更換證 □年檢 □其他

機構名稱		申報單位蓋章
機構類型	1 企業法人　2 企業非法人　3 事業法人　4 事業非法人 5 社團法人　6 社團非法人　7 機關法人　8 機關非法人 9 其他機構　A 民辦非企業單位　B 個體　C 工會法人	
行政區劃	5　0　　　　　重慶市　　區（縣、市）	
註冊地址		
電話號碼		郵政編碼	
通信地址		
E-Mail 地址		Web 地址	
職工人數	人	占地面積	畝	使用面積	平方米
經營或業務範圍					
經濟類型					
經濟行業					
(機關，社會團體不填寫) 註冊資金	萬元	貨幣種類		外方投資國別	
註冊日期	年　月　日	批准文號或註冊號			
批准登記機構	名稱		代碼		－
主管單位	名稱		代碼		－
主要產品 (僅生產企業填寫)	1 2 3				
申報日期	年　月　日	本表內容是否可公開：　□是　□否			
法定代表人 (負責人)	姓名		身分證號碼		
填表人	姓名		聯繫電話		
證書數量	正本數量：1 本	副本數量：＿＿＿本	IC 卡數量：＿＿＿張		

填寫注意：粗線格中的內容由代碼管理機關輔助填寫。以下由代碼管理機關填寫：

經辦人		日期	年　月　日	頒發日期	年　月　日
復核人		日期	年　月　日	數據錄入		日期	年　月　日
審批人		日期	年　月　日	數據復核		日期	年　月　日

44

表单十九：

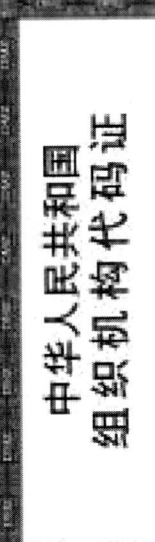

中华人民共和国
组织机构代码证

代　码：66085840-

机构名称：　　　　有限责任公司

机构类型：有限责任公司

地　址：

有效期：四年

颁发单位：重庆市质量技术监督局

登　记　号：组代管500231-326652

说　明

1. 《中华人民共和国组织机构代码证》是中华人民共和国境内一切机关、企事业单位及社会团体等依法取得合法身份的有效证件，分正本和副本。
2. 《中华人民共和国组织机构代码证》不得出借、出租、复印、转让、涂改或伪造。
3. 《中华人民共和国组织机构代码证》有效期四年，期满应办理换证手续。
4. 各代码登记机关为代码证发证机关。
5. 组织机构终止情况，撤消时，应向原发证机关办理注销手续，并交回全部代码证。

中华人民共和国　国家质量监督检验检疫总局

NO.2007 1672257

表單二十：

稅務登記表

（適用單位納稅人）

填表日期：

納稅人名稱			納稅人識別號		
登記註冊類型			批准設立機關		
組織機構代碼			批准設立證明或文件號		
開業(設立)日期		生產經營期限		證照名稱		證照號碼	
註冊地址			郵政編碼		聯繫電話	
生產經營地址			郵政編碼		聯繫電話	
核算方式	請選擇對應項目打「√」 □ 獨立核算 □ 非獨立核算 從業人數＿＿＿其中外籍人數＿＿＿
單位性質	請選擇對應項目打「√」□ 企業 □ 事業單位 □ 社會團體 □ 民辦非企業單位 □ 其他
網站網址		國標行業 □□ □□ □□
適用會計制度	請選擇對應項目打「√」 □ 企業會計制度 □ 小企業會計制度 □ 金融企業會計制度 □ 行政事業單位會計制度
經營範圍：	
請將法定代表人（負責人）身分證件複印件粘貼在此處。	

聯繫人 項目\內容	姓 名	身分證件		固定電話	移動電話	電子郵箱
		種類	號碼			
法定代表人(負責人)						
財務負責人						
辦稅人						
稅務代理人名稱		納稅人識別號		聯繫電話		電子郵箱
註冊資本或投資總額	幣種	金額	幣種	金額	幣種	金額
投資方名稱	投資方經濟性質	投資比例	證件種類	證件號碼	國籍或地址

(續表)

自然人投資比例		外資投資比例			國有投資比例	
分支機構名稱		註冊地址			納稅人識別號	
總機構名稱			納稅人識別號			
註冊地址			經營範圍			
法定代表人姓名		聯繫電話			註冊地址郵政編碼	
代扣代繳代收代繳稅款業務情況	代扣代繳、代收代繳稅款業務內容			代扣代繳、代收代繳稅種		

附報資料：

經辦人簽章：	法定代表人（負責人）簽章：	納稅人公章：
___年___月___日	___年___月___日	___年___月___日

以下由稅務機關填寫：

納稅人所處街鄉				隸屬關係	
國稅主管稅務局		國稅主管稅務所（科）		是否屬於國稅、地稅共管戶	
地稅主管稅務局		地稅主管稅務所（科）			

（續表）

經辦人（簽章）： 國稅經辦人：＿＿＿＿ 地稅經辦人：＿＿＿＿ 受理日期： ＿＿＿年＿＿＿月＿＿＿日	國家稅務登記機關 （稅務登記專用章）： 核准日期： ＿＿＿年＿＿＿月＿＿＿日 國稅主管稅務機關：	地方稅務登記機關 （稅務登記專用章）： 核准日期： ＿＿＿年＿＿＿月＿＿＿日 地稅主管稅務機關：
國稅核發《稅務登記證副本》數量：	本　發證日期：＿＿＿年＿＿＿月＿＿＿日	
地稅核發《稅務登記證副本》數量：	本　發證日期：＿＿＿年＿＿＿月＿＿＿日	

國家稅務總局監制

填　表　說　明

一、本表適用於各類單位納稅人填用。

二、從事生產、經營的納稅人應當自領取營業執照，或者自有關部門批准設立之日起30日內，或者自納稅義務發生之日起30日內，到稅務機關領取稅務登記表，填寫完整后提交稅務機關，辦理稅務登記。

三、辦理稅務登記應當出示、提供以下證件資料（所提供資料原件用於稅務機關審核，複印件留存稅務機關）：

1. 營業執照副本或其他核准執業證件原件及其複印件；
2. 組織機構代碼證書副本原件及其複印件；
3. 註冊地址及生產、經營地址證明（產權證、租賃協議）原件及其複印件；如為自有房產，請提供產權證或買賣契約等合法的產權證明原件及其複印件；如為租賃的場所，請提供租賃協議原件及其複印件，出租人為自然人的還須提供產權證明的複印件；如生產、經營地址與註冊地址不一致，請分別提供相應證明；
4. 公司章程複印件；
5. 有權機關出具的驗資報告或評估報告原件及其複印件；
6. 法定代表人（負責人）居民身分證、護照或其他證明身分的合法證件原件及其複印件；複印件分別粘貼在稅務登記表的相應位置上；
7. 納稅人跨縣（市）設立的分支機構辦理稅務登記時，還須提供總機構的稅務登記證（國、地稅）副本複印件；
8. 改組改制企業還須提供有關改組改制的批文原件及其複印件；
9. 稅務機關要求提供的其他證件資料。

四、納稅人應向稅務機關申報辦理稅務登記。完整、真實、準確、按時地填寫此表。

五、使用碳素或藍墨水的鋼筆填寫本表。

六、本表一式二份（國、地稅聯辦稅務登記的本表一式三份）。稅務機關留存一份，退回納稅人一份（納稅人應妥善保管，驗、證時需攜帶查驗）。

七、納稅人在新辦或者換發稅務登記時應報送房產、土地和車船有關證件，包括房屋產權證、土地使用證、機動車行駛證等證件的複印件。

八、表中有關欄目的填寫說明：

1.「納稅人名稱」欄：指《企業法人營業執照》或《營業執照》或有關核准執業證書上的「名稱」。
2.「登記註冊類型」欄：即經濟類型，按營業執照的內容填寫；不需要領取營業執照的，選擇「非企業單位」或者「港、澳、臺商企業常駐代表機構及其他」「外國企業」；如為分支機構，按總機構的經濟類型填寫。
3.「投資方經濟性質」欄：單位投資的，按其登記註冊類型填寫；個人投資的，填寫自然人。

表单二十一：

税务登记证

渝国税字 500111753052059 号

纳税人名称： 有限责任公司
法定代表人(负责人)：
地　　　址：
登记注册类型： 有限责任公司
经 营 范 围： 儿童玩具生产、销售
批准设立机关：重庆市工商管理局双桥区分局
扣 缴 义 务：依法确定

二〇〇七年 月 日

表單二十二：

開立單位銀行結算帳戶申請書（格式）

存款人名稱				電話	
地　　　　址				郵編	
存款人類別			組織機構代碼		
法定代表人（　）單位負責人（　）	姓　　名				
	證件種類				
	證件號碼				
行業分類	A(　) B(　) C(√) D(　) E(　) F(　) G(　) H(　) I(　) J(　) K(　) L(　) M(　) N(　) O(　) P(　) Q(　) R(　) S(　) T(　)				
註冊資金			註冊地地區代碼		
經營範圍					
證明文件種類			證明文件編號		
國稅登記證號			地稅登記證號		
關聯企業					
帳戶性質	基本存款帳戶（　）　一般存款帳戶（　） 專用存款帳戶（　）　臨時存款帳戶（　）				
資金性質	（專用帳戶填寫）		有效日期	（臨時帳戶填寫）	

以下為存款人上級法人或主管單位信息：

上級法人或主管單位名稱	
基本存款帳戶開戶登記證核准號	組織機構代碼
法定代表人（　）單位負責人（　）	姓　　名
	證件種類
	證件號碼

以下欄目由開戶銀行審核后填寫：

開戶銀行名稱	中國農業銀行重慶市分行		
開戶銀行代碼		帳號	
基本存款帳戶開戶登記證核准號		開戶日期	

本存款人申請開立銀行結算帳戶，並承諾所提供的開戶資料真實、有效，如有偽造、詐欺，承擔法律責任。 　　　　存款人（簽章）： 　　　　　　年　月　日	開戶銀行審核意見： 經辦人（簽章）： 開戶銀行（簽章）： 　　　年　月　日	人民銀行審核意見： （非核准類帳戶除外） 經辦人（簽章）： 人民銀行（簽章）： 　　　年　月　日

表單二十三：

中國農業銀行重慶分行單位人民幣銀行結算帳戶管理協議

甲方（全稱）：＿＿中國農業銀行重慶分行＿＿＿＿＿＿＿＿＿
負責人（或授權代理人）：＿＿陸仁毅＿＿＿＿＿＿＿＿＿＿
電話：＿023－63214589＿＿＿＿　郵編：＿＿400230＿＿＿
地址：＿＿重慶市渝中區五一路318號＿＿＿＿＿＿＿＿＿

乙方（全稱）：＿＿＿＿＿＿＿＿＿＿＿＿＿＿＿＿＿＿＿
負責人（或授權代理人）：＿＿＿＿＿＿＿＿＿＿＿＿＿＿
電話：＿＿＿＿＿＿＿＿＿＿＿＿　郵編：＿＿＿＿＿＿＿
地址：＿＿＿＿＿＿＿＿＿＿＿＿＿＿＿＿＿＿＿＿＿＿

根據《人民幣銀行結算帳戶管理辦法》及相關法律、法規的規定，甲乙雙方經充分協商一致，在平等自願的基礎上，訂立如下協議，共同遵守。

第一條　乙方自願在甲方開立＿＿＿＿＿＿人民幣銀行結算帳戶：
（一）基本存款帳戶；　　　　　（二）一般存款帳戶；
（三）專用存款帳戶；　　　　　（四）臨時存款帳戶。

第二條　甲、乙雙方共同承諾：
（一）雙方按照《人民幣銀行結算帳戶管理辦法》及相關法律、法規，辦理銀行結算帳戶的開立、使用、變更、撤銷。
（二）雙方均不得利用銀行結算帳戶從事任何違法犯罪活動。
（三）雙方約定方式，定期核對帳務。

第三條　甲方承諾：
（一）甲方在雙方銀企關係存續期間，應為乙方提供優質、快捷的結算服務，為乙方準確、及時辦理人民幣結算業務，向乙方及時推薦新的結算產品和服務方式，為乙方提供良好的結算條件。
（二）甲方依法為乙方銀行結算帳戶信息保密。除國家法律、行政法規另有規定外，甲方拒絕任何單位或個人查詢、凍結、扣劃乙方帳戶資金的要求，依法保障乙方的資金安全。

第四條　乙方承諾：
（一）乙方在甲方開立的各類銀行結算帳戶，應按照《人民幣銀行結算帳戶管理辦法》的規定及甲方的要求提供相應的證明文件，接受甲方審核，並對所提供證明文件的真實性、完整性、合規性負責。
（二）乙方應以實名在甲方開立銀行結算帳戶。乙方為單位的，應根據國家法定管理機關登記的名稱開戶；為個體工商戶的，有登記註冊名稱，以營業執照所記載的名稱開戶，無登記註冊名稱、其銀行結算帳戶名稱為「個體戶」字樣和經營者姓名組成；為自然人的，則根據有效身分證件，以本名開戶。
（三）乙方應按照有關規定，向甲方支付服務費用。
（四）乙方開戶信息資料發生如下變更時，應於5個工作日內向甲方提出變更申請並出具有關部門的證明文件，變更內容的生效日期，以甲乙雙方約定的日期為準：

1. 更改名稱，但不改變在甲方開立的銀行結算帳戶帳號的；
2. 法定代表人或主要負責人、住址以及其他開戶資料發生變更的。

（五）乙方不得將在甲方開立的銀行結算帳戶出租、出借給他人，不得利用開立銀行結算帳戶逃避銀行債務，不得違反《人民幣銀行結算帳戶管理辦法》將單位款項轉入個人銀行結算帳戶。

第五條　預留銀行簽章

（一）乙方開戶時，應將簽章（簽名、蓋章或簽名加蓋章）填蓋在印鑒卡上，留存甲方，作為支付乙方存款的依據（另有協議或授權除外）。

（二）乙方需變更預留簽章，應向甲方出具書面申請、原預留簽章式樣等證明文件，由乙方法定代表人或負責人辦理的，還應出具有效身分證件；授權他人辦理的，還應出具乙方法定代表人或負責人的書面授權書及其有效身分證件，以及被授權人的有效身分證件。

甲方受理變更後，如提示付款的支付結算憑證為簽章變更後簽發，且加蓋簽章為變更前的簽章，應拒絕受理。對乙方在簽章變更前簽發的支付結算憑證，在支付結算有效期內，甲方仍對外付款。

（三）乙方有妥善保管預留簽章的義務，一旦喪失，乙方應立即向甲方申請預留簽章的掛失，甲方受理掛失後，如提示付款的結算憑證為掛失後簽發，且加蓋乙方喪失之預留簽章，應拒絕受理；對乙方在簽章掛失前簽發的支付結算憑證，在支付結算憑證有效期內，甲方仍將對外付款。在甲方受理掛失前，已經付款的，如支付結算憑證上簽章真實，則甲方不承擔責任。

第六條　支付結算

（一）如乙方申請使用支票，乙方必須具備良好的信用，且必須在帳戶存有足額資金（新開戶至少1萬元）。甲方有權根據乙方的信用程度和帳戶資金情況決定是否向乙方出售支票。

如甲方同意乙方簽發支票，乙方不得簽發空頭支票或者簽發與其預留銀行簽章不符的支票。

（二）對乙方下列款項支付，甲方將分情形進行處理：

（1）對乙方簽發的支票、匯兌憑證、銀行匯票申請書、銀行本票申請書、重要空白憑證領購單等，甲方應憑乙方預留銀行簽章辦理支付。甲方也可以與乙方約定使用支付密碼，作為甲方審核支付乙方上述支付結算憑證的條件。

（2）採用同城特約委託收款方式需要乙方支付的水費、電費、煤氣費、固定電話費、移動通信費、稅款等費（稅），甲方根據乙方的付款授權辦理支付。

（3）乙方需支付的貸款本金和利息，由甲方根據貸款合同和甲方的貸款本金或利息繳納憑證辦理支付。

（4）對因甲方會計核算差錯而誤入乙方帳戶的款項，乙方無權動用，甲方可根據錯帳衝正憑證辦理衝帳。

（5）對於網上銀行、電話銀行等轉帳支付的支付依據，由乙方與甲方另行簽訂協議確定。

甲方處理乙方的付款憑證時，不依據簽發時期先後，而是根據持票人提示付款先後次序支付，如同時提示多張票據，甲方按內部帳務處理程序確定支付順序。

（三）收款

乙方所有款項收入憑證需與乙方在甲方開立的銀行結算帳戶戶名、帳號相符，如乙方款項收入憑證帳號、戶名不符，甲方將款項退還付款人。

乙方無權支取甲方尚未收妥的款項，甲方受理支付結算憑證的回執不表示款項已經收妥乙方銀行結算帳戶，僅為甲方受理業務的證明。乙方應以甲方入帳通知作為款項已記入銀行結算帳戶的依據，甲方入帳通知由櫃面或甲方回單箱方式送達乙方。

第七條　甲方有權按照《人民幣銀行結算帳戶管理辦法》和中國人民銀行現金管理有關規定，對乙方的現金支取和現金庫存進行監督和管理。

第八條　甲方得知乙方被撤並、解散、宣告破產或關閉和註銷、被吊銷營業執照的，有權停止乙方結算帳戶的對外支付。

第九條　甲方有權根據國家有關反洗錢法律法規，履行反洗錢職責。

第十條　甲方接到乙方開戶資料的變更通知後，應及時辦理變更手續，並於 2 個工作日內報告中國人民銀行當地分支行。

第十一條　帳戶核對

（一）乙方採取如下＿＿＿＿＿＿＿＿＿＿帳務核對方式：

（1）乙方來行領取，乙方到銀行領取簽字時視同對帳信息已送達；

（2）甲方郵寄，甲方寄出對帳單之日起（以郵戳為準）視同對帳信息已送達；

（3）其他方式＿＿＿＿＿＿＿＿＿＿＿＿＿＿＿＿＿＿＿。

（二）甲方為乙方提供真實、準確、完整的對帳數據，並對數據的真實性負責。

（三）乙方收到甲方發出的對帳單後，應按照約定的方式，在規定的時間內完成帳務核對，並按照規定格式向甲方返回帳務核對的具體情況。逾期未返回對帳情況且未向甲方提出帳務不符的，甲方可視同帳務核對相符。

（四）乙方在帳務核對中發現帳務不符，應及時向甲方反應，甲方應與乙方配合，及時處理有關差錯，確保帳務記載準確無誤。

（五）乙方需要改變對帳方式或對帳單寄送地址有所變動等，應及時通知甲方。

第十二條　甲方對一年內未發生收付活動且未欠甲方銀行債務的乙方銀行結算帳戶，應通知乙方自發出通知之日起 30 日內辦理銷戶手續；逾期未來辦理銷戶手續的，視同自願銷戶，甲方有權將該帳戶未劃轉款項列入甲方久懸未取專戶管理。

第十三條　乙方撤銷銀行結算帳戶時，應於 5 個工作日內向甲方提出申請；乙方尚未清償甲方債務的，不得申請撤銷在甲方開立的銀行結算帳戶。

第十四條　乙方撤銷銀行結算帳戶時，必須與甲方核對銀行結算帳戶存款餘額，交回各種重要空白票據及結算憑證和開戶登記證（開戶核准通知書），甲方核對無誤后方可為其辦理銷戶手續。乙方未按規定交回各種重要空白票據及結算憑證的，應出具有關證明，造成損失的，由乙方自行承擔。

第十五條　違約責任

甲乙雙方有下列違規或違約行為之一的，按照《人民幣銀行結算帳戶管理辦法》及相關法律、法規的有關規定執行：

（一）甲方未按規定對乙方銀行結算帳戶信息資料保密，造成乙方開戶資料洩露或資金損失，甲方應承擔相應的責任，並賠償有關損失。

（二）甲方未能為乙方及時、準確地辦理資金收付業務，對乙方的資金收付及匯劃造成影響，甲方應按有關規定承擔責任，造成損失的，按有關規定賠償。

（三）甲方未按規定及時向乙方提供對帳數據，或提供的對帳數據不準確造成乙方無法核對帳務，甲方應按有關規定承擔責任，造成損失的，按有關規定賠償。

（四）乙方在開戶時，未向甲方提供真實、完整、合法的開戶資料，造成甲方無法確認或被有關部門處罰時，乙方應承擔一切責任，造成損失的，乙方全部賠償。

（五）乙方在銀行結算帳戶的使用中不執行有關規定，或出租、出借銀行結算帳戶，甲方有權向人民銀行報告，由人民銀行予以處罰，構成犯罪的，由司法機關依法追究刑事責任。

（六）乙方開戶資料的變更未在規定時間通知甲方，造成甲方無法準確、及時地為其處理有關業務時，甲方不承擔任何責任。

（七）乙方不按規定使用支付結算工具及不按規定支付服務費用，甲方有權停止其結算帳戶的支付。

（八）乙方未按規定與甲方核對帳務，逾期未返回對帳信息且未向甲方提出帳務不符而造成損失的，甲方不負任何責任。

（九）協議存續期間，任何一方無正當、合法理由或未向對方作出說明，擅自終止協議，給另一方造成損失的，違約方承擔一切后果。

第十六條　爭議的解決

本協議履行中發生爭議，可先由雙方協商解決；若協商不成需通過訴訟解決的，由甲方所在地人民法院管轄。

第十七條　本協議自雙方簽字或蓋章之日起生效。

第十八條　本協議於乙方在甲方開立的銀行結算帳戶存續期間有效，如乙方撤銷在甲方開立的銀行結算帳戶，自正式撤銷之日起，自動終止。對於乙方逾期未來辦理銷戶手續的，自甲方發出通知之日起30個工作日止自動終止。

第十九條　其他事項

（1）乙方在甲方開立的人民幣銀行結算專用存款帳戶名稱為：＿＿＿＿＿＿＿＿＿＿（＿＿＿＿），帳　號：＿＿＿＿＿＿＿＿＿＿＿；＿＿＿＿＿＿＿＿＿＿（＿＿＿＿），帳　號：＿＿＿＿＿＿＿＿＿＿＿。上述帳戶在重慶市範圍內通兌，乙方承諾按照甲方通存通兌業務管理辦法的規定，辦理通存業務。帳號：＿＿＿＿＿＿＿＿＿＿＿只限於辦理國稅稅款（含通過稅務部門徵收的其他款項，下同）的存儲與扣劃，帳號：＿＿＿＿＿＿＿＿＿＿＿只限於辦理地稅稅款的存儲與扣劃，上述帳戶不預留銀行印鑒。

（2）上述帳戶遇特殊情況乙方需將帳中資金劃轉到其基本（一般）存款帳戶（不得劃轉到其他單位存款帳戶）時，只能轉帳不能取現，劃轉時除必須提交加蓋單位公章的取款憑條外，還須出具加蓋單位公章的書面證明並經相關稅務部門簽章同意，否則甲方不予受理。

（3）乙方授權甲方在接到重慶市國（地）稅局提供的有關扣款數據后，當時全額從上述帳戶中分別扣劃。因重慶市國（地）稅局提供的數據錯誤而發生的甲方扣款錯誤，由乙方自行與稅務部門交涉，與甲方無關。

（4）乙方要求撤銷帳戶時，除提供正常的銷戶資料外，還必須提供稅務部門出具的同意銷戶證明，否則甲方不予受理。

第二十條　本協議未盡事宜，按照中國人民銀行《支付結算辦法》《人民幣銀行結算帳戶管理辦法》等有關法律、法規執行。

第二十一條　本協議一式兩份，甲乙雙方各持一份，效力相同。

第二十二條　提示

甲方已提請乙方注意對本協議印就條款作全面、準確的理解，並應乙方的要求做了相應的條款說明。簽約各方對本協議的含義認識一致。

甲方（蓋章）　　　　　　　　乙方（蓋章）

負責人　　　　　　　　　　　法定代表人（負責人）
或授權代理人：　　　　　　　或授權代理人：

簽約時間：＿＿＿＿＿＿年＿＿＿＿月＿＿＿＿日

表单二十四：

开户许可证

核准号：J10000106208O1

编号：1000-00293050

经审核，_____有限公司 符合开户条件，准予
开立基本存款账户。

开户银行 中国农业银行重庆分行

法定代表人（单位负责人）_____

账　号_____

表單二十五：

_____公司股東名冊

序號	股東類型	股東名稱	證件類型	證件號碼	住所	出資額	出資證明編號

註：1. 自然人證件類型分為：身分證、護照、軍官證、士兵證、回鄉證，法人證件類型為組織機構代碼證。
　　2. 股東類型分為：法人、自然人。

年　月　日

表單二十六：

出 資 證 明 書

（副本）

編號：

公司名稱：
公司成立日期：
公司註冊資本：
股東名稱：
營業執照註冊號（或身分證號）：
出資金額：　　　　重慶　　　　有限責任公司
出資日期：　　　　　　　　　　　法定代表人：

核發日期：

說明：1. 本出資證明書僅證明股東已繳納出資，不得轉讓或作其他用途。
　　　2. 本出資證明書騎縫章處加蓋重慶　　　有限責任公司公章后方為有效。

--------------------騎----縫----章--------------------

出 資 證 明 書

（正本）

編號：

公司名稱：
公司成立日期：
公司註冊資本：
股東名稱：
營業執照註冊號（或身分證號）：
出資金額：　　　　重慶　　　　有限責任公司
出資日期：　　　　　　　　　　　法定代表人：

核發日期：

說明：1. 本出資證明書僅證明股東已繳納出資，不得轉讓或作其他用途。
　　　2. 本出資證明書騎縫章處加蓋重慶　　　有限責任公司公章后方為有效。

第二章　公司戰略制定

第一節　戰略管理基礎理論及方法

一、公司戰略來源

（一）公司願景

公司願景也叫公司使命，指企業區別於其他類型組織而存在的原因或目的。絕大多數的公司願景是高度抽象的，公司願景不是企業經營活動具體結果的表述，它僅為企業提供了一種原則、方向和哲學。過於明確的公司願景會限制企業戰略目標制定過程中的創造性，寬泛的公司願景會給企業管理者留有細節填補及戰略調整的余地，從而使企業在適應內外環境變化中有更大的彈性。

簡單地理解，企業使命（願景）應該包含以下含義：

（1）企業的使命實際上就是企業存在的原因或者理由。

（2）企業使命是企業生產經營的哲學定位，也就是經營觀念。

（3）企業使命是企業生產經營的形象定位。它反應了企業試圖為自己樹立的形象，諸如「我們是一個願意承擔責任的企業」「我們是一個健康成長的企業」「我們是一個在技術上卓有成就的企業」等，在明確的形象定位指導下，企業的經營活動就會始終向公眾昭示這一點，而不會「朝三暮四」。

20 世紀 20 年代，AT&T 的創始人提出：「要讓美國的每個家庭和每間辦公室都安上電話。」80 年代，比爾·蓋茨如法炮製：「讓美國的每個家庭和每間辦公室桌上都有一臺 PC。」到今天 AT&T 和微軟都基本實現了他們的使命。

又如：

★麥當勞的願景：控製全球食品服務業。

★柯達的願景：只要是圖片都是我們的業務。

★索尼公司的願景（使命）：為包括我們的股東、顧客、員工乃至商業夥伴在內的所有人提供創造和實現他們美好夢想的機會（Dream in Sony）。

★通用電器的使命：以科技及創新改善生活品質；在對顧客、員工、社會與股東的責任之間求取互相依賴的平衡。

★微軟公司的願景（使命）：計算機進入家庭，放在每一張桌子上，使用微軟的軟件。

★中國移動通信的使命：創無限通信世界，做信息社會棟梁。企業經營宗旨：追求

客戶滿意服務。

★上海家化公司的願景：奉獻優質產品，幫助人們實現清潔、美麗、優雅的生活。

★泰康人壽的願景與使命：融入21世紀大眾生活，為日益崛起的工薪白領階層提供高品質的壽險服務；幫助人們安排未來健康、幸福、美滿的新生活；成為最具親和力、最受市場青睞的大型保險金融服務集團。

(二) 公司目標

要制定正確的企業戰略，僅有明確的公司願景是不夠的，必須把這些共同的願景轉化成各種戰略目標。戰略目標表明的是企業為實現其願景所要達到的長期結果，前面所討論的公司願景是對企業總體任務的綜合表述，一般沒有具體的數量特徵及時間限定；而戰略目標則不同，是對企業在一段時間內所開展的各項活動進行數量評價。目標可以是定性的，也可以是定量的，正確的戰略目標對企業的行為具有重大指導作用；它是企業制定戰略的基本依據和出發點，戰略目標明確了企業的努力方向，體現了企業的具體期望，表明了企業的行動綱領；它是企業戰略實施的指導原則，戰略目標必須能使企業中的各項資源和力量集中起來，減少各企業內部的衝突，提高管理效率和經濟效益；它是企業戰略控制的評價標準，戰略目標必須是具體的和可以衡量的，以便對目標是否最終實現進行比較客觀的評價和考核。

企業目標示例：

★海爾企業目標：創世界頂級品牌！

階段性目標：

第一個十年，創業，創出中國第一名牌；

第二個十年，創新，走出國門，創國際化企業；

第三個十年，創造資源，實施全球化品牌戰略。

★長安汽車企業目標：躋身中國汽車集團第一陣營，鑄造世界一流汽車品牌。

二、公司戰略體系

(一) 戰略體系構成

對於一般企業來說，大致需要三個層次的戰略，即總體戰略、業務單元戰略和職能戰略。這三個層次戰略的地位和內容各不相同，它們之間的關係是：總體戰略分解為業務單元戰略，業務單元戰略分解為職能戰略；總體戰略統帥業務單元戰略，業務單元戰略統帥職能戰略。

圖2-1形象地描述了總體戰略、業務單元戰略和職能戰略之間的關係。如果企業希望從整體上獲得成功，那麼企業必須將這三者有機地結合起來，以使其整體發力，也就是說經理們要從這三個層次來考慮企業的戰略。如果企業僅從事一項產業，那麼企業的公司戰略與業務單元戰略就是一樣的，也就是說這兩種戰略的決策權都將集中在企業的高層管理者手中（圖2-2）。如果企業跨行業經營，而且有許多不同的經營活動，則企業的戰略層次就如同前面所提到的三個層次的戰略組合，即總體戰略為最高層，其次為業務單元戰略，最后是職能戰略（圖2-3）。

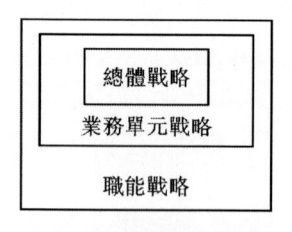

圖2-1　公司戰略體系示意圖

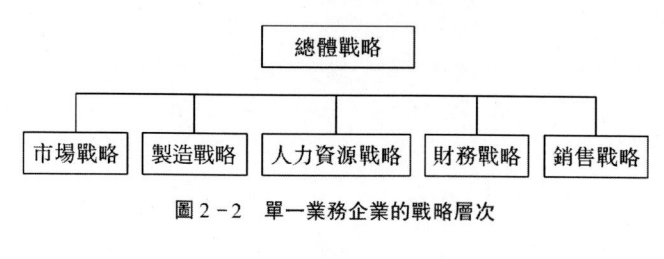

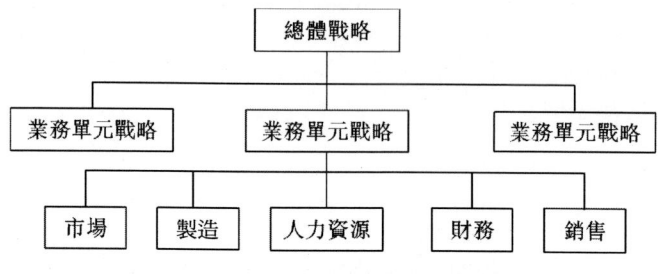

圖2-2　單一業務企業的戰略層次

圖2-3　跨行業企業的戰略層次

(二) 各層次戰略定義

1. 總體戰略

　　總體戰略研究企業總的方向和企業應該經營哪些事業以使企業長期獲利等，是企業的戰略總綱領，是企業最高管理層指導和控制企業的一切行為的最高行動綱領。總體戰略需要回答企業應該經營哪些事業以使企業的長期利益達到最大化。因此，總體戰略注重把握企業內外部環境的變化，同時努力將企業內部各個部門間的資源進行有效的戰略配置，並以企業的整體為對象。總體戰略強調「做一件正確的事情」。該層次的戰略以價值為取向，並以抽象的原則為基礎，忽略具體原則。該層次戰略注重深遠性和未來性，代表了企業的發展方向。在總體戰略思考中，企業需要考慮一體化戰略、多角化戰略、戰略聯盟和收購戰略。必要時將考慮企業重組以增強企業的整體效率。總體戰略具有如下特點：總體戰略體現了企業全局發展的整體性與長期性；總體戰略的制定與推行主要由企業高層管理人員執行；總體戰略與企業的組織形態關係密切。

2. 業務單元戰略

　　業務單元戰略是在企業總體戰略的指導下，經營管理某一個戰略單位的戰略計劃，是總體戰略之下的子戰略，為企業的整體目標服務。因此，業務單元戰略更多考慮企

業如何在特定的市場上獲取競爭優勢。比如，如何發現新的商機，以及在什麼樣的市場和什麼時候推出什麼樣的產品，提供什麼樣的服務等。業務單元戰略要思考企業在市場中的自我定位以及取得競爭優勢的方法和在不同產業發展階段中所採用的不同策略等。該層次的管理者需要努力識別最穩固的同時也最能盈利的市場區域，以發揮其競爭優勢。如果從戰略構成要素的角度來看，核心競爭力的營造與競爭優勢的建立是該層次戰略的重要組成部分。

3. 職能戰略

職能戰略是考慮如何有效組合企業內部資源來實現總體戰略和業務單元戰略。它更注重企業內部主要職能部門的短期戰略計劃，以使職能部門的管理人員能夠清楚地認識到本職能部門在實施企業總體戰略和業務單元戰略中的責任與要求。該戰略將思考如何提升企業的運作效能以使企業獲得較佳的效率、品質、創新和顧客回應方面的能力。由於該戰略直接處理諸如生產、市場、服務等一線的事情，因此，該戰略更強調「如何將一件事情做正確」。

總體戰略、業務單元戰略與職能戰略共同構成了企業戰略體系。

三、戰略類型

(一) 總體戰略類型

1. 一體化戰略

一體化戰略是指企業充分利用自己在產品、技術、市場上的優勢，根據物資流動的方向，使企業不斷地向深度和廣度發展的一種戰略。

一體化戰略模式包括以下三種：

(1) 后向一體化。它是指企業產品在市場上擁有明顯的優勢，可以繼續擴大生產，但是由於協作供應企業的材料、外購件供應跟不上或成本過高，這將影響企業的進一步發展。在這種情況下，企業可以依靠自己的力量，擴大經營規模，由自己來生產材料或配套零部件，也可以向后兼併供應商或與供應商合資興辦企業，組織聯合體，統一規劃和發展。如電視機製造公司兼併顯像管製造公司，食品公司投資興辦養殖場等，均屬此種策略。

(2) 前向一體化。從物資的移動方向看，就是朝與后向一體化相反方向發展。一般是指生產原材料或半成品的企業，根據市場需要和生產技術可能條件，充分利用自己在原材料、半成品方面的優勢和潛力，決定由企業自己製造成品，或者與成品企業合併，組建經濟聯合體，以促進企業不斷成長和發展。如紡織公司興辦服裝公司，木材加工企業投資家具製造業等均屬此例。

(3) 水平一體化。它是指企業以兼併處於同一生產經營階段的企業為其長期活動方向，以促進企業實現更高程度的規模經濟和迅速發展的一種戰略。

2. 多樣化戰略

(1) 橫向多樣化

橫向多樣化是以現有的產品市場為中心，向水平方向擴展事業領域，也稱為水平

多樣化或專業多樣化。如零售行業中的百貨店、自我服務廉價商店、超級市場、便利店等就屬於這種多樣化。橫向多樣化有三種類型：①市場開發型，即以現有產品為基礎，開發新市場；②產品開發型，即以現有市場為主要對象，開發與現有產品同類的產品；③產品市場開發型，即以新開拓的市場為主要對象，開發新產品。

這種戰略由於是在原有的市場、產品基礎上的變革，因而產品內聚力強，開發、生產、銷售技術關聯度大，管理變化不大，比較適合於原有產品信譽高、市場廣且發展潛力還很大的大型企業。

(2) 多向多樣化

這是指雖然與現有的產品、市場領域有些關係，但是通過開發完全異質的產品、市場來使事業領域多樣化。這種多向多樣化包括三種類型：

①技術關係多樣化。這是以現有事業領域中的研究技術或生產技術為基礎，以異質的市場為對象，開發異質產品。由於這種多樣化利用了研究開發能力的相似性、生產技術的相似性、原材料的共同性以及設備的類似性，能夠獲得技術上的相乘效果，因而有利於大量生產，在產品質量、生產成本方面也有競爭力。而且，各種產品之間的用途越是不同，多樣化的效果越明顯。但是，在技術關係多樣化的情況下，一般來說銷售渠道和促銷方式是不同的。這對於市場營銷的競爭是不利的。這種類型的多樣化一般較適合於技術密集度較高的行業中的大型企業。

②市場營銷關係多樣化。這是以現有事業領域的市場營銷活動為基礎，打入完全不同的產品市場。例如，鉛筆廠生產自動鉛筆、圓珠筆、鋼筆等。市場營銷多樣化利用共同的銷售渠道、共同的顧客、共同的促銷方法、共同的企業形象和知名度，因而具有銷售相乘效果。但是，由於沒有生產技術、設備和材料等方面的相乘效果，不易適應市場的變化，也不易應付全體產品同時老化的風險。這種類型的多樣化適合於技術密集度不高、市場營銷能力較強的企業。

③資源多樣化。這是以現有事業所擁有的物質資源為基礎，打入異質的產品、市場領域，求得資源的充分利用。

(3) 複合多樣化

這是從與現有的事業領域沒有明顯關係的產品、市場中尋求成長機會的策略，即企業所開拓的新事業與原有的產品、市場毫無相關之處，所需技術、經營方法、銷售渠道必須重新取得。

(二) 業務單元基本競爭戰略類型

1. 成本領先戰略

成本領先戰略要求積極地建立起達到相當規模的生產設施，在規模基礎上全力以赴降低成本。為了達到這些目標，有必要在管理方面對成本控制給予高度重視。儘管質量、服務以及其他方面也不容忽視，但貫穿於整個戰略中的主題是使成本低於競爭對手。

美國西南航空的戰略案例被無數教科書所引用，至今還散發著其魅力。

西南航空採取的是成本領先戰略，即使其成本降低到競爭對手無法達到的程度，

從而打垮對手，占領市場。為降低成本，西南航空採取了各種措施：只選用一種機型（波音737），降低機型不同帶來的培訓成本和維護成本；機上不提供食物和飲料（因為都是短途支線，飛行時間在 1 小時以內）；只配備最低人數要求的機組人員，等等。西南航空取得了巨大的成功，其成功的主要因素就是各個環節的成本降低。

一旦贏得了成本領先地位，所獲得的較高的利潤又可對新設備、現代化設施進行再投資以維護成本上的領先地位。這種再投資往往是保持低成本地位的先決條件。

2. 差異化戰略

差異化戰略是指公司在提供產品或服務上標新立異，形成一些在全產業範圍內具有獨特性的東西。差異化戰略可以有許多實現方式。例如，在品牌形象、技術特點、外觀特點、客戶服務、經銷網絡等方面保持獨特性。最理想的差異化是公司在幾個方面都具有獨特性的東西。需要注意的是，差異化戰略並不意味公司可以忽略成本，但此時低成本不是公司的首要戰略任務。

雖然其形式與成本領先有所不同，但是如果差異化戰略得以實現，它同樣能夠建立起對付競爭的防禦地位。差異化戰略利用客戶對品牌的忠誠以及由此產生的對價格的敏感性下降使公司得以避開競爭，它可使利潤增加而不必追求低成本。客戶的忠誠以及某一競爭對手要戰勝這種「獨特性」需付出的努力就構成了進入壁壘。

實現產品差異化有時會與爭取更大的市場佔有率相矛盾。它往往要求公司對這一戰略的排他性有思想準備，即這一戰略與提高市場份額兩者不可兼得。一般情況下，如果建立差異化的活動成本高昂，例如，廣泛的研究和產品設計、高質量的材料及周密的顧客服務等，那麼實現產品差異化將意味著以高成本為代價。然而，即便全產業範圍內的顧客都瞭解公司的獨特優點，也並不是所有顧客都願意或有能力支付公司所要求的較高價格。

3. 集中化戰略

集中化戰略是主攻某個特定的顧客群、某產品系列的一個細分區段或某一個地區市場。與差異化戰略一樣，集中一點戰略具有許多形式。低成本與產品差異化都是要在全產業範圍內實現其目標，集中一點戰略卻是圍繞著某一特定目標，它所制定的每一項支持性政策都要考慮這一目標。集中一點戰略的本質是公司能夠以更高的效率、更好的效果為某一狹窄的戰略對象服務。實施這一戰略的結果是，公司或者通過較好滿足特定對象的需要實現了差異化，或者在為這一對象服務時實現了低成本，或者兩者兼得。儘管從整個市場的角度看，集中一點戰略未能取得低成本或差異化優勢，但在其狹窄市場目標中獲得了一種或兩種優勢地位。

四、戰略分析方法

(一) 公司產業發展潛力分析方法

1. 波士頓諮詢公司模式

波士頓諮詢公司是一家管理諮詢公司，首創和推廣成長—份額矩陣法，如圖 2－4 所示。

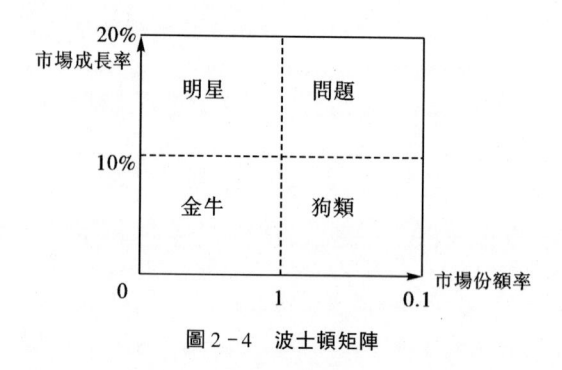

```
         20%
市場成長率
              │
         ─────┼─────
          明星 │ 問題
              │
         10% ─┼─────
              │
          金牛 │ 狗類
              │
          0       1      0.1   市場份額率
```

圖 2－4　波士頓矩陣

　　在圖中，縱坐標上的市場成長率代表這項業務所在市場的年銷售發展率，數字從 0 到 20%，當然還可列入較大幅度，大於 10% 的發展率被認為是高的。橫坐標上的相對市場份額表示該戰略業務單元的市場份額與該市場最大競爭者的市場份額之比。0.1 的相對市場份額表示該公司戰略業務單元的銷售額僅占市場領導銷售額的 10%；而 10 就表示該公司的戰略業務單元是該市場的領先者，並且是占市場第二位的公司銷售量的 10 倍。以 1.0 為分界線，相對市場份額分為高份額和低份額。相對市場份額用對數尺度繪於圖上，所以，同等距離表示相同的比例發展。

　　(1) 問題類業務。問題類是市場成長率高而相對市場份額低的公司業務。問題類業務要求投入大量現金，因為公司必須增添廠房、設備和人員，以跟上迅速成長的市場需要。問題類業務必須小心確定，因為公司必須認真考慮是否要對它進行大量投資或者及時抽身出來。

　　(2) 明星類業務。一個公司如果在問題類業務上經營成功，就變成明星。明星是高速成長市場中的領先者。這並不等於說，明星類能給公司帶來大量現金。公司必須投入大量金錢來維持市場成長率和擊退競爭者各種進攻。明星類業務常常是現金消耗者而非現金產生者；同時，其盈利可觀，並成為公司未來的金牛類。

　　(3) 金牛類業務。當市場的年成長率下降到 10% 以下，如果它繼續保持較大的市場份額，明星類業務就會變成金牛類業務。金牛業務能為公司帶來大量的現金收入。由於市場成長率低，公司不必大量投資，同時也因為該業務是市場領導者，它還享有規模經濟和較高利潤的優勢。公司用它的金牛業務收入支撐公司的現金流轉，包括支持明星類、問題類和狗類業務這些現金饑渴者。

　　(4) 狗類業務。狗類業務是指市場成長率低緩、市場份額也低的業務，其邊際利潤很低甚至為零。公司必須考慮這些狗類業務的存在是否有足夠的理由。狗類業務的繼續經營，通常要占用經營者較多時間，這可能得不償失，需要收縮或者淘汰。

　　在成長─份額矩陣圖上將業務定位后，公司可確定它的業務組合是否健康。一個失衡的業務組合就是有太多的狗類或問題類業務，或太少的明星類和金牛類業務。

　　2. 通用電氣公司模式

　　通用電氣公司模式是波士頓模式的發展，它根據市場吸引力和業務優勢來評估每一項產業，其基本含義如圖 2－5 所示。

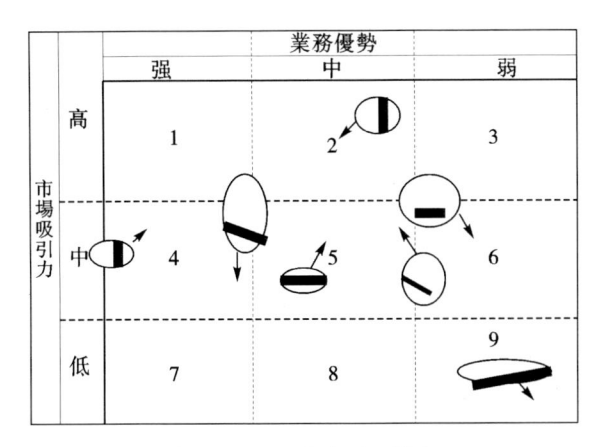

圖 2-5　通用電氣公司模式

　　圖上標出了某公司的 7 項業務。橢圓的大小表示市場規模而非公司業務的大小。橢圓的陰影部分代表公司業務的絕對市場份額。每項業務的評定主要根據兩個變量，即市場吸引力和業務優勢。這兩個變量對評定一項業務具有極妙的營銷意義。公司如果進入富有吸引力的市場，並擁有在這些市場中獲勝所需的各種業務優勢，它就可能成功。但若缺少其中一個條件，就很難獲得顯著的效果。為了衡量這兩個變量，戰略計劃者必須識別構成每個變量的各種組成因素，尋找度量方法，並把這些因素合併成一個綜合指數。

　　實際上，矩陣分為 9 個格子，這些格子分列 3 個區，1、2、4 區表示最強的戰略業務單元，公司應該採取投資/擴展戰略。3、5、7 區表示戰略業務單元的總吸引力處於中等狀態，該公司應該採取選擇/盈利戰略。6、8、9 區表示戰略業務單元的總吸引力很低，公司應該採取收穫/放棄戰略。

　　經營者還應根據現行的戰略預測每個戰略業務單元在今後三五年的預期位置。這包括分析每個產品所處的產品生命週期，以及預期的競爭者戰略、新技術、經濟事件等。這種預測的結果由圖中矢量的長度與方向指示。

(二) 業務單元戰略分析方法

　　對業務單元戰略可採用 SWOT 分析。

　　SWOT 分析的主要目的在於對企業的綜合情況進行客觀公正的評價，以識別各種優勢、劣勢、機會和威脅因素，有利於開拓思路，正確地制定企業戰略。SWOT 分析是把企業內外環境所形成的機會（Opportunities）、威脅（Threats）、優勢（Strengths）和劣勢（Weaknesses）四個方面的情況結合起來進行分析，以尋找制定適應本企業實際情況的戰略的方法，是一種最常用的企業內外環境戰略因素綜合分析方法。

　　在進行 SWOT 分析時，首先系統分析企業現狀，將企業的優勢、劣勢、機會、威脅四個方面列在表上。在此基礎上，可以得到可供選擇的四種業務單元基本戰略類型，它們是 SO 戰略、WO 戰略、ST 戰略和 WT 戰略，如表 2-1 所示。

表 2-1　　　　　　　　　　　　　　　業務單元戰略

內部優勢和劣勢＼外部機會和挑戰	內部優勢（S） 1.…… 2.…… 3.……	內部優勢（W） 1.…… 2.…… 3.……
外部機會（O） 1.…… 2.…… 3.……	SO 戰略 領先內部優勢 利用外部機會	WO 戰略 利用外部機會 克服內部劣勢
外部威脅（T） 1.…… 2.…… 3.……	ST 戰略 領先內部優勢 迴避外部威脅	WT 戰略 減少內部劣勢 迴避外部威脅

★SO 戰略就是依靠內部優勢去抓住外部機會的戰略。如一個資源雄厚（內在優勢）的企業發現某一國際市場未曾飽和（外在機會），那麼它就應該採取 SO 戰略去開拓這一國際市場。

★WO 戰略是利用外部機會來改進內部弱點的戰略。如一個面對計算機服務需求增長的企業（外在機會），卻十分缺乏技術專家（內在劣勢），那麼就應該採用 WO 戰略，培養和聘用技術專家，或購入一個高技術的計算機公司。

★ST 戰略就是利用企業的優勢，去避免或減輕外部威脅的打擊。如一個企業的銷售渠道（內在優勢）很多，但是由於各種限制又不允許它經營其他商品（外在威脅），那麼就應該採取 ST 戰略，走集中型、多樣化的道路。

★WT 戰略就是直接克服內部弱點和避免外部威脅的戰略。如一個商品質量差（內在劣勢）、供應渠道不可靠（外在威脅）的企業應該採取 WT 戰略，強化企業管理，提高產品質量，穩定供應渠道，或走聯盟、合併之路以謀生存和發展。

下面以湖南衛視為例對其進行 SWOT 分析[1]。

湖南衛視在中國省級衛視中處於領先地位，其優勢包括以下幾個方面：①湖南衛視明確市場定位，打造出了品牌價值。②湖南衛視的團隊實力較強。湖南衛視節目創新具有新、奇、快的特點，這與其團隊的創新能力密不可分。③產業鏈優勢為湖南衛視帶來的系統競爭狀態。湖南廣播電視臺的誕生、與兄弟衛視的聯姻合作以及與網絡媒體的嫁接使湖南衛視打造出了全新的媒體產業鏈。④湖南衛視領導團隊的頻道營運能力強。湖南衛視進行了一系列改革，包括制度創新、欄目質量評價標準創新，推行製片人制，調動團隊積極性等。

其劣勢包括：①節目的泛娛樂化傾向，造成人文內涵的缺失，不利於長足發展。②受眾導向型的媒介經營策略帶來對觀眾口味的盲目迎合。

其發展機會包括：①海外合作為湖南衛視帶來新的發展機遇。湖南衛視與英國獨

---

[1]　王嬋，溫金鳳. 對湖南衛視的高級 SWOT 分析［N］. 青年記者，2011-07-20.

立電視臺（ITV）旗下子公司 ITV Studios Global Entertainment 的合作將給湖南衛視帶來新的發展機遇。②湖南本土廣泛存在的娛樂精神是湖南衛視的后盾。

其威脅包括：①以娛樂為主的湖南衛視在遇到大事件、嚴肅事件（如 2008 年的雪災、地震等）時，如何尋求適合自己的角度解讀，引導輿論走向。②多元化發展策略導致缺乏統一的戰略目標。③面臨央視頻道和地面電視頻道的上下夾擊。④網絡等新媒體對湖南衛視的衝擊不容忽視。⑤數字電視、IPTV、手機電視等潛在競爭對手給湖南衛視帶來的威脅。

將上述四個方面進行細化后列在表上，並用專家打分法計算上述因素的權重。將上文中優勢、劣勢、機會、威脅等各要素依次編號為 1、2、3、……、17，由 11 位專家對其打分（3 分表示該要素對湖南衛視的發展影響很大；2 分表示影響程度一般；1 分表示幾乎沒影響），結果如表 2-1 所示。對於每一項要素來說，滿分之和是 33 分，其權重 = 得分/33。

然后對各項要素進行打分。3 分表示湖南衛視在該因素方面表現優秀；2 分表示表現良好；1 分表示表現一般。打分結果如表 2-2 所示：

表 2-2　　　　　　　　　　湖南衛視 SWOT 權重及得分表

項目		編號	評判內容	因素權重	因素得分
優勢	內部因素	1	品牌價值、品牌優勢	31/33	3
		2	目標受眾定位明確、市場廣闊	28/33	3
		3	理念優勢	31/33	3
		4	團隊優勢	26/33	2
		5	產業鏈優勢	27/33	2
		6	完備的風險規避方式	25/33	1
		7	領導團隊的經營能力	30/33	3
劣勢	內部因素	8	泛娛樂化傾向	27/33	2
		9	對觀眾口味的盲目迎合	25/33	2
機會	外部環境	10	海外合作的新機遇	25/33	2
		11	與兄弟衛視的合作	24/33	1
		12	湖南本土的娛樂精神	19/33	1
威脅	外部環境	13	面對突發災難事件的定位	25/33	3
		14	多元化發展導致缺乏統一戰略目標	28/33	3
		15	央視和地面頻道的夾擊	22/33	3
		16	新媒體的衝擊	22/33	2
		17	潛在競爭對手的威脅	21/33	2

接下來計算優勢、劣勢、機會和威脅的平均得分。計算方法為：將各因素的權重 × 得分后相加，再除以因素的個數。

優勢 S = $\sum$ 權重 S_i × 得分 S_i/7 = 2.24

劣勢 W = $\sum$ 權重 W_i × 得分 $W_i/2$ = 1.57

機會 O = $\sum$ 權重 O_i × 得分 $O_i/3$ = 0.94

威脅 T = $\sum$ 權重 T_i × 得分 $T_i/5$ = 1.96

結果顯示，S＋T均大於W＋O、S＋O、W＋T，可見，湖南衛視優勢與威脅組合分數最高，根據SWOT分析法的原理，湖南衛視應採取的是著重發揮優勢和應對威脅的ST策略（優勢和威脅組合策略），即多元化的發展策略。這就需要湖南衛視對自身的發展方向作出調整，包括管理體制、經營機制等方面的改革。

（三）不同產業地位的競爭戰略

一般來說，根據企業在目標市場上所起的領導、挑戰、跟隨或拾遺補缺的作用，將企業分為市場領先者、市場挑戰者、市場跟隨者和市場補缺者四種類型。不同企業在產業中的位次不同，而不同的位次意味著需要不同的競爭戰略。每個企業都要依據自己的資源和環境，以及在目標市場中的位次，來確定自己的競爭戰略。同一企業的不同業務單元會有不同要求，不可強求一律。

1. 市場領導者的競爭戰略

市場領先者是指相關產品市場佔有率最高的企業。一般說來，大多數產業都有一家企業是市場領先者，它在價格變動、新產品開發、分銷渠道和促銷力量等方面處於主導地位，其領導被同業所公認。市場領導者既是市場競爭的先導者，也是其他企業挑戰、效仿或迴避的對象。如美國汽車市場的通用公司、電腦軟件市場的微軟公司、照相機產業的尼康公司、軟飲料市場的可口可樂公司、剃鬚刀產業的吉列公司以及快餐市場的麥當勞公司等，都是市場領導者。市場領導者的地位是在競爭中自然形成的，但不是固定不變的。市場領先如果沒有獲得法定的壟斷地位，必然會面臨競爭者的無情挑戰。市場領先者為了維護自己的優勢、保住自己的領先地位，通常必須採取一些恰當的競爭戰略。這包括提高市場佔有率戰略、發現和擴大市場規模戰略、保護現有市場份額戰略等。

2. 市場挑戰者的競爭戰略

市場挑戰者指那些在市場上處於次要地位但重要（第二、第三甚至更低地位）的企業，如美國汽車市場的福特公司、軟飲料市場的百事可樂公司等，它們主要採取進攻戰略。

3. 市場追隨者的競爭戰略

市場跟隨者的目標不是向市場領先者發動進攻並圖謀取而代之，而是跟隨在領先者之后自覺地維持共處局面。三種可供選擇的跟隨戰略是：緊密跟隨、距離跟隨、選擇跟隨。

4. 小公司的競爭戰略

每個產業都有些小企業，這些企業致力於市場中被大企業忽略的某些細分市場，在這些小市場上通過專業化經營來獲取最大限度的收益。這種有利的市場位置就稱為「利基」，而所謂市場利基者，就是指占據這種位置的企業。有利的市場位置不僅對於小企業有意義，而且對某些大企業中的較小業務部門也有意義，它們也常設法尋找一

個或多個既安全又有利的利基。一般來說，一個理想的利基具有以下幾個特徵：第一，有足夠的市場潛量和購買力；第二，對主要競爭者不具有吸引力；第三，企業具備有效地為這一市場服務所需的資源和能力；第四，企業已在顧客中建立起良好的信譽，足以對抗競爭者。

取得利基的政策是專業化，公司必須在市場、顧客、產品或渠道方面實行專業化：

★按最終用戶專業化，即專門致力於為某類最終用戶服務。

★按顧客規模專業化，即專門為某一種規模的客戶服務。許多市場利基者就專門為大公司忽略的小規模顧客服務。

★按特定顧客專業化，即只對一個或幾個主要客戶服務。

★按地理區域專業化，即專為國內外某一地區或地點服務。

★按產品或產品線專業化，即只生產一大類產品。

★按客戶訂單專業化，即專門按客戶訂單生產所需的產品。

★按服務項目專業化，即專門提供一種或幾種其他企業沒有的服務項目。

★按分銷渠道專業化，即專門服務於某種分銷渠道，如生產適用超級市場銷售的產品。

利基要承擔較大風險，因為利基本身可能會枯竭或受到攻擊，因此，在選擇利基時，企業通常選擇兩個或兩個以上的利基，以確保企業的存在和發展。不管怎樣，只要企業善於經營，小企業也有機會贏得利潤。

第二節　戰略制定模擬

一、實訓目的

瞭解影響企業生產經營活動的各類內外部環境因素，會使用 PEST 和 SWOT 工具進行戰略分析。

二、實訓內容及要求

參考第三章第三節中的公司背景資料，為公司擬定新的發展戰略。

(一) 公司基本情況

1. 公司名稱

公司名稱：＿＿＿＿＿＿＿＿＿＿＿＿＿＿＿＿＿

2. 公司業務領域

(單一產業或是多種經營？生產的產品或提供的服務有哪些？)

本公司的業務領域如下：

3. 產品或服務的地理分佈

本公司產品（服務）覆蓋的地區如下：

4. 公司規模（雇員、銷售額）

本公司規模介紹：

(二) 公司戰略分析

1. 公司總體戰略

(1) 戰略分析過程（說明公司當前的內部和外部環境（利用 PEST 工具）要素，以及這些要素可能對公司營運帶來的影響）

(2) 戰略分析結果（確定公司願景、目標、總體戰略和業務戰略）

①本公司的願景是：

②本公司的目標是：

③本公司的總體戰略是：

2. 業務單元戰略（對公司當前的玩具業務進行 SWOT 分析）
(1) 公司玩具業務的機會、威脅、優勢、劣勢（每項至少列出三個因素）

(2) 業務單元戰略分析結果
將上述 SWOT 簡要概括在下表中，形成戰略組合，說明各戰略的具體措施。

	內部優勢 S	內部劣勢 W
外部機會 O	SO 戰略	WO 戰略

外部威脅 T	ST 戰略	WT 戰略

通過分析，我們最終選擇的業務單元戰略是（SO/WO/ST/WT）：＿＿＿＿＿＿，原因是：

第三章　全面預算管理

第一節　全面預算管理概述

一、全面預算管理的含義

（一）全面預算

全面預算是指企業全部經濟活動過程中正式計劃的數量和表格形式反應。換句話說，全面預算就是企業總體規劃的數量說明。它既是決策的具體化，又是控製生產經營活動的依據。全面預算有利於提高企業管理水平和經營效率，實現企業價值最大化。全面預算包括業務預算、資本預算、財務預算、籌資預算，是企業各項預算的有機組合。

（二）全面預算管理

全面預算管理是指企業在戰略規劃和經營目標的指導下，對未來的經營、投資和籌資活動，通過預算進行合理的規劃、測算和籌劃，並以預算為標準，對其執行過程與結果進行計量、控製、調整、核算、分析、報告、考評和獎懲等一系列管理活動的總稱。

全面預算管理是企業圍繞預算而開展的一系列管理活動，將企業視為一個整體，在戰略目標的指引下從事企業內部控製的綜合協調管理，強調企業計劃、組織、控製、考核等職能的一體化。全面預算管理的目的，在於使企業每個職能部門的管理人員和員工明確知道在計劃期間應該做什麼、什麼時候做以及怎樣去做，從而保證整個企業生產經營活動的順利進行。

二、全面預算管理的內容

全面預算管理是由若干個密切聯繫的環節組成，從編製到執行，從考核到獎勵，任何一個環節的疏漏都可能會造成管理上的失誤，甚至出現重大的經營管理失誤。因此，要把全面預算管理作為加強企業內部控製管理的首要工作，條件成熟的企業還應成立預算管理組織機構，吸收各部門主要負責人作成員，明確責任，有效溝通，科學編製，認真落實，有效控製和評價預算。

全面預算管理包括全面預算的編製、執行、控製和評價等內容，如圖3-1所示。

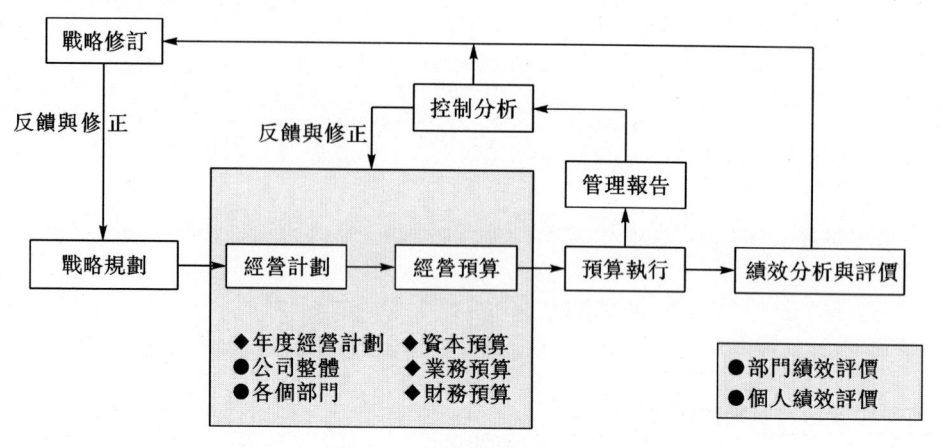

圖 3-1 全面預算管理流程圖

(一) 全面預算的編製

通常，全面預算的編製可以採用自上而下、自下而上或上下結合的編製方法。整個過程包括：

1. 預算構想和目標

由公司高層管理者提出企業總體目標和部門分目標，並下發到各部門。

2. 部門編製預算草案

各部門根據上面下發的總目標和分目標，結合本部門自身情況，編製部門預算草案，並上報預算管理委員會。

3. 預算匯總

預算管理委員會整理、審查、匯總各部門編製的預算草案，進行溝通和平衡，擬訂整個公司的預算方案，形成全面預算草案。

4. 審批與反饋

預算管理委員會召集公司高層管理人員和各部門負責人，審核預算草案，根據公司戰略和經營目標，全面平衡各部門的預算情況，審批並通過預算草案。有時需要自上而下，自下而上多次反覆，才能最終形成預算定案，經最高層決策審批後，成為最終正式的全面預算。

5. 下發預算

全面預算編製好后，下發到各部門執行。

全面預算的編製過程如圖 3-2 所示。

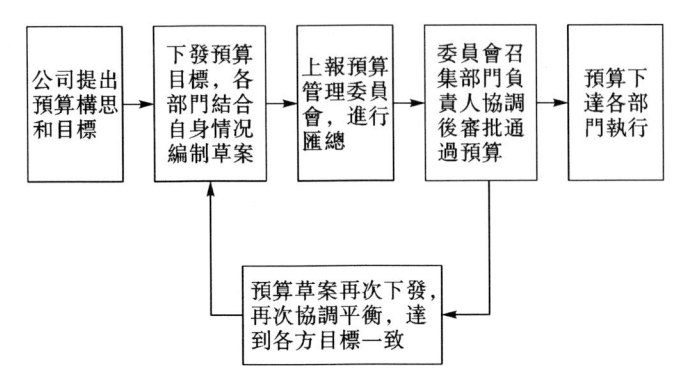

圖3-2 全面預算的編製過程

(二) 全面預算的執行與控製

全面預算的執行與控製是整個預算管理工作的核心環節。全面預算編製完成後，在預算執行前，還需要對預算進行分解、下達和具體講解等準備工作，保證預算有序執行和良好運轉。

預算下達到各部門執行期間，必須以預算為標準進行嚴格的控製：支出項目必須嚴格控製在預算之內，收入項目嚴格按預算完成，現金流動必須滿足企業日常運轉需要和長期發展需要。

預算控製的內容是以預算編製產生的各級各類預算指標，即業務預算、資本預算、籌資預算、財務預算等。

對全面預算方案的實施進行時事監控。全面預算控製針對的是預算的實際執行與操作階段，也是全面預算管理的核心階段，這一階段連接著編製和考核，是向評價和考核提供依據的階段。在這一階段要牢牢掌握了兩條原則：

1. 有效控製

控製權牢牢掌握在總經理手中，使年度和月度的實際發生值與預算值的差距保持在4%～5%，如遇突發事件超出預算控製比例要通過申請按程序逐級申報並經企業最高權力機構批准后實施。

2. 信息反饋

財務部門及時和生產、銷售、採購、供應等部門保持即時的信息溝通，對各部門完成預算情況進行動態跟蹤監控，不斷調整偏差，確保預算目標的實現。

(三) 全面預算的分析與評價

作好全面預算的差異性分析，即執行過程中實際與預算之間的差異，找出差異產生的原因，總結經驗，提出解決對策。

全面預算的評價是對企業內部各部門和個人預算執行情況的考核和評價，監督預算的執行和落實情況，加強和提升企業內部控製能力，正確的評價可以起到激勵員工的作用。

三、全面預算管理的功能

（一）明確目標

企業的戰略目標和經營目標通過全面預算加以固定化與數量化。全面預算，精確地規劃、執行和監控，有助於確保實現企業目標。通過預算監控可以發現未能預知的機遇和挑戰，這些信息通過預算匯報體系反應到決策機構，可以幫助企業動態地調整戰略規劃，提升企業戰略和經營管理的應變能力。編製全面預算有助於企業內部各個部門的主管和職工瞭解本部門的經濟活動與整個企業戰略和經營目標之間的關係；有助於明確各部門在業務量、收入和成本各方面應達到的水平和努力的方向，促使各部門從各自的角度去完成企業的目標。

（二）協調功能

全面預算圍繞企業戰略目標和經營目標，把企業經營過程中的各個環節、各個方面的工作有機地聯繫起來。通過編製全面預算使各個職能部門向著共同的、總的戰略目標前進。

（三）控製功能

全面預算管理的控製功能主要體現在三個方面：事前控製、事中控製和事後控製。事前控製，主要是控製預算單位的業務範圍和規模，以及可用資金限額。事中控製是指在預算執行過程中，各有關部門和單位應以全面預算為根據，通過計量、對比，及時提供實際偏離預算的差異數據並分析其原因，以便採取有效措施，挖掘潛力，鞏固成績，糾正缺點，保證預定目標的完成。事後控製主要是將預算數和實際數對比，分析產生差異的原因，進行業績評價，為今后預算工作的編製提供依據。

（四）風險管理功能

全面預算可以初步揭示企業下一年度的經營情況，使可能的問題提前暴露。參照預算結果，公司高級管理層可以發現潛在的風險所在，並預先採取相應的防範措施，從而達到規避與化解風險的目的。

（五）資源效用功能

編製全面預算過程中相關人員要對企業環境變化作出理性分析，從而保證企業的收入增長和成本節約計劃切實可行。全面預算過程和預算的指標數量化過程，直接體現了企業各部門使用資源的效率以及對各種資源的需求，因此是調度與分配企業資源的起點。通過全面預算的編製和平衡，企業可以對有限的資源進行最佳的安排使用，避免資源浪費。

全面預算管理和考核、獎懲制度共同作用，可以激勵並約束相關主體追求盡量高的收入增長和盡量低的成本費用。預算執行的監控過程關注收入和成本這兩個關鍵指標的實現和變化趨勢，這迫使預算執行主體對市場變化和成本節約作出迅速和有效的反應，提升企業的應變能力。

四、全面預算管理的實施條件

企業推行和實施全面預算管理控制需要一定的前提條件：

1. 要有完善的現代企業制度和清晰的法人治理結構

只有這樣才能具體明確企業內部的權力機構（股東大會）、董事會（決策機構）、經理層（執行機構）和監督機構（監事會）的權責關係和運行機制。

2. 要規範和完善企業基礎管理工作

要有規範、嚴密的財務管理體系。基礎工作薄弱、組織機構臃腫、業務流程混亂是推進預算管理的最大障礙。

3. 管理層要思想統一

企業高層、中層管理人員和員工思想要統一。尤其是高層對推行預算管理的決心堅定，思想要統一。因為這是一個管理的整體性工程，需要上下聯動。

4. 堅持動態考評和綜合考評相結合

動態考評是在生產經營活動的現場進行的，它對預算的實際執行結果和預算指標之間的差異進行即時確認和處理，其基本組織過程仍然包括實際結果與預算的比較差異、責任分析和差異處理三個環節。差異確認和處理越及時，對預算執行行為的調控就越主動，也就越有利於保證預算目標的實現。動態考評強調及時反饋、及時處理，實行的是即時考評，具體考評期間的確定依信息系統的反饋速度而定。對於每天都有關於實際完成情況的統計資料的預算指標，可以按天考評，如有關的消耗指標等；對於非規律性出現的項目可以在發生時考評，如有關質量、安全指標的考評。

綜合考評是預算期末對各責任單位預算完成情況的分析評價，其考評對象包括企業內部各個責任層次，而考評內容以成本、利潤等財務指標為主。綜合考評在整個預算循環中處於承上啟下的地位，其差異分析的正確與否、利益分配的公平與否都直接影響到預算目標的完成。動態考評不僅為生產經營活動的過程控制提供了手段，而且其關於差異的分析和評價是期末綜合考評的基礎和依據，只有兩者的有機結合才能使預算作用得到充分發揮。

第二節　全面預算的編製

一、全面預算編製的方法

（一）固定預算法

固定預算法又稱靜態預算法，是指在編製預算時，只將預算期內正常的、可實現的某一固定業務量（如生產量、銷售量）水平作為唯一基礎來編製預算的一種方法。固定預算法的優點是簡便易行；缺點是機械呆板，可比性差。

（二）彈性預算法

彈性預算法又稱變動預算法、滑動預算法，是在變動成本法的基礎上，以未來不

同業務水平為基礎編製預算的方法，是固定預算的對稱。它以預算期間可能發生的多種業務量水平為基礎，分別確定與之相應的費用數額，以便分別反應在各業務量的情況下所應開支（或取得）的費用（利潤）水平。正是由於這種預算可以隨著業務量的變化而反應該業務量水平下的支出控製數，具有一定的伸縮性，因而稱為「彈性預算」。

彈性預算的優點在於：一方面能夠適應不同經營活動情況的變化，擴大預算的範圍，更好地發揮預算的控製作用，避免在實際情況發生變化時對預算作頻繁的修改；另一方面能夠使預算對實際執行情況的評價與考核，建立在更加客觀可比的基礎上。這種方法適用於各項隨業務量變化而變化的項目支出。

（三）基期預算法

基期預算法是指以基期成本費用水平為基礎，結合預算期業務量水平及有關影響成本因素的未來變動情況，通過調整有關原有費用項目而編製預算的一種方法。它是一種傳統的預算方法，一般都是以基期的各種費用項目的實際開支數為基礎，然後結合計劃期間可能會使各該費用項目發生變動的有關因素（如產量的增減、上級規定的成本降低任務的高低等）加以考慮，從而確定在計劃期間應增或應減的數額。如編製費用預算是在原有基礎上增加一定的百分率，就叫做增量預算法；如編製費用預算是在原有基礎上減少一定的百分率，則稱為減量預算法。

採用基期預算法，資金被分配給各部門或單位，然後這些部門或單位再將資金分配給適當的活動或任務。另外，預算基本上都是從前一期的預算推演出來的，每一個預算期間開始時，都採用上一期的預算作為參考點，而且只有那些要求增加預算的申請才會得到審查。因此，基期預算可能缺乏針對性、靈活性和系統性，不利於控製成本或提高效率。

（四）零基預算法

零基預算法又稱零底預算，是以零為基底，不考慮以往情況如何，從根本上研究分析每項預算有否支出的必要和支出數額的大小而進行預算的方法。這種預算不以歷史為基礎作修補，在年初重新審查每項活動對實現組織目標的意義和效果，並在成本—效益分析的基礎上，重新排出各項管理活動的優先次序，並據此決定資金和其他資源的分配。

零基預算法的優點：一是有利於提高員工的投入—產出意識。以零為起點觀察和分析所有業務活動，這樣使得不合理的因素不能繼續保留下去，從投入開始減少浪費，通過成本—效益分析，提高產出水平，從而能使投入—產出意識得以增強。二是有利於合理分配資金。每項業務經過成本—效益分析，對每個業務項目是否應該存在、支出金額多少，都要進行分析計算，使有限的資金流向富有成效的項目，所分配的資金更加合理。三是有利於發揮基層單位參與預算編製的創造性。四是有利於提高預算管理水平。零基預算極大地增加了預算的透明度，預算會更加切合實際，會更好地起到控製作用，整個預算的編製和執行也能逐步規範，預算管理水平會得以提高。

零基預算法的缺點：一是編製工作量大、費用相對較高；二是分層、排序和資金分配時，可能有主觀影響，容易引起部門之間的矛盾；三是過分強調項目，可能使有關人員只注重短期利益，忽視本單位作為一個整體的長遠利益。

(五) 滾動預算法

滾動預算法是根據上一期的預算指標完成情況，調整並具體編製下一期預算，同時將預算期連續滾動向前推移的一種預算編製方法。按照「近細遠粗」的原則，根據上一期的預算完成情況，調整和具體編製下一期預算，並將編製預算的時期逐期連續滾動向前推移，使預算總是保持一定的時間幅度。

滾動預算的優點：一是能保持預算的連續性和完整性，從動態預算中把握企業的未來；二是能使管理人員對生產經營活動保持未來一定時期的周詳的考慮和全盤規劃，保證企業的各項工作有條不紊地進行；三是能使預算與實際情況更相適應，有利於充分發揮預算的調控作用。缺點：預算編製工作比較繁重。

二、全面預算編製的體系

採用企業預算管理，在企業戰略目標的指引下，通過預算編製、執行、控製、考評與激勵等一系列活動，全面提高企業管理水平和經營效率，實現企業價值最大化。預算是計劃工作的成果，它既是決策的具體化，又是控製生產經營活動的依據。預算包括業務預算、資本預算、財務預算、籌資預算，各項預算的有機組合構成企業總預算，也就是通常所說的全面預算。

全面預算是由若干相互關聯的預算組成的有機整體。財務目標一旦確定，企業就要根據各個預算之間的約束關係，按照一定的程序編製預算。全面預算比較複雜，很難用一個簡單的方法準確描述。全面預算體系圖反應了各預算之間的主要聯繫（圖3－3）。從圖中可知，企業應首先根據長期市場預測和生產能力，以銷售預算為起點，編製長期銷售預算；以此為基礎，確定本年度的銷售預算，並根據企業財力確定資本支出預算。銷售預算是年度預算的編製起點，根據以銷定產的原則確定生產預算，具體包括直接材料預算、直接人工預算、製造費用預算，同時確定所需的銷售費用及管理費用。在編製生產預算時，除了考慮計劃銷售量外，還要考慮現有存貨和年末存貨。產品成本預算和現金預算是有關預算的匯總。預計利潤表、資產負債表和現金流量表是全部預算的綜合。

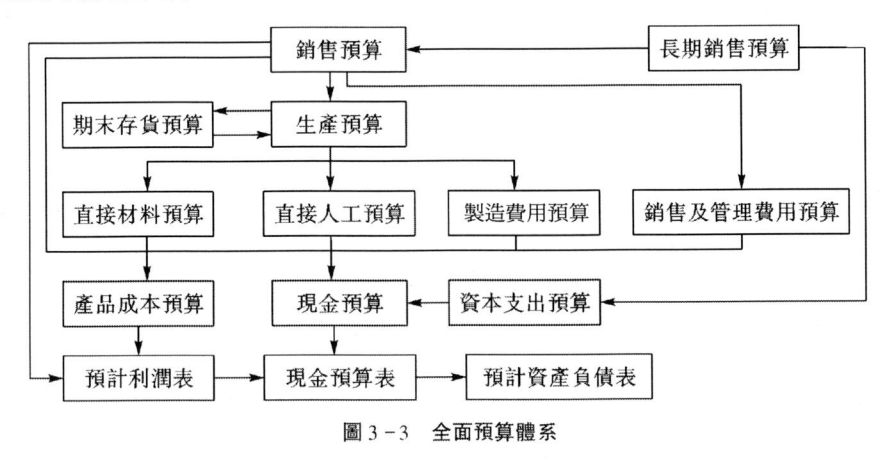

圖3－3　全面預算體系

三、全面預算編製的內容

企業全面預算包括經營預算、資本預算、籌資預算和財務預算四部分。其中，經營預算由銷售部門和生產部門主導完成，資本預算、籌資預算和財務預算由財務部門主導完成，財務部門同時負責公司綜合預算的編製。在進行預算編製時，各部門應首先制訂本部門年度工作計劃，在工作計劃的基礎上進行預算編製，如圖3-4所示。

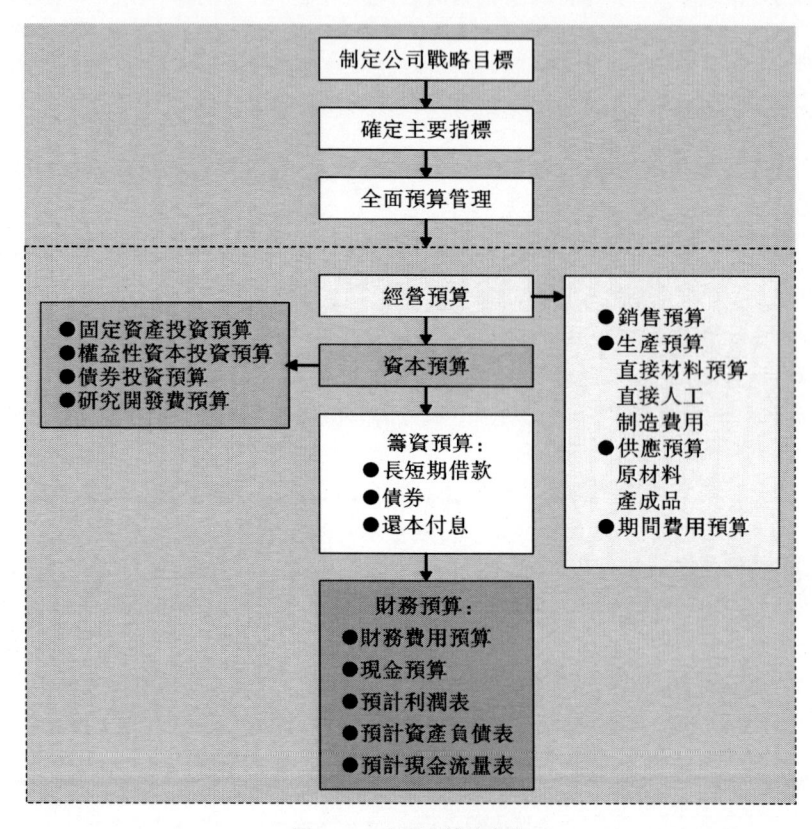

圖3-4　全面預算的內容

(一) 銷售預算

銷售預算是全面預算的起點，包括產品的名稱、預計銷售量、單價、預計銷售額等項目。

在銷售預測的基礎上，根據企業目標利潤規劃，結合其他方面的因素，對預算期內的預計銷售量、銷售單價和銷售收入進行預算。為了給編製現金預算提供資料，銷售預算通常還包括現金收入的預算，以反應預算期內因銷售而收回現金的預計數。

(二) 生產預算

生產部門需要完成生產預算和生產成本預算（和存貨預算）。生產成本預算在直接

材料消耗、直接人工和製造費用預算的基礎上編製。

生產預算是關於預算期內生產數量的預算。生產預算的編製需要以銷售預算和預計期末存貨數量為基礎。預算期第一期期初存貨數量是編製預算時預計的，預算期內各期末存貨數量可以根據下期預計銷售數量的一定百分比來確定，也可以單獨編製存貨預算。

直接材料預算是以生產預算為基礎，對預算期內原材料的採購數量、採購單價及預計採購成本所做的預算。原材料存貨預算可以根據下一期原材料生產耗用量的一定百分比確定，也可以單獨作預算。

直接人工預算也是以生產預算為基礎編製，是對單位產品工時、每小時人工成本及人工總成本所作的預算。由於直接人工工資都需要企業以現金支付，所以不需要另外編製現金支出預算，直接人工預算可直接為現金預算提供現金支出資料。

製造費用預算是對那些為產品生產服務，但不能直接計入產品成本的間接費用所作的預算，分為變動製造費用和固定製造費用。為了給編製現金預算提供現金收支信息，在編製製造費用預算同時，通常需要做現金支出預算。

產品生產成本預算是對產品的單位成本、總成本的預算，以直接材料預算、直接人工預算及製造費用預算為基礎。產品銷售成本預算是關於公司年末產品銷售成本的預算，是為編製年度損益表服務的。產品銷售成本預算的編製須以產品成本預算及期末產品存貨預算為基礎。

(三) 供應預算

供應預算包括原材料的採購預算、銷售的供貨預算等。購買原材料需根據生產數量，查庫存原材料的數量，確定採購量，進行市場詢價，簽訂採購合同，並預計採購現金需求量。購買原材料是企業現金支出的一個重要組成部分，為了給編製現金預算提供資料，編製直接材料預算的同時，需要編製現金支出預算，每一期預計現金支出包括償還上期的採購欠款和本期預計以現金支付的採購款。

銷售的供貨根據銷售合同，盤點庫存存貨和生產的入庫產品，按期提供商品。

(四) 期間費用預算

期間費用預算包括管理費用、財務費用和銷售費用。

管理費用是企業為組織和管理企業生產經營所發生的各種管理性費用，包括企業在籌建期內發生的開辦費、行政管理部門職工工資及福利費、物料消耗費、低質易耗品攤銷、辦公費和差旅費等、工會費、職工教育經費、業務招待費、房產稅、車船使用稅、土地使用稅、印花稅、技術轉讓費、無形資產攤銷、諮詢費、訴訟費、資產減質損失、公司經費、勞動保險費、董事會會費等。

財務費用是指企業為籌集生產經營所需資金等而發生的費用，包括利息支出（減利息收入）、匯兌損失（減匯兌收益）以及相關的手續費、企業發生的現金折扣或收到的現金折扣等。

銷售費用是企業在銷售商品和材料、提供勞務的過程中發生的各種費用，包括企業在銷售商品過程中發生的保險費、包裝費、展覽費和廣告費、商品維修費、預計產

品質量保證損失、運輸費、裝卸費以及為銷售本企業商品而專設的銷售機構（含銷售網點、售後服務網點等）的職工薪酬、業務費、折舊費、固定資產維修費等費用。

（五）現金預算

現金預算（也稱現金收支預算或現金收支計劃）是指預測組織還有多少庫存現金，以及在不同時點上對現金支出的需要量。不管是否可以稱之為預算，也許這是企業最重要的一項控製，因為用可用的現金去償付到期的債務乃是企業生存的首要條件。一旦出現產品、機器以及其他非現金資產的積壓，那麼，即便有了可觀的利潤也並不能給企業帶來什麼好處。現金預算還表明可用的超額現金量，並能為盈余制訂贏利性投資計劃、為優化配置組織的現金資源提供幫助。

現金預算是有關預算的匯總，由現金收入、現金支出、現金多余或不足、資金的籌集和運用四個部分組成。

第三節　公司全面預算編製模擬

一、實訓目的

瞭解企業全面預算管理的內容和流程；掌握企業經營預算和財務預算的內容和編製方法。

二、實訓要求

實訓分小組進行，每個小組 5~8 人。

每個小組設辦公桌椅、計算機、檔案櫃、微型倉庫以及紙筆、文件夾等必要的辦公設備。

在企業發展戰略的指導下，各部門完成年度工作計劃，並在年度工作計劃的基礎上進行預算編製，填製各類預算表，形成全面預算報告。

三、實訓背景資料

（一）公司基本情況

重慶市××玩具有限責任公司創立於××年。公司坐落於重慶市南岸區，是一家集研發、生產、經營、貿易於一體的企業，註冊資本 6,700 萬元，固定資產投資達 1 億人民幣。公司擁有花園式工業園 80 畝（1 畝≈0.067 公頃，下同），首期建築面積達 8 萬平方米，可容納上千名員工就業，研發、生產、生活、娛樂設施配套齊全。公司主要從事兒童塑膠玩具的生產和銷售。公司現有員工 2,456 人，其中管理、技術和銷售人員約占公司員工總數的 40%。

公司自創立以來，不斷學習和吸收國內外的先進技術和管理經驗，引進各類優秀人才，全面推行 ISO9001：2000 質量管理體系，啟用 ERP 系統，開展 6S 現場管理，加

強內部各級員工培訓，實現規範化管理。

公司集玩具開發、設計、生產、銷售為一體，先后引進多套先進的自動化生產設備和品質檢驗設備，形成多條現代化玩具生產線，其開發、設計、生產能力位居玩具行業前列。公司以生產塑料玩具為主。產品以良好的質量和良好的售后服務廣受客戶好評，熱銷全國各個省、市、自治區並遠銷歐、美、日及東南亞等眾多國家和地區。公司產品榮獲中國玩具產品認證委員會 CCC 認證和安全質量 CE 認證。

公司組織結構及主要崗位如圖 3-5 所示：

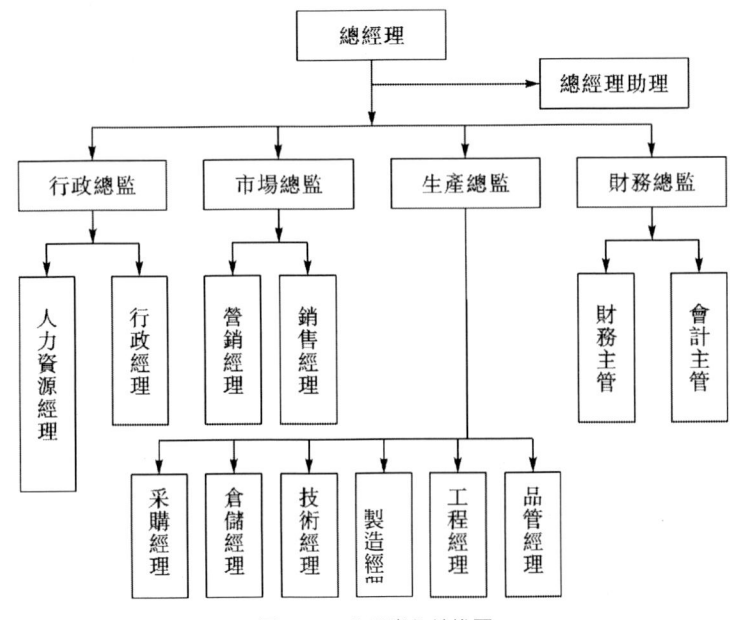

圖 3-5　公司崗位結構圖

公司長期應付債券每年年末償還利息（利率 9.5%），並償還本金 1,000 萬元。

公司為增值稅一般納稅人，增值稅率為 17%，城市維護建設稅率為 7%，教育費附加率為 3%，企業所得稅率為 25%。

(二) 市場環境及銷售方式

公司產品為兒童塑膠玩具，目前銷往國內市場（分為華南、華東、華北、中西部市場）和國際市場。在國際市場主要做貼牌，在國內市場生產銷售自主品牌產品。

企業銷售方式為：國際市場接單生產，每年年末接單，次年生產；國內市場有批發和零售兩種途徑，公司在華南、華東、華北和中西部四大區域擁有固定經銷商，此外在這四大區域還建有自己的直營店。

經銷商管理：公司在四個市場都有固定的經銷商。每年公司給經銷商的支持費用為 2 萬元。經銷商的數量可以變動，公司銷售網點的擴大有助於市場份額的提高。

直營店管理：在華東、華北、華南和中西部地區開設直營店的成本分別約為 70 萬元、40 萬元、70 萬元和 40 萬元。國際市場沒有直營店。公司目前大部分的產品都是通過

直營店銷售的。直營店的數量可以變動，關閉直營店可回收資金為原營運費用的20%。

表3-1給出了國內和國際市場需求量在未來五年的變化趨勢，市場需求總量會受到宏觀經濟環境（季節指數、物價指數、經濟成長指數、居民可支配收入指數）和企業經營決策（如廣告投入、產品質量、價格）的影響。市場需求（潛能）還可因產業整體營銷費用投入而擴大。

表3-1　　　　　　未來5年產品市場需求變化趨勢表　　　　　　單位：千個

年份	華南	華北	中西	華東	國際	總需求
1	20,559	10,280	3,756	20,047	8,400	63,042
2	25,185	10,999	4,098	20,219	10,500	71,001
3	29,639	11,787	4,439	19,876	11,900	77,641
4	32,381	12,404	4,781	20,219	13,300	83,085
5	34,265	12,952	5,293	20,390	14,000	86,900

註：表中數字為整個市場的總需求。

產品的市場推廣方式有兩種：參加渝洽會和在電視、報紙等媒體上做廣告。

渝洽會：渝洽會每年舉辦一次，有助於提升企業形象，擴大知名度，參展費用包括場地租賃費，每個標準展位7,000元，展板及宣傳資料印製共2,000元，其他雜費每天100元。

媒體廣告投入參考價格：一個12厘米×6厘米的報紙廣告版面費用為2萬元（《重慶晨報》）；電視廣告（重慶衛視）費用為1萬元/5秒，2萬元/10秒，3萬元/15秒。

公司產品及生產方式：

公司目前僅生產兩種產品。一是海外訂單產品：魔幻太陽；二是自有品牌產品：魔法棒。

魔幻太陽由1個標準球和6個1.1厘米的塑料棒組成；魔法棒由1個標準球和2個5厘米塑料長棒組成，每個塑料長棒又由1個2厘米短棒和1個3厘米短棒組成。

目前，生產產品用到兩種原材料，X和Y。

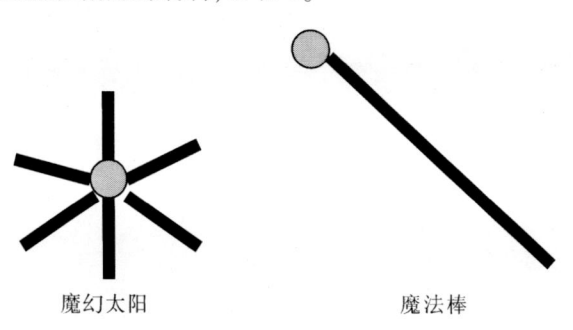

魔幻太陽　　　　　　　　魔法棒

原材料供應：市場上只有一家企業壟斷供應原材料。原材料價格隨採購量增加而遞減。原材料價格如表3-2所示。

表 3－2　　　　　　　　　　　原材料價格情況表

原材料品種	採購數量（千個）	價格（元/個）
原材料 X	1～3,999	3.5
	4,000～5,999	3
	6,000～7,999	2.6
	8,000～30,0002	
	30,000 以上	1
原材料 Y	1～3,999	3
	4,000～5,999	2.5
	6,000～7,999	2
	8,000 以上	1.5

工人年薪 1 萬元。每生產一個單位的合格產品，補貼 0.50 元。

流水線最多可加班生產 20%。

廢品率要求：貼牌不超過 4%；自有品牌不超過 6%。

(三) 公司數據資料

公司上一年的數據資料見表 3－3 至表 3－9：

表 3－3　　　　　　　　　　　資 產 負 債 表

編製單位：＿＿＿＿＿＿公司　　　　20＿＿年 12 月 31 日　　　　　　　　單位：千元

資產	期末數	年初數	權益	期末數	年初數
流動資產：			流動負債：		
貨幣資金	70,358		短期借款	0	
應收帳款	101,597		應付帳款	16,019	
存貨：	17,205		一年內到期的非流動負債	10,000	
原材料	0		應交稅費	0	
在製品	0		流動負債合計	26,019	
庫存商品	17,205		非流動負債：		
流動資產合計	189,160		長期借款	0	
非流動資產：			應付債券	30,000	
長期應收款	0		負債合計	56,019	
投資性房地產	0				
固定資產：	116,609		所有者權益：		
廠房	74,000		實收資本	67,000	

表3-3(續)

資產	期末數	年初數	權益	期末數	年初數
設備	49,618		資本公積	20,275	
折舊	7,009		盈余公積	16,248	
在建工程	0		未分配利潤	146,227	
長期待攤費用	0		所有者權益合計	249,750	
非流動資產合計	116,609				
資產總計	305,769		負債+所有者權益總計	305,769	

表3-4　　　　　　　　　　　　　利 潤 表

編製單位：_____公司　　　20__年12月31日　　　　　　　單位：千元

項目	本期金額	上期金額(略)
一、營業收入	406,387	
減：營業成本	149,355	
營業稅金及附加	5,786	
銷售費用	139,288	
管理費用	32,480	
財務費用	4,643	
加：投資收益	0	
二、營業利潤	74,875	
加：營業外收入	0	
減：營業外支出	0	
三、利潤總額	74,875	
減：所得稅費用	18,718.75	
四、淨利潤	56,156.25	
五、每股收益	—	
六、綜合收益	—	

表3-5　　　　　　　　　　　　　現 金 流 量 表

編製單位：_____公司　　　20__年12月31日　　　　　　　單位：千元

項目	金額
現金流入	
期初現金余額	2,388
銷售現金收入	388,716
新發債券	0
新發股票	0
總現金流入	391,104

表3-5(續)

項目	金額
現金流出	
其中：支付供應商	66,034
生產費用	51,576
倉儲費用	23,625
銷售費用	138,346
管理費用	8,815
新建產能支出	0
債券本金支出	10,000
債券利息支出	4,750
短期貸款利息支出（或受益）	-107
營業稅金及附加	5,786
所得稅費用支出	18,718.75
總現金流出	327,443.75
現金流量淨額	63,660.25

表3-6　　　　　　　市場部20__年數據

	華東		華北		華南		中西		國外	合計
	批發	零售	批發	零售	批發	零售	批發	零售		
銷售價格(元)	66	85.99	66	86.99	66	82.99	66	81.99	37	
銷售量(千件)	258	1,216	148	549	225	1,122	80	221	2,592	6,411
製成品庫存（千件）	432		0		165		58		11	666
市場費用										
廣告費用(千元)	5,000		4,000		4,000		4,000			17,000
客戶折扣補貼	7,904		3,569		7,293		1,437			20,203
經銷商支持	270		270		270		270			1,080
推廣活動費用	4,225		1,907		3,898		768			10,798
運輸費用	2,432		0		1,403		442			4,277
專賣店營運費用	33,224		11,092		26,102		3,714			74,132
其他費用	4,339		2,397		3,742		1,320			11,798
合計	57,394		23,235		46,708		11,951			139,288
專賣店數量	47		30		38		10			125

表 3-7　　　　　　　　　　　　生產部 20＿＿年數據

	自有品牌	貼牌	總計
生產情況（千件）			
生產量	3,000	2,700	5,700
廢品量	153	97	250
淨產量	2,847	2,603	5,450
生產成本（千元）			
原材料：X	30,000	18,171	48,171
Y	8,730	7,533	15,903
年工資	7,663	6,897	14,560
獎金	1,434	1,291	2,725
加班工資	205	185	390
工廠管理	1,517	1,366	2,883
質量控製	2,105	1,895	4,000
設計	6,000	300	6,300
技術改進	2,105	1,895	4,000
生產線安裝	1,500	500	2,000
工廠維護	7,746	6,972	14,718
折舊	3,689	3,320	7,009
總生產成本	72,334	50,325	122,659
勞動力統計			
工人人數		1,224	1,224
雇用（解雇）		232	232
當前人數		1,456	1,456
補貼			
年薪補貼		10	10
獎金補貼		1.9	1.9
補貼合計（千元/人）		11.9	11.9
工廠投資（千元）			
淨投資		109,559	109,559
折舊		7,009	7,009
期末淨投資		102,550	102,550
生產能力（千件）		4,750	4,750
最大產能		5,700	5,700

表 3-8　　　　　　　　　　20＿＿年生產成本分析

生產成本（元/件）	自有品牌	貼牌	平均
原材料：X	10	6.73	8.45
Y	2.79	2.79	2.79
總計	12.79	9.52	11.24
年工資	2.55	2.55	2.55
獎金	0.48	0.48	0.48
加班工資	0.07	0.07	0.07
工廠管理	0.51	0.51	0.51
質量控製	0.70	0.70	0.70
設計	2.00	0.11	1.11
技術改進	0.70	0.70	0.70
廢品成本	1.30	0.69	0.99
生產線安裝	0.50	0.19	0.35
工廠維護	2.58	2.58	2.58
折舊	1.23	1.23	1.23
每件產品生產成本	25.41	19.33	22.51

表 3-9　　　　　　　　　　倉儲部 20＿＿年數據

	華東	華南	華北	中西	國外	合計
期初存貨	607	513	347	159	0	1,626
入庫總量	1,299	999	350	200	2,603	5,451
可銷售數量	1,906	1,512	697	359	2,603	7,077
售出數量：批發	258	225	148	80	0	711
零售	1,216	1,122	549	221	2,592	5,700
合計	1,474	1,347	697	301	2,592	6,411
期末存貨	432	165	0	58	11	666
倉儲脫銷費用	0	0	10	0	0	10
期初存貨成本	16,433	13,833	9,358	4,252	0	43,876
＋運入貨物成本	33,004	25,382	8,892	5,081	50,325	122,684
－期末存貨成本	11,205	4,279	0	1,508	213	17,205
售出貨物製造成本	38,232	34,936	18,250	7,825	50,112	149,355
倉儲費用（千元）						
存貨倉儲費用	330	260	174	80	0	844
運輸費用	1,624	1,249	438	100	3,254	6,665
倉庫營運	3,711	3,521	2,394	1,602	4,888	16,116
總倉儲費用	5,665	5,030	3,006	1,782	8,142	23,625

四、實訓步驟

分析歷史數據資料，編製 20＿＿年度公司的全面預算報告。

（一）銷售預算

1. 銷售量預測

分年、季、月，並按銷售地區分析預測銷售量。

2. 銷售價格預測

分析單位產品生產成本及市場需求情況，制定銷售價格。

3. 信度預測

收集客戶資料，進行評估和授信，信用政策制定。

4. 銷售指標預算

將公司確定的收入指標分解到每個產品、地區、業務員，編製季、年度銷售計劃表、確定銷售量、銷售價、貨款回籠、銷售時限等指標。

5. 銷售人員的雇用和解聘

6. 填製各類表單，文件歸檔

填寫以下表單：客戶檔案表、信用政策規定、產品銷售計劃表、銷售人員變動表、營銷活動計劃、銷售預算表、銷售費用預算表、銷售成本預算表。

（二）生產預算

1. 現有生產能力分析

根據上年度的數據和企業產能指標，分析確定本年度產能情況。

2. 確定生產能力

根據生產指標確定生產計劃，並落實到車間；決定是否需要增減生產能力，是否購買新的生產線或變賣舊的生產線，是否進行生產線改造，是否建新廠等。

3. 期末存量的預計

確定本年度期末存貨數量。

4. 生產量預測

進行生產量預測（年、季、月）：預計生產量＝預計銷售量＋預計庫存量－期初庫存量。

5. 編製生產預算表

測算總產量指標，測算分品種產量指標，安排產品的出產進度。制訂工人雇用和辭退計劃。

6. 編製製造費用預算表

預測製造費用，編製製造費用預算表。

7. 文件歸檔

填寫以下表單：生產預算表、直接人工成本預算表、製造費用預算表、生產成本預算表、年度生產能力分析表、生產能力變動表、年度生產計劃表。

(三) 採購預算

直接材料採購預算包括在生產成本預算中。採購部門根據「材料期末庫存＝材料期初庫存＋本期採購量－本期生產領用量」，推算本期採購量。

本期預計採購量＝本期生產領用量＋材料期末庫存－材料期初庫存

1. 預購材料

關注原材料的市場行情，分析採購規律，確定預購材料。

2. 材料消耗定額

制定材料消耗定額（材料轉換系數固定為0.87）。

3. 計算材料消耗量

4. 供應商、採購價格、採購方式及支付政策的確定

5. 編製材料採購預算表

確定本年度採購量，編製材料採購預算表。

填寫以下表單：供應商檔案表、支付政策規定、材料消耗和採購預算表、存貨預算表等。

(四) 倉儲預算

(1) 根據生產部門用料需求和生產計劃對倉庫數量和庫位設定進行規劃，合理利用倉儲空間。

(2) 根據生產部門用料情況編製「材料預算及存量基準明細表」，進行用料預算，計算合理庫存。

(3) 做好各種物資的驗收、保管和盤點工作。

填寫以下表單：庫位設定表、材料入庫表、材料出庫表、產成品入庫表、產成品出庫表及存量基準明細表等。

(五) 財務預算

1. 現金預算

匯總現金收入和現金支出，進行本期現金預算。

2. 期間費用預算

進行期間費用預算，包括管理費用預算、銷售費用預算及工作計劃（渝洽會、媒體廣告、經銷商管理、直營店管理）、財務費用預算。

3. 編製財務預算表

匯總各部門預算情況，編製預算資產負債表、預算利潤表、預算現金流量表、預算所有者權益變動表及其相關表單。

填寫以下表單：預算資產負債表、預算利潤表、預算現金流量表、預算所有者權益變動表。

五、實訓表單

表 3－10　　　　　　　　　　　　　公司　　　年銷售預算表

產品			第一季度	第二季度	第三季度	第四季度	合計
兒童玩具	華東	批發					
		零售					
	華北	批發					
		零售					
	華南	批發					
		零售					
	中西	批發					
		零售					
	國際						
預計銷售量（千件）							
銷售單價（元/件）	華東	批發					
		零售					
	華北	批發					
		零售					
	華南	批發					
		零售					
	中西	批發					
		零售					
	國際						
預計銷售收入小計（千元）							
A. 預計銷售收入小計（千元）							
B. 回收前期應收帳款（千元）							
C. 現金銷售收入（千元）（75%）							
D. 現金收入小計（千元）							
E. 應收收帳款（千元）							

註：C＝Σ零售收入＋Σ批發收入×75%；E＝Σ批發×25%，國際計入批發；D＝B＋C。

表 3－11

_____公司_____年生產預算表

產品銷售	兒童玩具				
	II 型				I 型
	華東	華北	華南	中西	國外
預計銷售量（千件）					
A. 預計銷售量 小計（千件）					
B. 預計期末存貨量（千件）					
C. 期初存貨量（千件）					
D. 本期預計生產量（千件）					

註：$D = A + B - C$。

表 3－12 ＿＿＿＿＿公司＿＿＿＿年直接材料消耗及採購預算表

產品型號	兒童玩具	
	I 型（貼牌）	II 型（自有品牌）
預計生產量（千件）		
預計含廢品生產量（千件）		
單位材料消耗（個/件）：X		
Y		
預計材料消耗總量（千個）：X		
Y		
加：材料期末存量（千個）：X		
Y		
減：材料期初存量（千個）：X		
Y		
本期採購量（千個）：X		
Y		
材料單價（元/個）：X		
Y		
A. 預計材料採購成本（千元）		
B. 償還前期所欠材料款（千元）		
C. 預算期材料採購現金支出（千元）（75%）		
D. 現金支出合計（千元）		
E. 應付帳款（千元）（25%）		

註：D＝B＋C；A＝C＋E。

表 3－13　　　　　　　　　　公司　　　　年直接人工成本預算表

產品	I 型（貼牌）	II 型（自有品牌）
A. 預計含廢品生產量（千件）		
預計合格品率	0.96	0.94
預計績效工資（千元）		
B. 預計績效工資小計（千元）		
C. 工人數量（人）	\multicolumn{2}{c}{1,456}
C_1. 雇用（解雇）		
D. 固定工資總額（千元）		
E. 工時比率	0.40	0.60
F. 單位產品人工成本（元）		
G. 直接人工成本總額（千元）		

註：$D = (C + C_1) \times 10{,}000$；

$F_I = 0.5 + 0.4D/(0.4A_I + 0.6A_{II})$；

$F_{II} = 0.5 + 0.6D/(0.4A_I + 0.6A_{II})$；

$G = B + D$。

表 3 – 14　　　　　　　　　　　公司　　　　年製造費用預算表

項目	金額（千元）
工廠管理	
質量控製	
設計	
技術改進	
生產線安裝	
工廠維護	
折舊費*	
其他：	
合計	
A. 製造費用總額（千元）	
B. 生產總量（表 2 – 4：AI + AII）	
C. 單位產品製造費用（元/件）	
D. 折舊費*	
E. 現金支出的費用（千元）	

註：C = A/B；E = A – D。（折舊費無實際現金流變動）

表 3－15　　　　　　　　　公司　　　　年產品生產成本預算表

成本項目		預計生產量 （千件）	單位產品成本 （元/件）	總成本 （千元）
直接材料	I			
	II			
直接人工	I			
	II			
製造費用				
預計產品生產成本 （合計）	I			
	II			
加：產品期初余額	I			
	II			
減：產品期末余額	I		－	
	II		－	
預計產品銷售成本	I		－	
	II		－	
產品銷售成本 合計				

註：製造費用按生產量平均攤銷。

表 3－16　　　　　　　　　公司　　　　年管理費用預算表

單位：千元

項目	上年度	預算數	備註
固定費用			
薪資支出	4,339.5		
間接人工	150.0		
租金支出	250.0		
辦公費	230.0		
水電氣費	1,070.0		
保險費	60.0		
稅金	170.0		
折舊	105.0		
社保費	250.0		
開辦費攤銷	50.0		
其他	10.0		
合計	6,684.5		
變動費用			
加班費	100.0		
差旅費	180.0		
運輸費	56.0		
修理費	50.0		
廣告費	520.0		
招待費	600.0		
包裝費	56.0		
資產減值損失	0.0		
職工福利	250.0		
佣金支出	80.0		
勞務費	140.0		
間接材料	85.0		
倉儲費	23,625.0		
其他	13.5		
合計	2,130.5		
總計	32,440.0		

表 3-17　　　　　　　　公司　　　年銷售費用預算表

單位：千元

費用項目	一季度	二季度	三季度	四季度	總計	占收入的百分比
廣告費用						
客戶折扣補貼						
經銷商支持						
推廣活動費用						
運輸費用						
專賣店營運費用						
其他費用						
新增費用						
銷售費用合計						

表 3－18　　　　＿＿＿＿＿公司＿＿＿＿年財務費用預算表

項目	金額（千元）
利息支出	
減：利息收入	
利息淨支出	
其中：長期負債利息淨支出	
匯兌損益	
其他費用	
合計	

註：長期應付債券年利率為9.5%。

表 3－19　　　　　　　　　　　公司　　　年預計利潤表

編製單位：　　　　　　　　　　　　　　　　　　　　　　　　　　　　單位：千元

項目	上期金額	本期金額
一、營業收入	406,387	
減：營業成本	149,355	
營業稅金及附加	5,786	
銷售費用	139,288	
管理費用	32,440	
財務費用	4,643	
資產減值損失	0	
加：投資收益	0	
二、營業利潤	74,895	
加：營業外收入	0	
減：營業外支出	0	
三、利潤總額	74,895	
減：所得稅費用	18,738.75	
四、淨利潤	56,156.25	
五、每股收益	—	
六、綜合收益	—	

表 3-20　　　　　　　　_____公司_____預計資產負債表

編製單位：　　　　　　　　　　　　　　　　　　　　　　　　　　單位：千元

資產	年初數	期末數	權益	年初數	期末數
流動資產：			流動負債：		
貨幣資金	70,358		短期借款	0	
應收帳款	101,597		應付帳款	16,019	
存貨：			應交稅款	0	
原材料	0		一年內到期的非流動負債	10,000	
在製品	0		流動負債合計	26,019	
製成品	17,205		非流動負債：		
流動資產合計	189,160		長期借款	0	
非流動資產：			長期應付債券	30,000	
長期應收款	0		非流動負債合計	30,000	
投資性房地產	0		所有者權益：		
固定資產	116,609		實收資本	67,000	
在建工程	0		資本公積	20,275	
長期待攤費用	0		盈餘公積	16,248	
非流動資產合計	116,609		累計未分配利潤	146,227	
			所有者權益合計	249,750	
資產總計	305,769		負債+所有者權益總計	305,769	

表 3-21　　　　　　　　　公司　　　現金預算表

編製單位：　　　　　　　　　　　　　　　　　　　　　　　　　單位：千元

項目	金額
①期初現金余額	
②營業現金收入	
③可運用現金合計＝①＋②	
現金支出	
其中：直接材料	
直接人工	
製造費用	
銷售費用	
管理費用	
財務費用	
預計營業稅金及附加	
預計分配股利	
④現金支出合計	
⑤最低現金余額	
⑥現金需求合計＝④＋⑤	
⑦現金余缺＝③－⑥	
⑧資金籌措及運用	
加：流動資金借款	
減：歸還流動資金借款	
⑨期末現金余額＝⑦＋⑧	

第四章 營銷管理及決策

第一節 營銷基礎理論

一、市場營銷的基本概念及營銷的職能

(一) 什麼是市場營銷

現代營銷學之父、美國學者菲利普・科特勒認為，市場營銷是個人和群體通過創造產品和價值，並同別人進行交換，以獲得其所需或所欲之物的一種社會和管理過程，即在滿足需求的同時而獲利。市場營銷觀念認為，實現企業的利潤必須以顧客需要和慾望為導向，以滿足顧客需要和慾望為前提。因此，有人認為：

市場＝人口＋購買力＋購買慾望

(二) 營銷觀念的誕生和轉變

市場營銷觀念是指企業進行經營決策、組織管理市場營銷活動的基本指導思想，也就是企業的經營哲學。它是一種觀念、一種態度或一種企業思維方式。企業經營觀念不是固定不變的，它是在一定的經濟基礎上產生和形成的，並且是隨著社會經濟的發展和市場形勢的變化而發展變化的。從歷史上看，企業經營觀念經歷了一個從傳統觀念到現代觀念的轉變。表4－1列出了市場營銷觀念演變和發展的五個典型階段。

表4－1　　　　　　　　　　五種營銷觀念的比較

營銷觀念	核心	原則	規劃順序	手段	目的
生產觀念	產品	產什麼賣什麼	以「產」定「銷」	提高生產規模與效率	實現企業利潤及其他目標
產品觀念	產品	酒香不怕巷子深	以「產」定「銷」	提高產品質量	實現企業利潤及其他目標
推銷觀念	產品	產品是賣出去的	以「產」定「銷」	推銷與廣告	實現企業利潤及其他目標
市場營銷觀念	顧客需要	主觀為自我，客觀為他人	以「銷」定「產」	整體營銷手段	實現企業利潤及其他目標
社會營銷觀念	顧客需要、利益及社會利益	保護或提高消費者利益及社會福利	以「銷」定「產」	整體營銷手段	實現企業利潤及其他目標

資料來源：楊勇，束軍意. 市場營銷理論：理論、案例與實訓［M］. 北京：中國人民大學出版社，2011.

(三) 營銷的職能

生產和營銷是企業生產經營活動的兩項基本職能。生產和營銷通過創造效用來滿足市場需求，並最終實現企業目標。在這個過程中，企業通過生產職能實現產品的形式效用（把原材料和零部件轉換成產品）；而營銷職能則分別實現時間效用（當顧客需要產品時，有產品可供）、地點效用（在顧客需要的地點提供產品）和所有權效用（將產品的所有權從營銷者手中轉移到顧客手中）。

為完成企業的營銷職能，實現時間、地點和所有權效用，營銷要履行八項基本職能：購買、銷售、運輸、倉儲、標準化與分級、融資、承擔風險和獲取營銷信息。如圖 4-1 所示：

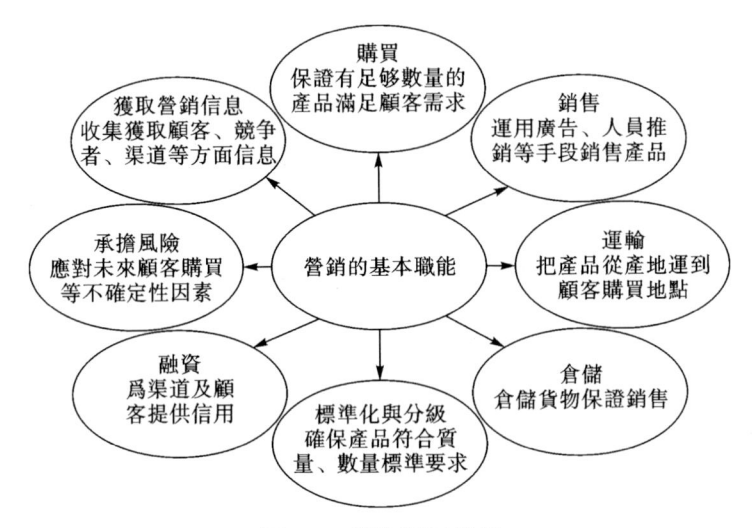

圖 4-1 營銷的基本職能

資料來源：楊勇、束軍意. 市場營銷理論：理論、案例與實訓 [M]. 北京：中國人民大學出版社，2011.

(四) 營銷管理的概念和過程

營銷管理是指為了實現企業或組織目標，建立和保持與目標市場之間的互利的交換關係，而對設計項目的分析、規劃、實施和控制。

市場營銷管理過程，也就是企業為實現企業任務和目標而發現、分析、選擇和利用市場機會的管理過程。更具體地說，市場營銷管理過程包括發現和評價市場機會；細分市場和選擇目標市場；發展市場營銷組合和決定市場營銷預算；執行和控制市場營銷計劃。

二、市場營銷環境

(一) 市場營銷環境

市場營銷環境是一切影響和制約企業市場營銷決策和實施的內部條件和外部環境的總和。使這些企業在開展營銷活動中受到影響和衝擊的因素包括宏觀和微觀兩個

方面。

微觀市場營銷環境是指與企業緊密相連、直接影響企業營銷能力和效率的各種力量和因素，主要包括企業自身、供應商、營銷仲介、消費者、競爭者及社會公眾。由於這些環境因素對企業的營銷活動有著直接的影響，所以又稱直接營銷環境。

宏觀市場營銷環境是指企業無法直接控制的因素，是通過影響微觀環境來影響企業營銷能力和效率的一系列巨大的社會力量，它包括人口、經濟、政治法律、科學技術、社會文化及自然生態等因素。由於這些環境因素對企業的營銷活動起著間接的影響，所以又稱間接營銷環境。

（二）SWOT 分析法

SWOT 分析法是一種簡便易行的環境分析工具。SWOT 這四個字母分別代表 Strengths（優勢）、Weaknesses（劣勢）、Opportunities（機會）和 Threats（威脅）。

SWOT 分析就是將企業面臨的外部機會、威脅以及自身的優劣勢等各方面因素進行綜合分析。優劣勢分析主要著眼於企業自身，機會和威脅分析主要著眼於外部環境。通過 SWOT 分析，形成不同的戰略組合，可以幫助企業把資源和行動聚集在自己的強項和有最多機會的地方。

三、目標市場策略

目標市場是指通過市場細分，被企業所選定的準備以相應的產品和服務去滿足其現實或潛在需求的那一個或幾個細分市場。目標市場營銷又稱 STP 營銷，S 指 Segmenting Market，即市場細分；T 指 Targeting Market，即選擇目標市場；P 為 Positioning，亦即定位。這也是目標市場營銷的三個主要步驟：第一步，市場細分，根據購買者對產品或營銷組合的不同需要，將市場分為若干不同的顧客群體，並勾勒出細分市場的輪廓；第二步，確定目標市場，選擇要進入的一個或多個細分市場；第三步，定位。STP 被認為是當代戰略營銷的核心。

（一）市場細分

市場細分是指營銷者通過市場調研，依據消費者的需要和慾望、購買行為和購買習慣等方面的差異，把某一產品的市場整體劃分為若干消費者群的市場分類過程。每一個消費者群就是一個細分市場，每一個細分市場都是具有類似需求傾向的消費者構成的群體。

消費者市場細分的基礎包括以下方面：

● 地理因素，如國家、地區、城市、農村、氣候、地形等；

● 人口因素，如年齡、性別、職業、收入、教育、家庭人口、家庭類型、家庭生命週期、國籍、民族、宗教、社會階層等；

● 心理因素，如社會階層、生活方式、個性等；

● 行為因素，如時機、追求利益、使用者地位、產品使用率、忠誠程度、購買準備階段、態度等；

● 受益因素，如追求的具體利益、產品帶來的益處，如質量、價格、品位等。

(二) 目標市場選擇

目標市場選擇包括：細分市場的分析評價、目標市場的選擇模式和選擇策略。

1. 細分市場評價

一般來說，評價細分市場至少應該包括以下幾個方面的指標：

(1) 市場的規模和增長潛力。細分市場的預計規模是企業決定是否進入該細分市場的主要因素。市場增長率是指企業在某一細分市場上、在一定時期內銷售額或利潤增長的百分率。

(2) 市場結構的吸引力，即長期的內在吸引力。一個具有適度規模和良好潛力的細分市場，如果存在所需的原材料被一家企業壟斷、退出壁壘很高、競爭者很容易進入等問題，想必它對企業的吸引力會大打折扣。因此，對細分市場的評價除了考慮其規模和發展潛力外，還要對其吸引力作出評價。波特認為有 5 種力量決定整個市場或其中任何一個細分市場的長期內在吸引力。這 5 種力量是：同行業競爭者、潛在的新加入的競爭者、替代品、購買者和供應商。細分市場的吸引力分析就是對這 5 種威脅企業長期營利的主要因素作出評價。

(3) 企業自身的目標和能力。某些細分市場雖然有較大吸引力，但不能推動企業實現發展目標，甚至分散企業的精力，使之無法完成其主要目標，這樣的市場應考慮放棄。另一方面，還應考慮企業的資源條件是否具備。只有選擇那些企業有條件進入、能充分發揮其資源優勢的市場作為目標市場，企業才會立於不敗之地。

2. 目標市場選擇模式

目標市場的選擇模式包括單一市場集中化、產品專門化、市場專門化、選擇性專門化和完全覆蓋市場化。

3. 目標市場選擇策略

目標市場選擇策略主要包括無差別市場策略、差別性市場策略和集中性市場策略。

(1) 無差別市場策略，就是企業把整個市場作為自己的目標市場，只考慮市場需求的共性，而不考慮其差異，運用一種產品、一種價格、一種推銷方法，吸引盡可能多的消費者。如美國可口可樂公司一直採用無差別市場策略，在全球市場上只生產一種口味、一種配方、一種包裝的產品。這種策略的優點是產品單一，容易保證質量，能大批量生產，生產和銷售成本低。

(2) 差別性市場策略，就是把整個市場細分為若干子市場，針對不同的子市場，設計不同的產品，制定不同的營銷策略，滿足不同的消費需求。比如，服裝企業按生活方式把婦女分成三種類型：時髦型、男子氣型、樸素型。這種策略的優點是能滿足不同消費者的不同需求，有利於擴大銷售、占領市場、提高企業聲譽。其缺點是產品差異化、促銷方式差異化會增加管理難度，提高生產和銷售費用。

(3) 集中性市場策略，就是在細分后的市場上，選擇兩個或少數幾個細分市場作為目標市場，實行專業化生產和銷售，在個別少數市場上發揮優勢，提高市場佔有率。採用這種策略的企業對目標市場有較深的瞭解，這是大部分中小型企業應當採用的策略。採用集中性市場策略，能集中優勢力量，有利於產品適銷對路，降低成本，提高

企業和產品的知名度。但有較大的經營風險，因為它的目標市場範圍小，品種單一。如果目標市場的消費者需求和愛好發生變化，企業就可能因應變不及時而陷入困境。

(三) 市場定位

市場定位是指企業根據競爭者現有產品在市場上所處的位置，針對顧客對該類產品某些特徵或屬性的重視程度，為本企業產品塑造與眾不同的，給人印象鮮明的形象，並將這種形象生動地傳遞給顧客，從而使該產品在市場上占據適當的位置。

(1) 市場定位主要包括產品定位、企業定位、競爭定位和消費者定位。產品定位主要是產品實體定位，如對質量、性能、可靠性、款式等的定位。企業定位主要是企業形象定位。競爭定位主要是企業相對於競爭者的市場位置確定。消費者定位主要是找準產品的目標顧客群。

(2) 市場定位的步驟。市場定位的關鍵是企業要設法找出自己的產品比競爭者更具有競爭優勢的特性。定位三個基本步驟為：分析企業自身的資源特點，明確企業的優勢；依據優勢的重要性、獨特性和領先性，選擇適當的競爭優勢；準確地傳播企業的定位概念。

(3) 市場定位的策略包括避強定位、迎頭定位和創新定位。定位的具體方法包括：根據產品特點定位、根據使用場合及用途定位、根據使用者類型和特點定位、根據顧客利益訴求定位。

四、市場營銷組合策略

針對特定目標市場，企業要制定的具體營銷手段即策略主要包括產品策略、價格策略、渠道策略以及促銷策略。這些具體策略的組合構成營銷組合，即「4P」策略。

(一) 產品策略

產品策略是企業為目標市場提供合適產品的有關策略。產品策略包括個別產品決策、產品線決策和產品組合決策。具體來說，其主要包括產品種類、質量、設計、性能、規格、產品線的寬度與深度、品牌名稱、包裝、安裝、說明書、服務、保修以及退貨等具體因素的決策安排。

1. 產品組合策略

產品組合也稱產品搭配，指一個企業提供給市場的全部產品線和產品項目的組合或搭配。它包括四個變數：產品組合的寬度、產品組合的長度、產品組合的深度和產品組合的相關性。

產品組合寬度是產品線的數量。產品組合長度是產品線中的產品項目數量的總和。例如美國寶潔公司的眾多產品線中，有一條牙膏產品線，生產格利、克雷絲、登奎爾三種品牌的牙膏，所以該產品線有三個產品項目。其中克雷絲牙膏有三種規格和兩種配方，則克雷絲牙膏的深度就是6。如果我們能計算每一產品項目的品種數目，就可以計算出該產品組合的平均深度。產品組合的一致性是指產品組合的各個產品線在最終使用、生產條件、分銷渠道或其他方面相關聯的程度。

企業在進行產品組合時，有三個層次的問題需要做出抉擇，即：①是否增加、修

改或剔除產品項目；②是否擴展、填充和刪除產品線；③哪些產品線需要增設、加強、簡化或淘汰。以此來確定最佳的產品組合。三個層次問題的抉擇應該遵循既有利於促進銷售，又有利於增加企業的總利潤這個基本原則。

產品組合的四個因素和促進銷售、增加利潤都有密切的關係。一般來說，拓寬、增加產品線有利於發揮企業的潛力、開拓新的市場；延長或加深產品線可以適合更多的特殊需要；加強產品線之間的一致性，可以增強企業的市場地位，發揮和提高企業在有關專業上的能力。

2. 產品生命週期各階段的營銷策略

產品生命週期（Product Life Cycle，簡稱 PLC）是指產品的經濟壽命（與產品自然壽命或使用壽命無關），即一種新產品從開發、上市，在市場上由弱到強又從盛到衰，直到被市場淘汰的全過程。產品生命週期一般分為四個時期：導入期、成長期、成熟期、衰退期。產品在不同生命週期階段具有不同的市場特點，需要制定不同的營銷目標和營銷策略。

根據產品在不同時期的銷售量可以製作典型的產品生命週期曲線。如圖 4-2 所示：

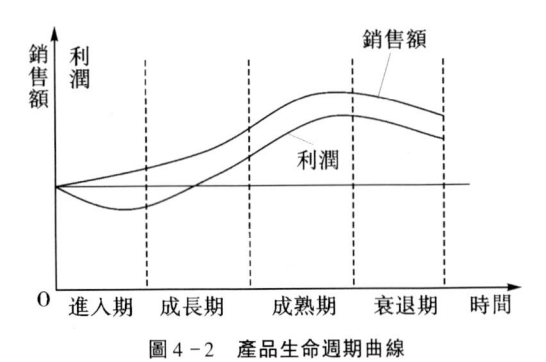

圖 4-2　產品生命週期曲線

不同的產品生命週期有不同的特點並需採取不同的營銷策略。

導入期營銷策略：處於導入期的新產品由於產量小、銷售量小、成本高、生產技術還有待完善，因而必須謹慎選擇價格和促銷組合方式，以盡可能獲取最大利益。常用營銷策略有如下四種：高價快速策略、選擇滲透策略、低價快速策略和緩慢滲透策略。

成長期營銷策略：營銷重點應該放在保持並且擴大自己的市場份額，加速銷售額的上升方面。另外，企業還必須注意成長速度的變化，一旦發現成長的速度由遞增變為遞減，必須適時調整策略。

成熟期營銷策略：爭取穩定的市場份額，延長產品的市場壽命。通過不斷開拓新市場，不斷刺激新的需求，使老產品不斷煥發青春活力，為企業提供源源不斷的現金流和大量利潤。這樣既擴大了產品的銷售，同時也延長了產品的生命週期。

衰退期營銷策略：當商品進入衰退期時，企業必須研究商品在市場的真實地位，然后決定是繼續經營下去還是放棄經營。

3. 品牌策略

品牌策略是利用一系列能夠產生品牌累積效益的企業管理與市場營銷方法，包括「4P」與品牌識別在內的所有要素，其主要有品牌名稱決策、品牌戰略決策、品牌再定位決策、品牌延伸策略及品牌更新。

品牌名稱決策是指企業決定所有的產品使用一個或幾個品牌，還是不同產品分別使用不同的品牌。在這個問題上，大致有以下三種決策模式：個別品牌策略、統一品牌策略和新品牌策略。

品牌戰略決策有五種，即產品線擴展策略、品牌延伸策略、多品牌策略、新品牌策略和合作品牌策略。

品牌再定位決策是指一種品牌在市場上最初的定位也許是適宜的、成功的，但是到后來企業可能不得不對之重新定位。其原因是多方面的，如競爭者可能繼企業打造品牌之后推出他的品牌，並削減企業的市場份額；顧客偏好發生轉移，使對企業品牌的需求減少；公司決定進入新的細分市場。

品牌延伸策略是將現有成功的品牌，用於新產品或修正過的產品上的一種策略。

品牌更新是指隨著企業經營環境的變化和消費者需求的變化，品牌的內涵和表現形式也要不斷變化發展以應對品牌老化。

4. 包裝策略

包裝策略主要包括統一包裝、分量包裝、附贈品包裝、等級包裝、組合包裝、趣味包裝等。

5. 新產品策略

新產品是一個廣義的概念。凡是能對產品整體概念中的任何一個層次進行創新、變革，並給消費者帶來新的滿足和新的利益的產品，都可稱為新產品。新產品包括全新新產品、換代新產品、改進新產品和仿製新產品。新產品開發的基本程序為尋求創意、選擇創意、形成產品概念、擬訂營銷規劃、商業分析、新產品開發、市場試銷和批量上市。

（二）價格策略

價格策略是企業提供給目標市場的產品與服務如何定價的策略，主要包括價格水平、折扣與折讓、付款期限以及信用條件等具體因素的決策安排。

影響定價的主要因素包括企業內部因素（企業營銷目標、成本、產品屬性）和外部因素（市場需求、市場類型、競爭對手的價格策略）。

1. 定價的方法

成本、需求和競爭是影響企業定價的三個最主要的因素，這也就形成了成本導向、需求導向和競爭導向三大類基本定價方法。

（1）成本導向定價法

以產品單位成本為基本依據，再加上預期利潤來確定價格的成本導向定價法，是中外企業最常用、最基本的定價方法。成本導向定價法又衍生出了總成本加成定價法、目標收益定價法、邊際成本定價法、盈虧平衡定價法等幾種具體的定價方法。

①總成本加成定價法。在這種定價方法下，把所有為生產某種產品而發生的耗費均計入成本的範圍，計算單位產品的變動成本，合理分攤相應的固定成本，再按一定的目標利潤率來決定價格。

②目標收益定價法。目標收益定價法又稱投資收益率定價法，是根據企業的投資總額、預期銷量和投資回收期等因素來確定價格的方法。

③邊際成本定價法。邊際成本是指每增加或減少單位產品所引起的總成本變化量。由於邊際成本與變動成本比較接近，而變動成本的計算更容易一些，所以在定價實務中多用變動成本替代邊際成本，而將邊際成本定價法稱為變動成本定價法。

④盈虧平衡定價法。在銷量既定條件下，企業產品的價格必須達到一定水平才能做到盈虧平衡、收支相抵。既定的銷量稱為盈虧平衡點，這種制定價格的方法就稱為盈虧平衡定價法。科學地預測銷量和已知固定成本、變動成本是盈虧平衡定價的前提。

（2）需求導向定價法

根據市場需求狀況和消費者對產品的感覺差異來確定價格的方法叫做需求導向定價法。其主要包括理解價值定價法、需求差異定價法和逆向定價法。

①理解價值定價法。運用各種營銷策略和手段，影響消費者對商品價值的認知，形成對企業有利的價值觀念，再根據商品在消費者心目中的價值來制定價格。

②需求差異定價法。以需求為依據，對不同的客戶制定不同的價格，如新老顧客的價格差別、會員和非會員的價格差別。

③逆向定價法。這種定價方法主要考慮的不是產品成本，而是需求狀況。依據消費者能夠接受的最終銷售價格，逆向推算出中間商的批發價格和生產企業的出廠價格。逆向定價法的特點是：價格能反應市場需求情況，有利於加強與中間商的良好關係，保證中間商的正常利潤，使產品迅速向市場滲透，並可根據市場供求情況及時調整，定價比較靈活。

（3）競爭導向定價法

在競爭激烈的市場上，企業通過研究競爭對手的生產條件、服務狀況、價格水平等因素，依據自身的競爭實力，參考成本和供求狀況來確定價格。競爭導向定價法主要包括：

①隨行就市定價法。在壟斷競爭和完全競爭的市場結構條件下，大多數企業都採用隨行就市定價法，即將本企業某產品價格保持在市場平均價格水平上，獲得平均報酬。

②產品差別定價法。產品差別定價法是指企業通過不同營銷努力，使同種同質的產品在消費者心目中樹立起不同的產品形象，進而根據自身特點，選取低於或高於競爭者的價格作為本企業產品價格。

③密封投標定價法。採取招投標方式，報價最低的投標者通常中標，它的報價就是承包價格。這種競爭性的定價方法就稱密封投標定價法。

2. 定價策略

定價策略主要包括新產品定價策略、心理定價策略、折扣與讓利定價策略、差別定價策略。

新產品的定價可採用撇脂定價法和滲透定價法。前者通過高價在短期獲取利潤，后者通過低價快速占領市場。心理定價是根據消費者的消費心理定價，有以下幾種：尾數定價或整數定價；聲望性定價和習慣性定價。折扣定價包括現金折扣、數量折扣、季節折扣和推廣折扣等。差別定價即對不同的客戶制定不同的價格。

（三）渠道策略

渠道策略是企業如何使產品到達目標市場顧客手中的有關策略。其主要包括市場劃分、覆蓋面、分銷渠道、存貨、中間商類型、位置以及倉儲與物流等具體因素的決策安排。概括來說，渠道策略包括渠道設計、渠道成員管理和渠道評價三個方面。

（1）渠道設計工作包括確定渠道模式、確定每一層次所需中間商的數量以及規定渠道每一位成員的權利和責任。

渠道模式即渠道長度。明確是直接銷售還是間接銷售，一級渠道還是幾級渠道，經銷還是代理。確定中間商數量即確定渠道寬度（密集性分銷、選擇性分銷和獨家分銷）。渠道成員的權利和責任包括確定價格政策、銷售條件、區域權利等。

中間商分為代理商和經銷商。所謂代理商是指受企業委託負責幫企業尋找市場甚至銷售產品的企業和私人機構，其最明顯的特徵是不具有產品的所有權，收入是企業支付的佣金。而經銷商則加盟企業銷售企業產品，按照企業的要求，支付產品費用從而獲得產品的所有權。其特徵是完全擁有產品的所有權，其收入是通過產品買賣的利差獲得。中間商又分為批發商和零售商。代理商和經銷商都是批發商，狹義的批發商即經銷商。代理商則包括製造商代理和銷售代理。具體劃分如圖4-3所示：

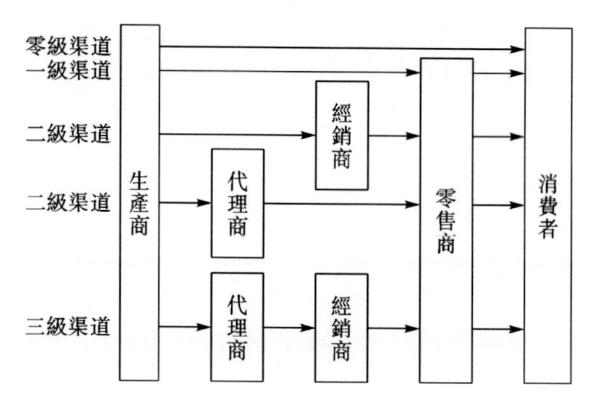

圖4-3 消費者市場傳統分銷渠道模式

（2）渠道成員管理主要指選擇、激勵、評估渠道成員。

（3）渠道評價主要是指經銷商考核和業務員考核。

（四）促銷策略

促銷策略是向市場傳播企業及其產品的相關信息以促進顧客購買產品等相關活動的策略，主要包括廣告、人員推銷、營業推廣以及公共關係等具體內容的決策安排。

廣告策略的程序包括分析環境、明確要求、確定廣告目標和任務、確定廣告主題

和創意、選擇廣告媒體、廣告效果測定。

人員推銷的基本形式包括上門推銷、櫃臺推銷和會議推銷。

營業推廣的對象包括最終消費者和中間商。對最終消費者的常見推廣策略包括贈送樣品、現場展示、優惠券、贈送禮品、消費信貸、價格折扣和有獎銷售。對中間商的推廣策略通常包括購買折讓、提供促銷資金和贈送樣品。

公共關係策略包括利用新聞媒介進行宣傳、參加各類社會活動、組織宣傳展覽、刊登公共關係廣告等。

第二節　營銷管理的核心工作

一、認識市場營銷部門

(一) 市場部主要崗位及工作內容

市場部主要崗位及工作內容如表4-2所示：

表4-2　　　　　　　　　**市場營銷部門的主要崗位及工作內容**

崗位	主要工作
市場總監	制訂和執行營銷戰略方案，完成上級下達的各項營銷任務和目標。領導、管理、培訓以及考核下屬等
行政助理	輔助市場部經理進行行政管理工作
營銷經理	全面負責市場營銷部的業務及人員管理。根據市場信息變化為公司制訂長遠營銷戰略規劃以及月度市場推廣計劃（促銷等手段）並負責配合銷售經理推廣實施
產品主管	負責產品開發、協助產品銷售
促銷主管	負責產品的廣告業務和媒體發布工作，協助銷售部進行產品銷售；書寫促銷計劃，監督實施促銷計劃（以節日促銷、現場終端促銷為主）；主持制訂與執行市場公共計劃，監督實施公共活動
市場調研主管	做好產品售前、售中、售后的所有項目調研，形成調研報告，為市場部經理設計戰略計劃提出依據
銷售經理	負責完成公司下達的年度銷售指標及諸如銷售額、合同履約率、銷售計劃完成率、銷貨成本和回款速度等考核指標的制定。監督、管理銷售部門的工作進度。管理各銷售區域的銷售工作，主管國際市場銷售
國際市場銷售助理	負責國際市場的產品銷售
區域銷售主管	負責本地區的產品銷售和渠道管理工作
銷售代表	具體負責本地區的經銷商管理
專賣店店長	負責專賣店的全面營運管理

(二）市場部崗位結構

市場部崗位結構如圖4-4所示：

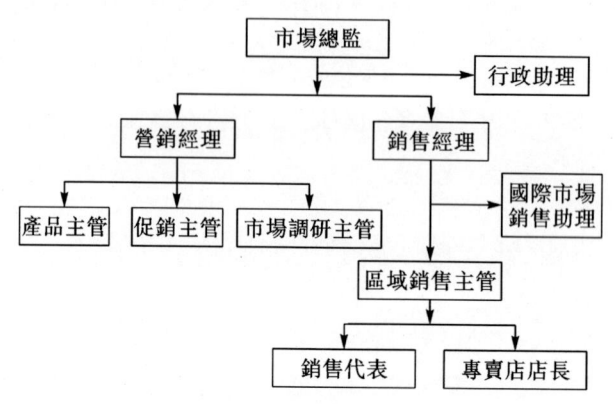

圖4-4 市場部崗位結構圖

二、市場營銷的主要工作流程

市場營銷的主要工作流程包括市場信息收集、制定營銷戰略、制定營銷策略、制訂產品銷售計劃、營銷和銷售活動實施、售後服務、信息反饋。如圖4-5所示：

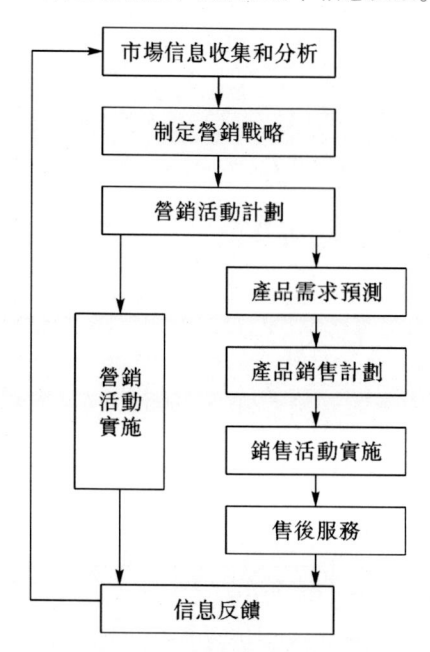

圖4-5 市場營銷部業務流程

三、市場營銷的主要工作內容及方法

(一) 行業分析及營銷戰略的制定

1. 確定行業影響因素

行業分析的首要步驟是確定對行業有重要影響的環境因素。這些環境因素包括宏觀因素和微觀因素兩個方面。

(1) 常見的宏觀環境因素主要包括：①人口因素。如：人口數量與增長速度；人口的年齡結構、性別結構、家庭結構、社會結構以及民族結構；人口的地理分佈及流動等。②經濟因素。如：經濟發展水平；消費者收入水平的變化；消費結構的變化等。③自然環境因素。如：自然資源情況、環境污染等。④政治法律環境因素。如相關立法。⑤技術水平。如新技術對行業的影響等。⑥社會文化因素。如：教育水平、價值觀念、消費習俗、語言文字、審美觀念等。

(2) 常見的微觀環境因素主要包括：①企業內部資源和條件；②供應商情況；③營銷仲介情況；④顧客特徵；⑤競爭者行為；⑥相關利益團體等。

選擇影響因素時注意因素與行業的相關性，要有重點地選取，關聯性大的因素要優先選取，關聯性較小的因素可忽略，避免因素過多而為后續的分析過程帶來困難。

2. 數據資料收集與市場調研

數據資料可分為第一手資料和第二手資料兩種。第一手資料又稱原始資料，其收集的費用較大，成本較高，但比較準確、實用。第二手資料指在某處已經存在並已經為某種目的或發生過的事情而處理過的資料。研究者借助第二手資料來開展研究，如果可以達到目標，就能省去收集原始資料的費用和時間，從而降低成本。只有在現存的二手資料已過時、不準確、不完整甚至不可靠的情況下，調研人員才選擇收集第一手資料。

二手資料的常見來源包括：國家統計機關公布的統計資料，行業協會發布的行業資料，圖書館中保存的各類資料，各種相關書籍、文獻和報紙雜誌，銀行的諮詢報刊、商業評論期刊，專業組織的調查報告如消費者組織、質量監督機構、證券交易所等專業組織發表的統計資料和分析報告，研究機構、調查公司的商業資料等。

一手資料主要通過實地調研取得。實地調研的方法包括：①觀察法，如直接到商店、街道等地實地觀察。②詢問法，如走訪調查、發放問卷等。③實驗法，如產品試銷、促銷實驗等。

3. 行業營銷環境現狀分析

利用 PEST 分析或波特「五力」模型對行業環境和競爭態勢進行分析。

(1) PEST 分析

PEST 分析是用來幫助企業分析外部宏觀環境的一種方法。PEST 即政治（Political）、經濟（Economic）、社會（Social）和技術（Technological）這四大類影響企業的主要外部環境因素。PEST 分析如圖 4-6 所示。

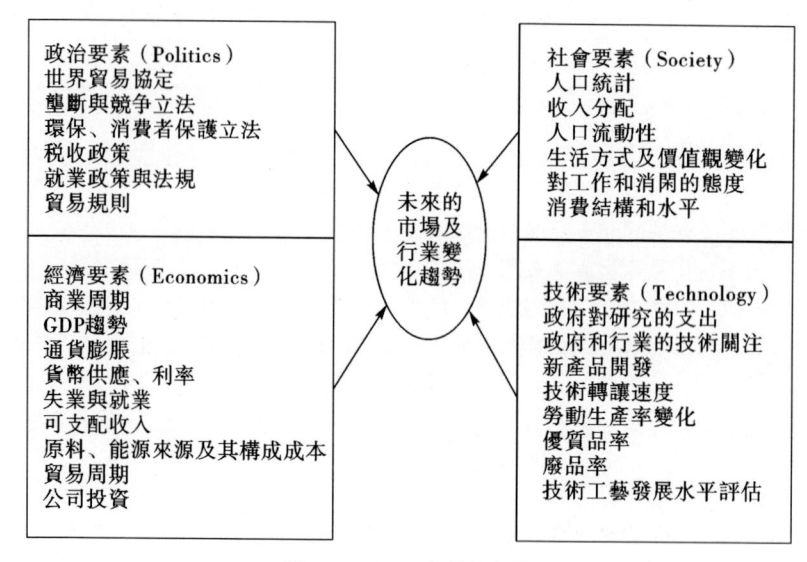

```
┌─────────────────────────────┐         ┌─────────────────────────────┐
│ 政治要素（Politics）          │         │ 社會要素（Society）           │
│ 世界貿易協定                  │         │ 人口統計                      │
│ 壟斷與競爭立法                │         │ 收入分配                      │
│ 環保、消費者保護立法          │         │ 人口流動性                    │
│ 稅收政策                      │         │ 生活方式及價值觀變化          │
│ 就業政策與法規                │         │ 對工作和消閒的態度            │
│ 貿易規則                      │         │ 消費結構和水平                │
└─────────────────────────────┘         └─────────────────────────────┘
                    ↘       ╭─────╮      ↙
                      →    │未來的│   ←
                           │市場及│
                      →    │行業變│   ←
                           │化趨勢│
                    ↗       ╰─────╯      ↖
┌─────────────────────────────┐         ┌─────────────────────────────┐
│ 經濟要素（Economics）         │         │ 技術要素（Technology）        │
│ 商業周期                      │         │ 政府對研究的支出              │
│ GDP趨勢                       │         │ 政府和行業的技術關注          │
│ 通貨膨脹                      │         │ 新產品開發                    │
│ 貨幣供應、利率                │         │ 技術轉讓速度                  │
│ 失業與就業                    │         │ 勞動生產率變化                │
│ 可支配收入                    │         │ 優質品率                      │
│ 原料、能源來源及其構成成本    │         │ 廢品率                        │
│ 貿易周期                      │         │ 技術工藝發展水平評估          │
│ 公司投資                      │         │                               │
└─────────────────────────────┘         └─────────────────────────────┘
```

圖4-6　PEST分析示意圖

（2）波特「五力」模型

「五力」分析模型由邁克爾‧波特（Michael Porter）提出，用來分析企業的競爭環境，幫助企業制定競爭戰略。五力分別是：供應商的議價能力、購買者的議價能力、潛在競爭者進入的能力、替代品的替代能力、行業內競爭者現在的競爭能力。五種力量的不同組合變化最終影響行業利潤潛力的變化。「五力」分析模型如圖4-7所示：

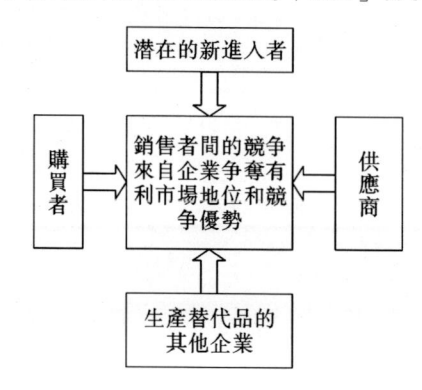

```
                ┌──────────────┐
                │ 潛在的新進入者 │
                └──────┬───────┘
                       │
                       ↓
┌──────┐        ┌──────────────┐        ┌──────┐
│購買者│  →    │銷售者間的競爭 │    ←  │供應商│
│      │       │來自企業爭奪有 │       │      │
└──────┘       │利市場地位和競 │       └──────┘
               │爭優勢         │
               └──────┬───────┘
                       ↑
                ┌──────┴───────┐
                │ 生產替代品的 │
                │ 其他企業     │
                └──────────────┘
```

圖4-7　波特的「五力」模型

波特「五力」模型與一般戰略的關係如表4-3所示。

116

表4-3　　　　　　　　波特「五力」模型與一般戰略的關係

行業內的五種力量	一般戰略		
	成本領先戰略	產品差異化戰略	集中化戰略
進入障礙	具備殺價能力以阻止潛在對手進入	培養顧客忠誠度以形成進入障礙	通過建立核心能力以阻止對手進入
買方議價的能力	具備向大買家出更低價格的能力	因為選擇範圍小而削弱大買家的談判能力	削弱大買家的談判能力
供方議價的能力	可抑制大賣家的議價能力	更好地將供方的漲價部分轉嫁給顧客方	能更好地將供方的漲價轉嫁出去
替代品的威脅	可利用低價策略抵抗替代品的威脅	顧客習慣於一種獨特的產品而降低替代品威脅	特殊的產品和核心能力能夠防止替代品的威脅
行業內的競爭對手	能更好地進行價格競爭	品牌忠誠度能使顧客不理睬競爭對手	競爭對手無法滿足集中差異化顧客的需求

4. 利用SWOT工具制定企業戰略

（1）將企業的優勢、劣勢以及面臨的外部環境的機會和環境威脅找出來，做成矩陣圖，分別形成SO戰略、WO戰略、ST戰略和WT戰略。如圖4-8和圖4-9所示：

外部因素＼內部能力	優勢S	劣勢W
	××××	××××
機會O	SO戰略	WO戰略
××××	××××	××××
威脅T	ST戰略	WT戰略
××××	××××	××××

圖4-8　SWOT矩陣圖

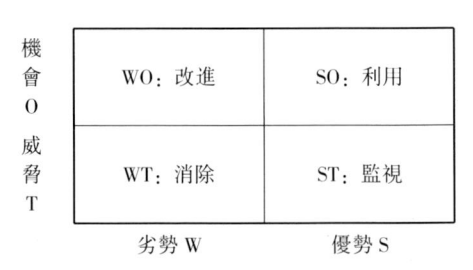

機會O／威脅T		
機會O	WO：改進	SO：利用
威脅T	WT：消除	ST：監視
	劣勢W	優勢S

圖4-9　SWOT戰略措施分析

（2）分析不同的戰略方案，選擇戰略方案。

「優勢＋機會」的槓桿效應：當企業內部優勢與外部機會相互一致時，會產生槓桿效應。在這種情形下，企業可以用自身內部優勢撬起外部機會，使機會與優勢充分結合併發揮出來，尋求更大的發展。

「機會＋劣勢」的抑制效應：當環境提供的機會與企業內部資源優勢不相適應時，企業的優勢無法得到發揮。在這種情形下，企業就需要提供和追加某種資源，以促進內部資源劣勢向優勢方面轉化，從而迎合或適應外部機會。

「優勢＋威脅」的脆弱性：當環境對公司優勢構成威脅時，優勢得不到充分發揮，出現優勢不優的脆弱局面。在這種情形下，企業必須克服威脅，以發揮優勢。

「劣勢＋威脅」的問題性：當企業內部劣勢與企業外部威脅相遇時，企業就面臨著嚴峻挑戰，如果處理不當，可能直接導致企業的衰亡。

(二) 目標市場的細分、選擇和定位

1. 市場細分方法

市場細分是企業根據消費者需求的不同，把整個市場劃分成不同的消費者群的過程。其客觀基礎是消費者需求的異質性。進行市場細分的主要依據是異質市場中需求一致的顧客群，實質就是在異質市場中求同質。

根據消費者市場細分標準將市場進行細分，通常採用綜合因素細分法和系列因素細分法。

綜合因素細分法即用影響消費需求的兩種或兩種以上的因素進行綜合細分，例如用生活方式、收入水平、年齡三個因素可將女式服裝市場劃分為不同的細分市場。

系列因素細分法是當細分市場所涉及的因素是多項的，並且各因素是按一定的順序如由粗到細、由淺入深逐步進行細分的方法。目標市場將會變得越來越具體，例如箱包市場就可用如圖 4-10 所示的系列因素細分法做市場細分：

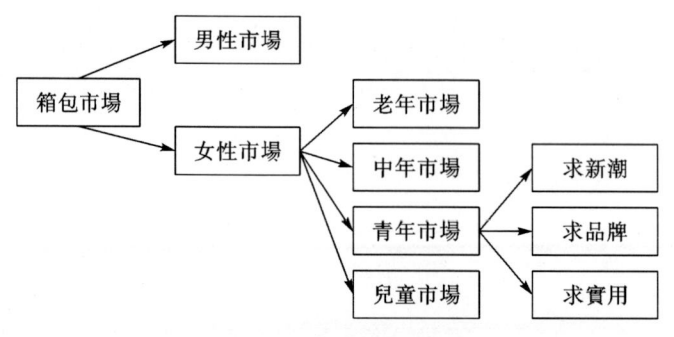

圖 4-10 系列因素細分法

2. 細分市場的有效性分析、選擇和定位

企業進行市場細分的目的是通過對顧客需求差異予以定位，來取得較大的經濟效益。眾所周知，產品的差異化必然導致生產成本和推銷費用的相應增長，所以，企業必須在市場細分所得收益與市場細分所增成本之間做一權衡，以保證細分市場是有效的。

細分市場有效性的判斷過程也成為 SPAN（Strategic Position Analysis）分析。有效的細分市場必須具備以下特徵：①細分變量的可衡量性，即細分的指標必須是相對準確和可衡量的，以保證細分結果的可靠性，盡量選擇客觀變量；②市場的可進入性，

即開展營銷活動的可能性；③可盈利性，即應考慮市場規模大小，如果市場太小則得不償失；④差異性，即消費者能否在觀念上對企業特定的營銷組合產生反應，與其他市場區別開來；⑤相對穩定性，即市場中一段時期內應具有持續性以保證企業盈利的穩定性。

根據有效市場細分的條件，對所有細分市場進行分析研究，充分認識各細分市場的特點，剔除不合要求、無用的細分市場，最終選擇一個與本企業經營優勢和特色相一致的子市場，作為目標市場。為便於操作，還可為細分市場取個名字。可結合各細分市場上顧客的特點，用形象化、直觀化的方法為細分市場取名。如某旅遊市場分為商人型、舒適型、好奇型、冒險型、享受型、經常外出型等。

(三) 產品管理

這裡的產品管理是狹義的產品管理，即產品線管理、產品生命週期管理和新產品開發管理。

通常情況下，一個細分市場就是一個產品線。根據市場定位來劃分產品線，劃分依據可以是年齡、性別、消費習慣等。產品線是指一類相關的產品，這類產品可能功能相似，銷售給同一顧客群，經過相同的銷售途徑，或者在同一價格範圍內。因此，劃分依據可包括產品功能上相似、消費上具有連帶性、供給相同的客戶群、有相同的分銷渠道、屬於同一價格範圍。

根據自己的戰略決定產品項目，學習和選擇定價方法，優化老產品，適時開發新產品。

(四) 區域市場開發與渠道管理

1. 區域市場的佈局設點

(1) 區域市場的整體部署

區域市場無論範圍廣或狹、規模大或小，一旦確定，就應該建立起「整體一盤棋」的戰略思想，從全局出發，合理佈局，確定持續開發戰略。以下是整體部署採用的三種方法。

①市場分級。將某一區域市場分成若干塊相互關聯的「亞區域市場」、每個「亞區域市場」再分成若干個相互呼應的「子區域市場」，各「子區域市場」可以相互連接成線。目的是梳理市場脈絡，突出重點、抓住關鍵、帶動全局。

如華東市場可分為三大亞區域市場（圖4－11）：
●長江三角洲亞區域市場（呈扇形分佈）
市場線：
鎮江—常州—無錫—蘇州（鐵路沿線）
揚州—靖江—張家港—南通（公路沿線）
●杭嘉湖亞區域市場（呈三角形分佈）
市場線：杭州—嘉興—湖州（公路沿線）
●長江下游亞區域市場（呈條帶形佈局）
市場線：安慶—馬鞍山—銅陵—蕪湖（長江干流沿岸）

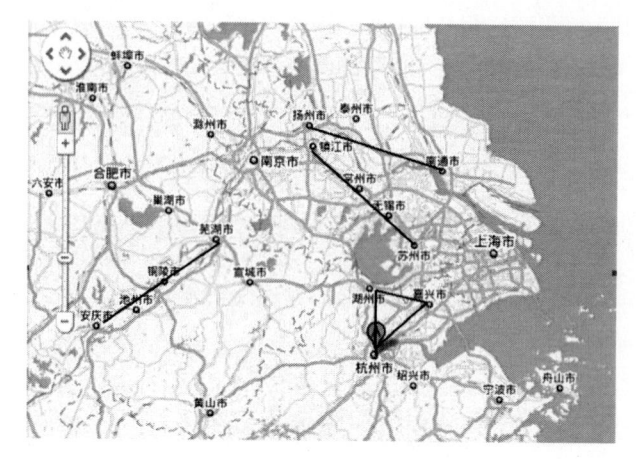

圖 4-11　華東亞區域市場

②點面呼應。各「亞區域市場」的布點盡量以某個城市群（帶）中某一中心城市為中心，以物流一日內可達客戶的距離為半徑進行點面整合。使之形成輻射狀、同心圓形、扇形或三角形等市場格局。

如湖北市場的亞區域市場可以荊沙為中心，北連荊門、南接湘北、東抵仙桃、潛江、西至宜昌，形成輻射狀市場格局，或形成宜昌、荊沙、荊門與仙桃、天門、潛江西東一大一小呼應的兩個三角形格局。

又如某食品企業一種新的休閒食品欲進入安徽市場。首先是在目標區域設點。如鎖定目標市場為大中城市，那麼首選合肥，因為合肥是省會、文化經濟的中心。在安徽地圖上找出合肥的位置，畫上點狀標記，再找周邊城市，如南邊安慶畫點。安慶設點的優勢在於有鐵路和港口，還能防江西、湖北的竄貨，而蕪湖或馬鞍山設點可為以後進入江蘇市場埋下伏筆，在阜陽設點也可讓它影響到河南等地，這些城市在安徽有個共性，就是它們在安徽區域交通比較發達，不是港口就是交通樞紐。如在合肥設中心點，再設安慶和蕪湖，把它們用線連起來就是一個區域三角形，如設合肥、蚌埠和阜陽，連起來也是三角形。

設立三角形區域市場的優勢包括：其一，任何一個區域市場都可分割成若干個三角形的小市場，這樣可以進行市場細分，更清楚渠道的層次，一級、二級、三級市場用顏色填充；其二，點面結合，一個三角形區域市場的三個點產品銷量上升，這個面的銷量一定是上升的；其三，品牌效應，中心點的品牌傳播影響到另外兩個點，這個區域品牌優勢便形成；其四，大區域三角形細分市場是各個小三角形市場相互支持的同時相互制約，可幫助對市場價格進行監督與管理，使市場可以分割，也可以聯合，非常靈活機動；其五，三角形市場是一個閉環，可以節約運輸成本，如合肥—安慶—蕪湖—合肥，假如是直線市場，合肥—蚌埠—淮北，那麼就會是這樣，合肥—蚌埠—淮北—蚌埠—合肥，才回出發地，浪費資源；其六，因為三角形市場各點會產生互補效應，假如其中一點銷量不理想，另外兩點銷得好，可帶動其區域銷量。

需注意的是，這個三角形最好是一個邊長大致相等的三角形。如果我們設一個點，

第二個離它 100 千米，第三個有 800 千米，這樣的三角形就不太相稱，兩個城市點太近，產品會相互擠壓，離得太遠有可能會孤立無援。所以三個點之間的距離應大致相當。

三角形原理可運用在很多場合，包括對賣場和批發的設點。

③點線呼應。以亞區域市場內或亞區域市場之間的鐵路干線、公路干線、水運干線為主線，將交通樞紐城市貫穿成線，形成縱橫交織的網絡格局。如：中原市場可以鄭州為中心，以京廣線、隴海線為縱橫坐標軸，北連新鄉、安陽，南抵許昌、漯河、信陽，西起西安、洛陽，東至開封、徐州，形成「十」字形連通的市場格局。

（2）市場進入模式

①強勢進入。強勢進入即首先造勢，先發制人，然後以進攻者的姿態全面進入目標市場。造勢的工具可以是企業形象、產品特色、生產成本等內部資源，也可使用廣告、促銷、公關、價格、渠道、媒體等外在手段。借助製造的強大市場氣勢，還要配合渠道、價格和產品策略。如在零售點大量張貼海報、放置陳列架，以攻擊性做法率先佔有渠道各據點，激發顧客的購買慾望，形成強大聲勢，擴大進攻範圍，採用廣域作戰的方式，一舉攻克市場。

採用強勢策略要求企業具有雄厚的實力，包括市場佔有率高、企業規模大、產品知名度高、營銷人才眾多等，並且有能力組織二次進攻並始終保持優勢；否則，一旦對手得以喘息，其強烈的反擊會使企業陷入「再而衰，三而竭」的尷尬局面。

②弱勢進入。「弱勢」策略主要適用於弱勢品牌，要求集中優勢資源，展現自己的特性和魅力，極力爭取一定的市場份額。弱勢企業是在競爭激烈的環境下尋找市場空隙，因此，應當集中僅有的資源運用在一點、一個區域或一個市場上，集中營銷力量。弱勢品牌的營銷策略，應該從區域、商圈、零售點切入。應選擇強勢品牌較弱的地區或忽略的市場，努力做好區域管理或小市場經營，如此由點連成線，再由線圈成面，一個面完成后，再利用各種推廣戰略，逐步成為區域強勢或蠶食其他品牌的市場。此謂三角攻擊法。

③順勢進入。當顧客普遍歡迎某種產品或品牌時，表示該產品或品牌有較大的潛在市場需求。此時，企業應順應這種趨勢，適時調配現有資源，努力打開市場。如此，「順勢」即為「借勢」，借勢而為的企業往往只需極低的成本即可獲得較高的市場份額，這也是企業進入新市場最有效的辦法。但在「順勢」進入時，如果資源調配不當（如品質太差、服務不好或價格昂貴等）則常常會引起顧客的抱怨或反感，從而使企業失勢。一般來說，採取「老二主義」或局限於區域內的地區性品牌最善於借勢，順勢而為，別人獲得大成就，自己亦小有成就。

2. 開闢和管理渠道

在區域市場中布好點之后就進入渠道開發、管理環節。渠道開發管理主要是渠道設計與佈局，中間商的選擇、考核和管理。

常見的渠道策略主要是直銷、獨家代理、區域獨家代理、多家代理。

(1) 渠道設計與開發的幾個原則

①接近終端。接近終端就是接近消費者。首先要知道我們的目標消費群體在什麼地方。如麥當勞確定店址的原則是：「顧客在哪裡工作、生活、購物、娛樂，我們就到哪裡去開餐館。」

②市場覆蓋。商品只有放在想看就能看到、想買就能買到的地方，才能被想擁有它的顧客所購買。分銷渠道越密集，對銷售越有利。

③精耕細作。市場覆蓋只有與精耕細作方法相結合，其價值才能體現出來。所以，要拋棄粗放經營的觀念，對分銷渠道的各個環節進行精耕細作。準確地劃分目標市場區域，對渠道中所有銷售網點定人、定域、定點、定線、定時、定任務，實行細緻化、個性化服務，全面監控市場。

④先下手為強。這一原則的前提是消費者對「第一視線產品」感興趣。廠家都懂得「第一時間」的重要性，要知道壟斷市場的市場准入條件很苛刻。

⑤利益共享。企業和中間商應建立良好的合作關係，真正建立合作共贏的思想。利益共享、風險共擔，才是處理渠道關係明智的做法。

⑥充分估計投資渠道的經濟效益。是自建網絡還是利用中間商的網絡「借船出海」，是實行代理制還是經銷制等，廠家應估計經濟效益，根據實際情況進行選擇。

渠道設計與開發主要考慮的市場因素包括：市場容量、市場密集度、市場成熟度、地理位置、顧客性質和消費者購買習慣（如表4-4）。

表4-4　　　　　　　　　渠道設計與市場特點

市場容量	市場容量大的區域，廣泛布點，大面積覆蓋，分銷方式多樣化
市場密集度	市場密度大的區域，應集中營銷，網絡要細密，以爭取市場份額為主要出發點；對於分散性市場，則借助於中間商好處較多
市場成熟度	投入期求快，加之自身營銷力量單薄，主要依賴中間商打開市場；進入成長期後，應培植自己的營銷網絡；進入成熟期時，主要依靠自己的網絡，廣泛布點；到衰退期時，應四處撒網，以盡快逃脫為要
地理位置	發達地區與不發達地區、城鎮與鄉村、中心區與郊區、文化區與商業區，對渠道的要求都不同
顧客性質	一般性顧客，渠道較為複雜；專業用戶，短路徑為宜，主要在技術支持和售後服務上多下工夫
購買習慣	渠道的設計要體現「顧客想怎麼買，我們就怎麼賣」的指導思想

(2) 對現有渠道模式進行分析評價

評價標準主要包括營銷渠道的寬度與深度；營銷渠道的效率與實力；營銷渠道的服務能力。

渠道寬度是指企業在某一市場上並列地使用多少個中間商。窄渠道中，製造商或服務商通過極少數批發商或零售商進行銷售；而在寬渠道中，則通過眾多的批發商或零售商進行銷售。

渠道深度是指企業渠道層次的數目。如果產品從製造商直接到達客戶，我們就稱

其為較短的渠道，如果產品要經過代理商、批發商、零售商等多種環節才能到達客戶，我們就稱其為較長的渠道。

（3）對渠道成員進行考核

對渠道成員的考核主要包括經銷商考核和業務員考核。

經銷商考核的指標包括定性指標和定量指標。常見的定性指標包括市場觀念、價格執行、竄貨行為、售前售後服務、及時配送、售點氣氛、工作匯報、服從協調、參加培訓、信息反饋、保密、工作配合、對下級經銷商的管理等；常見的定量指標包括銷售量、銷售增長率、市場佔有率或排名、鋪貨率、全品項進貨率、退貨率、投入產出率、貨款支付速度、專銷率等。

業務員考核的常見指標包括新客戶開發量、老客戶流失量、銷售額、銷售增長率、回款率、銷售日誌等表單填寫是否規範、銷售費用、有無呆帳（爛帳、死帳）、客戶滿意度、銷售員獲利率、銷售目標達成率、業務主管的評價。

（五）促銷、價格管理

瞭解不同定價方法的優缺點和適用條件。根據營銷目標在不同的時期選擇不同的價格策略。

選擇合適的促銷策略。在促銷方面應投入多少費用，這是最困難的營銷決策之一。常用的方法有量入為出法、銷售百分比法、競爭對策法、目標和任務法。

（六）銷售及售後

1. 產品需求預測及銷售計劃制訂

（1）需求預測

企業的需求預測主要是指市場需求和企業需求兩個方面的預測。

市場需求是一定的顧客在一定的地理區域、一定的時間、一定的市場營銷環境和一定的市場營銷方案（費用）下購買的總量。

掌握當前市場需求及本企業的銷售情況，是企業制訂營銷方案和開展營銷活動不可或缺的前提。通常，需要預測的是市場總需求、地區市場需求、企業的實際銷售額及市場佔有率。

估算市場總需求時，不能將其看成一個固定不變的量。事實上，它是各種條件變量的函數。在沒有任何市場營銷支出時，企業仍會有一個基本的銷售量，稱為市場需求的最低量。隨著行業市場營銷費用的增加，市場需求一般也隨之增加，且先以逐漸增加的比率，然后以逐漸減少的比率增加。在市場營銷費用超過一定數量後，即使營銷費用進一步增加，市場需求也不再隨之增長，一般把市場需求的最高界限稱為市場潛量。

市場最小值與市場潛量之間的距離表示需求的市場營銷靈敏度，即行業市場營銷對市場需求的影響力。根據產品的特性，市場有不可擴張和可擴張之分。

需要注意的是，當市場環境發生變化時，市場潛量也會發生變化。環境變化對市場需求的影響主要表現為市場需求曲線的移動。營銷人員對市場需求函數的定位無能

為力，但是在一定的環境條件下，營銷人員可以通過決定行業營銷費用變動來影響其在需求曲線上的定位。

注意：①市場潛量可能因為市場環境的變化而發生移動。在某一特定時點，市場需求在最低量和潛量之間變動，行業的整體營銷投入決定了整個市場的需求量，而企業的營銷投入決定了企業的市場份額。因此，市場需求預測是在一定的環境條件和市場營銷費用下估計的市場需求。②企業應當在銷售預測的基礎上開發市場營銷計劃的說法是錯誤的。企業銷售預測不是為確定市場營銷力量的數量和構成提供基礎，恰恰相反，它是由市場營銷計劃決定的。

（2）銷售計劃制訂

銷售計劃是指在進行銷售預測的基礎上，設定銷售目標額，進而根據銷售任務分配作業，隨后編寫銷售預算，來支持未來一定期間內的銷售配額的達成。銷售計劃按時間分為年度銷售計劃、季度銷售計劃、月度銷售計劃；也可按地區分為公司整體銷售計劃和區域銷售計劃。銷售計劃的制訂常採用滾動計劃法。

滾動計劃是一種動態編製計劃的方法，指在每次編製或調整計劃時，均將計劃按時間順序向前推進一個計劃期，即向前滾動一次。滾動計劃法則是根據一定時期計劃的執行情況，考慮企業內外環境條件的變化，調整和修訂初始計劃，並相應地將計劃期順延一個時期，把近期計劃和長期計劃結合起來的一種編製計劃的方法。例如，某企業在 2010 年底制訂了 2011—2015 年的五年計劃，到 2011 年年底，根據當年計劃完成的實際情況和客觀條件的變化，對原訂的五年計劃進行必要的調整，在此基礎上再編製 2012—2016 年的五年計劃。其后依此類推，如圖 4－12 所示：

2011—2015 年的五年計劃				
具體	較細		較粗	
2011 年	2012 年	2013 年	2014 年	2015 年

↓

| 本年實際完成情況 |

↓

| 計劃與實際差異 |

↓

計劃修正因素		
差異分析	客觀條件變化	經營方針改變

2012—2016 年的五年計劃				
具體	較細		較粗	
2012 年	2013 年	2014 年	2015 年	2016 年

圖 4－12　滾動計劃法示例

銷售計劃的制訂與執行控制是銷售管理的核心內容，如何將計劃目標分解為每個執行環節可實現與評估的任務，是銷售計劃成功執行的關鍵。滾動銷售計劃系統就是幫助銷售管理者將銷售計劃分解為具體銷售任務的系統。

　　滾動銷售計劃制訂程序如下：確立銷售目標→進行銷售目標的月度分解→將計劃分解到銷售商→月度實際銷售情況預測→月度銷售計劃的渠道分解→月度銷售計劃的零售網點分解→銷售商、渠道、零售網點銷售任務描述→可能存在的差異情況預測分析→每月（滾動）差異原因分析及改進措施描述。

　　①確立銷售目標。銷售目標包括：銷售量、銷售商數量、有效零售網點數、銷售單位成本、有效市場定價、應收款規模。這些目標通常為年度目標。

　　②將年度銷售計劃目標分解為月度銷售計劃。注意：a. 被分解的銷售目標除銷售量外，還應包括年度銷售目標涉及的其他內容。b. 月度銷售計劃還應包括實現這些目標所必須完成的任務和基本的銷售活動。c. 與月度銷售計劃配套的市場支持計劃要素必須同時羅列清楚。

　　③將銷售計劃分解到每個銷售商。分解的內容包括所有銷售目標，尤其是產品項細分要具體到規格、型號、顏色等產品細分特徵。經銷商的銷售計劃要包括經銷商可能或必須發生的銷售或經營活動。

　　④進行月度實際銷售情況的計劃預測（進銷存預測），包括每月銷售目標執行的分解預測、銷售商庫存數的銷售預測和新增網點數的計劃分解等。注意：a. 銷售完成預測必須以具體的客戶為對象，切忌空泛，要求能推導出具體訂單及其來源。b. 銷售完成數不僅是計劃數，更是客戶實際消化數。c. 預測訂單需詳盡到訂單內容、預計執行時間。d. 需要客戶（如經銷商）確認。

　　⑤月度銷售計劃的渠道分解。這裡的渠道包括專業形象店，專業市場，三、四級市場零售網絡，消費者直銷和超市（賣場）等。按實際銷售目標進行計劃分解。注意：a. 對於採取經銷商（代理商）渠道模式的企業，這裡指經銷商（代理商）以下的客戶類別。b. 對於採取直供的企業，指其直接面對的客戶類別。c. 渠道客戶的羅列必須詳盡，代表所有的銷售可能。d. 需得到經銷商的確認，由企業與經銷商共同制訂。

　　⑥零售網點分解。前五個步驟其實都是關注公司與經銷商的銷售合作關係及批發（移庫）關係。該步驟的作用在於解析消費者如何在零售環節獲得產品（實銷），它是銷售目標得以實現的承上啓下的關鍵。要以城市、隸屬銷售商責任關係為界，對每個零售網點的陳列及實際銷售數進行計劃分解。分解對象包括所有零售點，超市、賣場以具體的公司系統為對象，有條件的可以單店為對象。如有經銷商參與銷售，經銷商須對零售點網點分解進行確認，企業最好與經銷商共同完成零售網點分解。

　　⑦銷售商、渠道、零售網點銷售任務描述。本步驟是對未來市場實際銷售的設計與統籌，是實現銷售目標的最后一步，銷售計劃的實現關鍵在此步驟。本步驟的內容包括：為完成銷售計劃，銷售商、渠道、零售網點需要完成哪些銷售任務，為完成這些銷售任務，公司銷售中心、各銷售任務責任人又需要行使哪些使命及如何配合。任務描述主要包括談判、傳播、服務、推廣、促銷等主要活動如何進行。需要管理、時

間的協調與人財物的配合。銷售商、渠道、零售商銷售任務描述應包括銷售階段目標、任務描述、完成時間、需要的資源和配合。

⑧可能存在的差異情況預測分析。本步驟主要用於一個銷售月度結束後的銷售差異分析——分析競爭對手的情況及公司自身銷售團隊的能力是否導致計劃在執行過程中受到影響。注意：差異原因分析切忌空泛，比如僅僅將差異歸結為產品老化、競爭對手大力度促銷、宣傳促銷力度不夠等表象原因。建議從以下方面進行原因分析：原有的銷售環境是否發生了變化；消費者的需求是否發生了變化；渠道信心是否發生了變化；產品或品牌給消費者的購買理由是否變了；網點是否太少；團隊成員是否忙於別的任務而減少了實際的銷售管理時間；消費者對服務的要求是否更高。

⑨每月（滾動）差異原因分析及改進措施描述。這是一個銷售計劃週期的收尾步驟，主要目的就是應對市場變化，在銷售目標不變的前提下及時調整銷售任務和行為。具體內容為：每月末對上月銷售計劃的執行情況進行分析，找出差異點並提出改進措施。改進或維護建議必須包括具體可執行的銷售行為和動作。必須落實到何人、何地、何時、做何事或何種行為動作，以及如何檢查。

在日常銷售管理中，本步驟完成後月度計劃從第四步開始循環，年度計劃則回到第一步開始循環。

2. 製作銷售地圖

營銷地圖是開展市場營銷工作的有效工具，它可以最直觀地反應出市場動態和市場問題，可以幫助我們制定銷售戰略和策略。營銷地圖採用多種符號和標記來表達市場相關信息，表示產品進入某區域情況、產品的銷售量、市場的問題、產品的覆蓋等（圖4-13至圖4-16）。

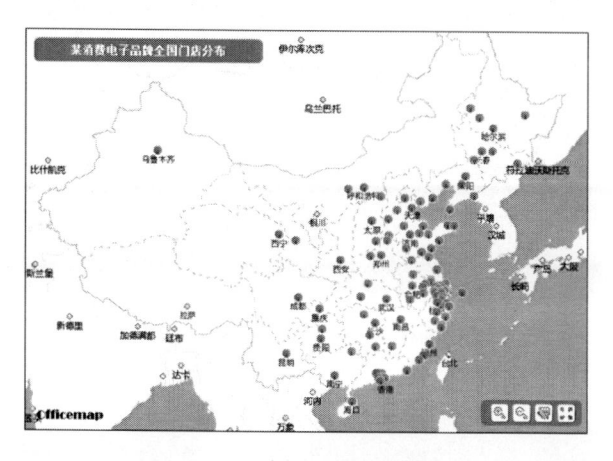

圖4-13　產品銷售地分佈地圖示例

資料來源：該圖片轉引自互動百科網站：http://www.hudong.com/wiki/%E9%94%80%E5%94%AE%E5%9C%B0%E5%9B%BE。

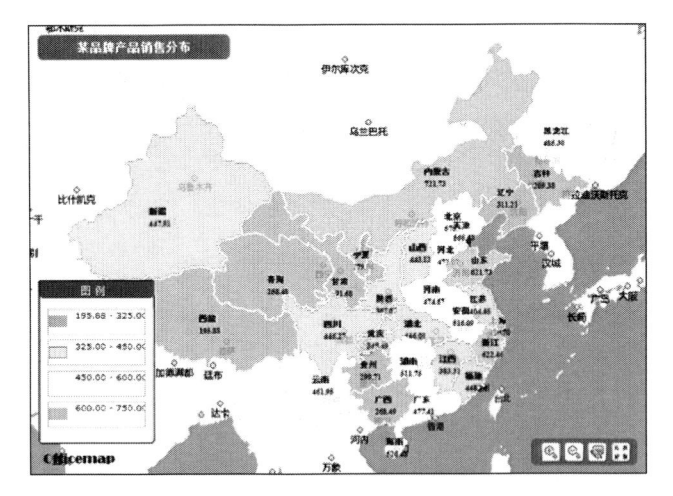

圖4-14　產品銷量分佈地圖示例

資料來源：該圖片轉引自互動百科網站：http://www.hudong.com/wiki/%E9%94%80%E5%94%AE%E5%9C%B0%E5%9B%BE.

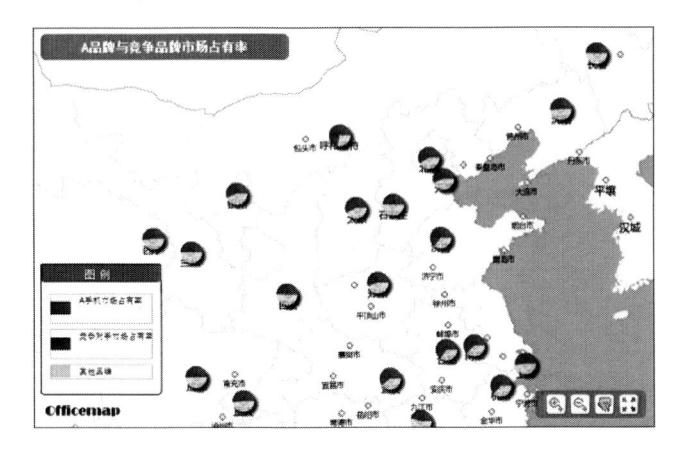

圖4-15　各地區產品市場佔有率分佈地圖示例

資料來源：該圖片轉引自互動百科網站：http://www.hudong.com/wiki/%E9%94%80%E5%94%AE%E5%9C%B0%E5%9B%BE.

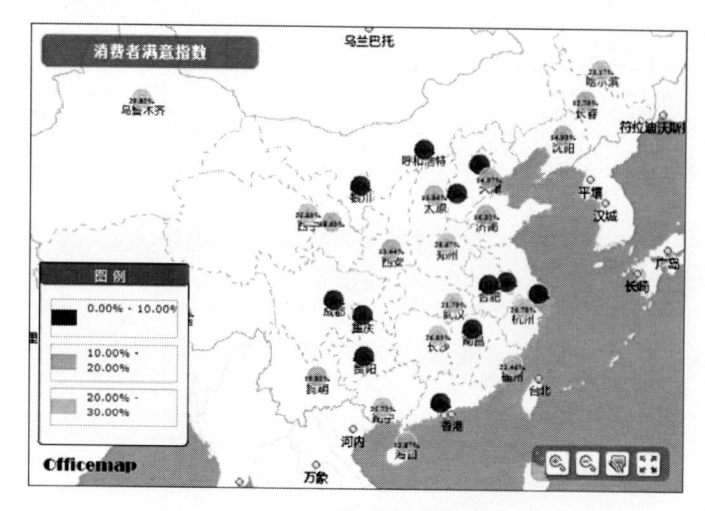

圖 4-16　產品消費者滿意指數地圖示例

資料來源：該圖片轉引自互動百科網站：http://www.hudong.com/wiki/%E9%94%80%E5%94%AE%E5%9C%B0%E5%9B%BE。

對於營銷地圖的基本畫法，按區域劃分，用點、線、面來表示。用圓點表示地點，產品進入了哪些市場，我們就在哪裡畫出點，這樣我們一看便知產品進入了哪些城市，哪些城市有待開發，一目了然。用線來表示城與城市的距離，這樣可以讓我們更好地安排物流，更好地讓各區域的資源共享，讓各個市場更加緊密配合和聯繫。各個區域用不同形狀的幾何圖形來表示區域市場的情況，比如銷售 500 箱產品我們用藍色填充，1,000 箱用黃色，10,000 箱用紅色等，這樣我們一看便知道各個區域的銷售情況，可更好地調節資源。

通過對營銷地圖的設計，即將市場信息通過簡單的標記和顏色，使銷售活動視覺化。有了地圖，先依據各局部市場佔有率的調查數據，以區為單位，用線條劃分清楚，各銷售地區市場狀況即一目了然。再通過插旗或者填色的辦法，將各區競爭狀況標註清楚。

第三節　營銷實務模擬

一、實訓目的

熟悉營銷環境的各類宏、微觀因素，根據因素的狀態和變化進行營銷環境分析；會使用 SWOT 分析工具制定企業營銷戰略。

瞭解目標市場營銷戰略的制定程序；能夠根據背景資料進行市場細分，並根據企業內部資源情況進行目標市場選擇和定位。

熟悉產品策略和價格策略的相關概念和理論；瞭解不同產品策略的優劣，學會在

不同背景下制定產品策略；學會價格制定的基本方法，瞭解不同定價方法的特點和適用條件。

瞭解渠道策略的基本概念和渠道設計的影響因素；熟悉渠道成員選擇和評價的基本手段。

二、實訓背景資料

市場部基礎數據如表4-5所示：

表4-5　　　　　　　　　　　市場部基礎年數據

	華東		華北		華南		中西		國外	合計
	批發	零售	批發	零售	批發	零售	批發	零售		
銷售價格(元)	66	85.99	66	86.99	66	82.99	66	81.99	37	
銷售量(千件)	258	1,216	148	549	225	1,122	80	221	2,592	6,411
製成品庫存(千件)	432		0		165		58		11	666
市場費用(千元)										
廣告費	5,000		4,000		4,000		4,000			17,000
客戶折扣補貼(促銷)	7,904		3,569		7,293		1,437			20,203
經銷商支持(促銷)	270		270		270		270			1,080
推廣活動費(促銷)	4,225		1,907		3,898		768			10,798
運輸費	2,432		0		1,403		442			4,277
專賣店營運費	33,224		11,092		26,102		3,714			74,132
其他費用	4,339		2,397		3,742		1,320			11,798
合計	57,394		23,235		46,708		11,951			139,288
專賣店數量	47		30		38		10			125

現有渠道模式中零級渠道和二級渠道並存。一方面，公司有自己的專賣店直接銷售產品，另一方面公司有自己的經銷商，經銷商將產品轉賣給零售商獲利。

全國專賣店的分佈：華東47個，華北30個，華南38個，中西10個。其中：①華東地區：上海18個、南京8個、蘇州2個、無錫2個、杭州9個、寧波2個、嘉興2個、濟南3個、合肥1個。②華北地區：北京12個、天津4個、石家莊1個、呼和浩特1個、長春3個、哈爾濱3個、瀋陽3個、大連3個。③華南地區：廈門3個、福州2個、長沙3個、廣州14個、深圳8個、珠海5個、南昌2個、南寧1個。④中西地區：成都2個、貴陽1個、昆明2個、武漢2個、西安2個、蘭州1個。

經銷商分佈：所有有專賣店的地方都有經銷商。

當前市場佔有率＝1/小組個數×100%

未來5年市場總需求變化趨勢如表4-6所示：

表 4-6　　　　　　　　未來 5 年市場總需求變化趨勢表　　　　　　單位：千個

年份	華南	華北	中西	華東	國外	總需求
1	20,559	10,280	3,756	20,047	8,400	63,042
2	25,185	10,999	4,098	20,219	10,500	71,001
3	29,639	11,787	4,439	19,876	11,900	77,641
4	32,381	12,404	4,781	20,219	13,300	83,085
5	34,265	12,952	5,293	20,390	14,000	86,900

註：表中數字為整個行業的市場需求潛量（需求上限）。

三、實訓內容及要求

公司目前在國內市場銷售的產品為自有品牌的益智類可拆卸玩具「魔法棒」。

魔法棒由 1 個標準球和 2 個 5 厘米塑料長棒組成，每個塑料長棒又由 1 個 2 厘米短棒和 1 個 3 厘米短棒組成。

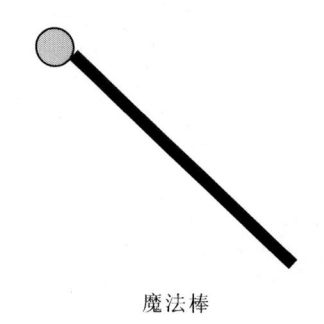

魔法棒

思考該產品的目標客戶是什麼？公司選擇生產該產品是否具有合理性？是否可以增加其他產品品類？銷售渠道如何安排？完成下面的實訓內容。

1. 市場細分與定位

按年齡進行市場細分，選擇一個或幾個目標市場並簡要說明理由，分析目標市場的特徵和客戶需求，根據需求進行產品定位，詳細說明本公司應為客戶提供的產品的特徵。

（1）市場細分

①按照年齡進行市場細分。說明細分市場的輪廓，描述每個潛在市場需求的特徵。

②基於這些輪廓，對於每個市場如何應用不同的營銷戰略，寫出幾點建議。

（2）目標市場選擇

①以市場細分的報告為基礎，評估每個細分市場的規模、發展狀況、結構。

②評估本企業的目標和資源。

③確定選擇某一個或幾個細分市場作為企業的目標市場。

（3）市場定位

①根據所選擇的目標市場的特徵，進行客戶需求分析。

分析時試著回答以下問題：客戶的年齡段、性別、收入、文化水平、職業、家庭大小、民族、社會階層、生活方式等；客戶來自何地，本地、國內或國外；客戶買什麼，產品、服務還是其他附加利益；客戶每隔多長時間購買一次，每天、每週、每月、隨時還是其他；客戶買多少，按數量還是金額；客戶怎麼買，賒購、現金還是簽合同。客戶怎樣瞭解你的企業，通過網絡、廣告、報紙、廣播、電視、口頭還是其他方式；客戶對你的企業、產品、服務怎麼看；客戶想要你提供什麼；你的市場有多大，按地區、人口或潛在客戶計算。在各個市場上，你的市場份額如何；你想讓市場對你的公司產生什麼樣的感受。

②根據客戶需求的分析結果，說明本公司為顧客提供的產品魔法棒是否具有合理性。

③根據上述過程資料和成果，匯總一份公司的市場定位說明，要求不少於1000字。

2．產品策略

閱讀背景資料和數據，根據市場細分和定位的情況，確定公司的產品線、產品長度、產品寬度和產品深度，說明各產品線的相關性。可增加產品線和產品品類。

提供公司產品策略說明書一份，完成實訓表單的填寫。

3．渠道策略

（1）閱讀背景資料，分析評估現有渠道模式

畫圖說明本企業現有的渠道模式。可從營銷渠道的寬度與深度；營銷渠道的效率與實力；營銷渠道的服務能力三個方面對渠道績效進行評估。

（2）渠道設計

以中西部區域銷售主管的身分設計和完善企業的銷售渠道，假設公司準備進入重慶市場，請規劃詳細的銷售渠道，選擇經銷商，說明重慶市場的渠道策略，可與原渠道模式一致或有修改，畫出新的渠道模式圖，並說明理由。

進行渠道設計時可參考以下步驟：分析渠道設計的影響因素；確立渠道設計的目標；選定中間商類型；確定中間商數量；評估和選擇渠道方案；設計渠道選擇標準；尋找備選渠道成員；評價和確定分銷渠道成員；評估渠道成員。

4．營銷活動策劃

編製一份營銷活動策劃方案，提綱參見相關附表《＿＿＿＿策劃方案》，要求內容詳實、形式新穎、選擇策略適當、表達清晰。

5．企業市場需求預測及銷售計劃制定

根據自有品牌產品的市場總需求和本企業的市場營銷費用估算企業的市場需求，制定未來一年的市場銷售計劃，填寫年度銷售計劃表。

四、實訓表單

實訓表單包括表單一至表單五。

表單一：

＿＿＿＿＿＿公司市場定位分析報告

（按年齡進行市場細分，選擇一個或幾個目標市場並簡要說明理由，分析目標市場的特徵和客戶需求，根據需求進行產品定位，說明本公司為客戶提供什麼樣的產品）

表單二：

＿＿＿＿＿＿公司產品策略報告

產品	產品線				
產品 1 （名稱、規格）					
產品 2 （名稱、規格）					
產品 3 （名稱、規格）					
產品 4 （名稱、規格）					
產品長度					
產品深度					

本公司共有＿＿＿＿＿條產品線，產品寬度為＿＿＿＿＿。

產品策略分析如下（簡要說明該產品組合及構建理由）

表單三：

＿＿＿＿＿＿公司渠道評估報告

原渠道模式圖

新渠道模式圖

渠道分析及評價（對當前渠道進行簡單評價，說明調整思路及理由）：

表單四：

《＿＿＿＿＿＿策劃方案》

一、活動主題

二、活動目標

三、活動對象

四、活動時間

五、活動前期籌備（時間及具體工作）
（參考內容：①宣傳造勢；②嘉賓邀請；③后勤準備；④活動現場準備和布置）

六、活動策略

七、活動流程

八、活動人員安排（人員分工及人數）

九、活動預算

表單五：

_____公司年度銷售計劃表（國內）

單位：千件

	第一季度				第二季度				第三季度				第四季度			
	1月	2月	3月	小計	4月	5月	6月	小計	7月	8月	9月	小計	10月	11月	12月	小計
華東：批發																
零售																
華南：批發																
零售																
華北：批發																
零售																
中西：批發																
零售																
季度合計																
年度總計																

第五章 生產運作管理與決策

第一節 生產運作管理基礎理論

一、生產運作管理的目標和主要內容

企業實現利潤最大化的方式是向社會提供產品或服務以滿足社會的需要。有效地組織企業資源，通過高效運作把投入轉化為產品或服務，就是企業的生產運作管理。生產運作是企業的基本業務職能之一。

生產與運作管理的目標是：高效、低耗、靈活、清潔、準時地生產合格產品或提供滿意的服務。

生產運作管理的內容主要包括對生產運作系統的設計和運行管理。系統設計包括產品或服務的選擇和設計、生產運作設施的定點選擇、生產運作設施布置、能力需求規劃、工藝流程選擇、服務交付系統設計和工作設計。系統設計一般在新建、改建、擴建生產單位或營業場所時進行。系統設計是生產運作戰略的基本內容之一。其設計是否得當對后續運行工作有著決定性的影響。運行管理主要是生產與運作活動的計劃、組織和控製過程，具體包括需求預測、生產運作計劃和能力計劃編製、庫存管理、作業調度、日常控製、項目管理、質量保證和人員管理等內容（圖5-1）。

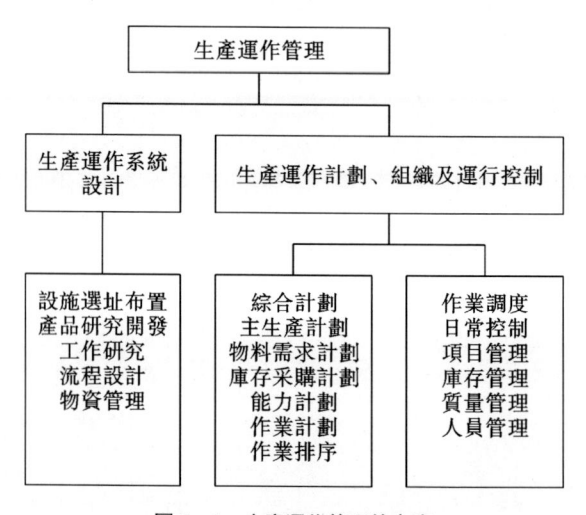

圖5-1 生產運作管理的內容

二、生產運作系統設計

（一）生產戰略制定

生產戰略是企業根據所選定的目標市場和產品特點構造其生產系統時所應遵循的指導思想，以及在這種指導思想下的一系列決策、規劃及計劃。生產戰略作為一個職能戰略，其作用在於在生產領域內取得某種競爭優勢以支持企業的經營戰略，而不局限於處理和解決生產領域內部的矛盾和問題。

生產戰略的決策由兩部分組成：一是生產系統功能目標決策，包括根據用戶的需求特性和企業的競爭戰略來定義產品的功能，再由產品將這些功能轉換為對生產系統的功能目標；二是生產系統結構的決策，它是根據既定的系統功能目標和生產系統固有的結構功能特性，進行生產類型的匹配，這種匹配過程是通過調整系統結構與非結構化要素來實現的。通過以上兩個步驟，便可實現生產系統對其產品市場競爭優勢的保證。

不同時期，不同企業在制定生產戰略時有不同的考慮，一般稱之為生產運作戰略的基點。常見的基點包括基於質量的競爭戰略、基於柔性的競爭戰略、基於核心競爭力的戰略、基於生產集成化方式的競爭戰略、基於時間的競爭戰略。

（二）選址與設施布置

1. 選址

設施選址就是確定在何處建廠或建立服務設施。它不僅關係到設施建設的投資和建設的速度，而且在很大程度上決定了所提供的產品或服務的成本，從而影響到企業的生產管理活動和經濟效益。不好的選址會導致成本過高、勞動力缺乏、競爭優勢喪失或原材料供應不足等問題。選址是一項長期決策，一旦出錯，很難解決。

影響製造業企業選址的因素主要包括勞動力狀況、原材料供應狀況、企業產品的性質、交通便利程度、自然條件、政治法律環境、社會文化環境、科技水平。

進行選址決策時，必須基於對企業的生產經營情況，如原材料、產品、銷售渠道、運輸工具等的總體瞭解，然后就其所處的客觀環境，提出數個備選方案，逐個調查分析，權衡利弊，再決定取捨。

選址問題分為單一設施選址和設施網絡中的新址選擇。前者常見的方法主要有重心法和因素評分法；后者主要有運輸表法。

2. 設施布置

生產和服務設施布置是生產與運作管理中的重要環節。為了尋求生產和服務系統的最優運行效果，必須在系統設計時優化其布置方案。生產和服務設施布置就是指合理安排企業或某一組織內部各個生產作業單位和輔助設施的相對位置與面積、車間內部生產設備的布置。生產和服務設施布置在確定了企業內部生產單位組成和生產單位內部採用的專業化形式之後才能進行。

（1）企業生產單位的基本類型

一般情況下，生產單位的基本類型有以下幾種：一是基本生產單位，如準備車間、

加工車間、裝配車間等；二是輔助生產單位，如輔助車間和動力部門；三是生產服務部門，如運輸部門、倉庫和檢驗計量部門；四是生產技術準備部門，如研究所、工藝科、試製車間等。

（2）生產和服務設施布置的任務

生產和服務設施布置分為工廠總體布置設計和車間布置設計。

工廠總體布置設計的任務包括確定工廠各個組成部分，包括生產車間、輔助生產車間、倉庫、動力站、辦公場所等作業單位相互位置；確定運輸線路、管線、綠化及設施美化的相互位置；確定物料的流向和流程、廠內外運輸連接及運輸方式；確定各生產工段、輔助服務部門、儲存設施等作業單位相互位置；確定工作、設備、通道、管線間的相互位置；確定物料搬運流程和運輸方式。

車間布置設計的任務是：確定工廠各個組成部分，包括生產車間、輔助生產車間、倉庫、動力站、辦公場所等作業單位相互位置；確定運輸線路、管線、綠化及設施美化的相互位置；確定物料的流向和流程、廠內外運輸連接及運輸方式。

（3）設施布置的基本類型

設施布置的常見基本類型包括工藝導向布置、產品導向布置、成組技術布置和固定位置布置。

（三）生產流程設計與產品開發

1. 生產流程的基本類型

根據生產類型的不同，生產流程有三種基本類型：按產品進行的生產流程（即對象專業化流程），按加工路線進行的生產流程（即工藝專業化流程）和按項目組織的生產流程。

按產品進行的生產流程就是以產品或提供的服務為對象，按照生產產品或提供服務的生產要求，組織相應的生產設備或設施，形成流水般的連續生產，有時又稱為流水線生產。例如離散型製造企業的汽車裝配線、電視機裝配線等。連續型企業的生產一般都是按產品組織的生產流程。這種形式適用於大批量生產類型。

按加工路線進行的生產流程。對於多品種生產或服務情況，每一種產品的工藝路線都可能不同，因而不能像流水作業那樣以產品為對象組織生產流程，只能以所要完成的加工工藝內容為依據來構成生產流程，而不管是何種產品或服務對象。設備與人力按工藝內容組織成一個生產單位，每一個生產單位只完成相同或相似工藝內容的加工任務。不同的產品有不同的加工路線。這種形式適用於多品種中小批量或單件生產。

按項目進行的生產流程。對有些任務，如拍一部電影、組織一場音樂會、生產等，每一項任務都沒有重複。所有的工序或作業環節都按一定秩序進行，有些可以並行作業，有些工序則必須順序作業。

2. 生產流程的選擇

生產流程的選擇可根據產品—流程矩陣進行決策，如圖5-2所示。

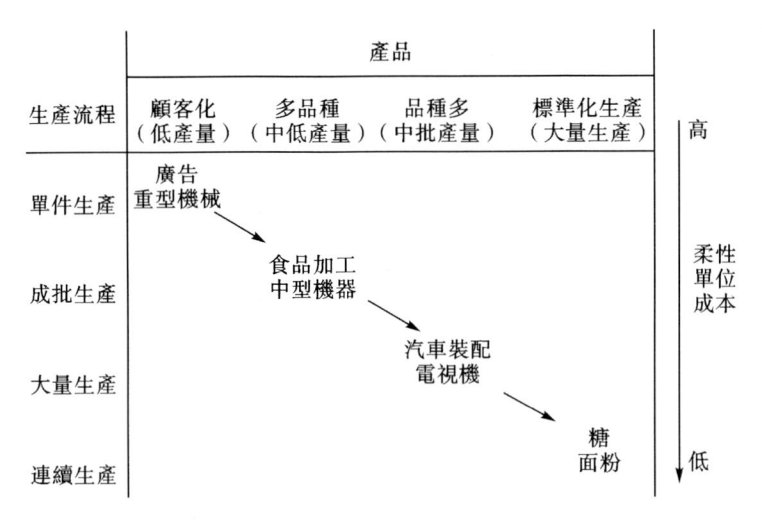

```
             |                    產品                      |
生產流程      | 顧客化    多品種   品種多    標準化生產        |
             |(低產量) (中低產量)(中批產量) (大量生產)        | 高
─────────────┼──────────────────────────────────────────────┤
單件生產      | 廣告                                          |
             | 重型機械                                       |
             |      ↘                                         |
成批生產      |       食品加工                                 | 柔性
             |       中型機器                                 | 單位
             |            ↘                                   | 成本
大量生產      |             汽車裝配                           |
             |             電視機                             |
             |                  ↘                             |
             |                   糖                           |
連續生產      |                   麵粉                         | 低
```

圖 5−2　產品—流程矩陣

首先，根據產品結構性質，沿對角線選擇和配置生產流程，可以達到最好的技術經濟性。換言之，偏離對角線的產品結構—生產流程匹配戰略，便不能獲得最佳的效益。其次，那種傳統的根據市場需求變化僅僅調整產品結構的戰略，往往不能實現預期目標，因為它忽視了同步調整生產流程的重要性。因此，產品—流程矩陣可以幫助管理人員選擇生產流程，對制定企業的生產戰略有一定的輔助作用。

3. 並行工程

傳統的產品開發採用串行的方法，需求分析、產品結構設計、工藝設計到加工製造和裝配是一步一步地在各部門之間順序進行。串行的產品開發過程存在著許多弊端。首要的問題是以部門為基礎的組織機構嚴重地妨礙了產品開發的速度和質量。產品設計人員在設計過程中難以考慮到顧客需求、製造工程、質量控製等約束因素，易造成設計和製造的脫節；所設計的產品可製造性、可裝配性差，使產品的開發過程變成了設計、加工、試驗、修改的多重循環，從而造成設計改動過大，產品開發週期長，產品成本高。

為克服串行的產品設計方法的弊端，人們提出了並行工程的設計方法。並行工程是對產品及其相關過程，包括製造過程和支持過程進行並行、一體化設計的一種系統化方法。這種方法力圖使產品開發者從開始就考慮到產品全生命週期從概念形成到產品報廢的所有因素，包括質量、成本、進度和用戶需求，以減少產品早期設計階段的盲目性，盡可能早地避免產品設計階段不合理因素對產品生命週期后續階段的影響，縮短研製週期。

產品設計的並行方法的特點是：①產品設計的各階段是一個遞進的連續過程，概念設計、初步設計、詳細設計等設計階段的劃分只標誌著產品設計過程中考慮問題的差異。②產品設計過程和產品信息模型經歷從定性到定量、從模糊到清晰的漸進演化。設計每前進一步，過程每循環一次，信息的不確定性就隨之減少，並行程度逐漸增加。

③產品設計過程和工藝設計過程不是順序進行，而是並行展開、同時進行。在設計早期，必須從總體上著眼；隨著設計工作的進展，要處理的問題越來越細，清晰度越來越高。至最清晰時，產品和過程的設計便告結束。

(四) 工作設計與工作測量

1. 工作設計

工作設計是為有效組織生產勞動過程，通過確定一個組織內的個人或小組的工作內容，來實現工作的協調和確保任務的完成。它的目標是建立一個工作結構，來滿足組織及其技術的需要，滿足工作者的個人心理需求。工作設計的內容包括：①明確生產任務的作業過程；②通過分工確定工作內容；③明確每個操作者的工作責任；④以組織形式規定分工後的協調，保證任務的完成。

這些決策受到以下幾個因素的影響：員工工作組成部分的質量控制；適應多種工作技能要求的交叉培訓；工作設計與組織的員工參與及團隊工作方式；自動化程度；對所有員工提供有意義的工作和對工作出色員工進行獎勵的組織承諾；遠程通信網絡和計算機系統的使用，擴展了工作的內涵，提高了員工的工作能力。

2. 工作測量

(1) 工時消耗結構

產品在加工過程中的作業總時間包括產品的基本工作時間、設計缺陷的工時消耗、工藝過程缺陷的工時消耗、管理不善而產生的無效時間、工人因素引起的無效時間（圖5-3）。

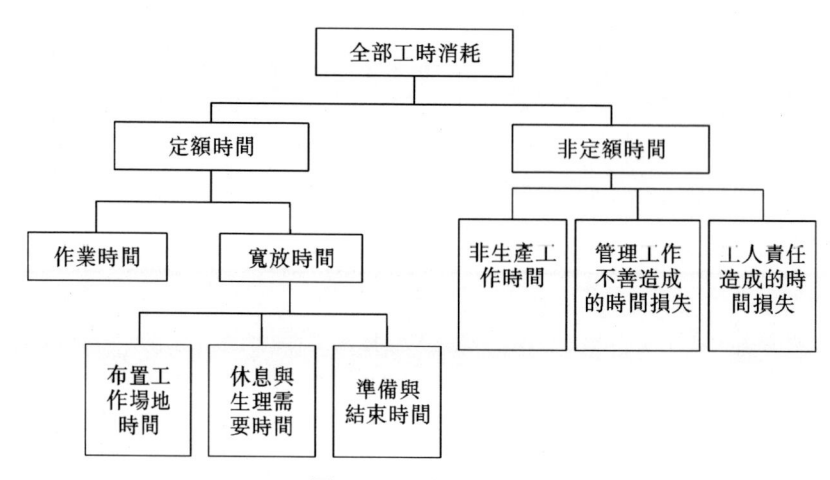

圖5-3 工時消耗結構

產品的基本工作時間也稱定額時間，指在產品設計正確、工藝完善的條件下，製造產品或進行作業所用的時間。由作業時間和寬放時間組成。

作業時間是直接用於完成生產任務、實現工藝過程的時間。①基本時間：是指直接完成基本工藝過程，用於改變勞動對象的物理和化學性質的時間消耗。如毛坯製造、機械加工、熱處理、裝配、油漆等。②輔助時間：指為保證基本工藝過程的實現而進

行的各種輔助性操作所消耗的時間。如裝卸、進刀、測量、換刀具等。

寬放時間是指勞動者在工作過程中，因工作需要、休息和生理需要，在作業時間上需要予以補償的時間。一般以寬放率表示。寬放率＝寬放時間/作業時間，包括：①布置和照管工作地時間；②休息和生理需要時間；③準備與結束時間。

非定額時間是指在工作時間內因停工或執行非生產性作業而損失的時間，包括：①非生產工作時間，比如開會、廢次品的返修等；②非工人造成的損失時間，比如停工、停料、等待圖紙、停電、任務不當等；③工人造成的損失時間，比如缺勤、遲到、早退等。

（2）勞動定額

勞動定額是指在一定的生產技術組織條件下，生產一定產量的產品所規定消耗的時間，或在一定時間內所規定生產的合格產品的數量。如工時定額、產量定額、看管定額、服務定額等。進行勞動定額的作用包括：有助於企業實現全面計劃管理，有助於合理安排勞動力，提高勞動生產率，同時也是企業進行經濟核算和成本管理的重要基礎。

勞動定額的時間構成如下：

①大批量生產條件下：可忽略準備和結束時間。

單件時間定額＝作業時間＋照管工作地時間＋休息和自然需要時間

②成批生產條件下：不可忽略準備和結束時間。

單件工時定額＝作業時間＋布置工作場地時間＋休息和生理需要時間＋準備與結束時間/每批產品的數量

③單件生產條件下：不可忽略準備和結束時間。

單件工時定額＝作業時間＋布置工作場地時間＋休息和生理需要時間＋準備與結束時間

（3）工作測量方法

常見工作測量方法包括測時法、預定時間標準法和工作抽樣法。

測時法是指用秒表等計時工具來實際測量完成一件工作所需時間的方法。其基本過程如下：選擇觀測對象；劃分作業操作要素，製作測時記錄表；記錄觀測時間，剔除異常值，並計算各項作業要素的平均值；計算作業的觀察時間；評定效率，計算正常作業時間；考慮寬放率，確定標準作業時間。

預定時間標準法是指把人們所從事的所有作業都分解成基本動作單元，對每一種基本動作都根據它的性質與條件，經過詳細觀測，制成基本動作的標準時間表的方法。當要確定實際工作時間時，只要把作業分解為這些基本動作，從基本動作的標準時間來查出相應的時間值，累加起來作為正常時間，再適當考慮寬放時間，即得到標準作業時間。

工作抽樣法是由研究人員選擇隨機時刻對現場操作者或設備工作情況進行瞬時觀察，記錄其從事某類工作出現的次數，運用概率及數理統計方法，通過對可靠度和準確度的計算，推定觀察對象的整體工作狀況。工作抽樣法的分析研究結果，可用於制

定時間定額中各類工時消耗的比例，為確定作業標準時間提供依據。

三、生產運作系統運行管理

(一) 生產計劃管理

1. 生產計劃的主要指標

生產計劃的主要指標包括產品品種、產品質量、產品產量與產值等，它們各有不同的經濟內容，從不同的側面反應了企業計劃期內生產活動的要求。

產品品種指標是指企業在計劃期內應該生產的品種、規格和數目。產品質量指標是指企業在計劃期內各種產品應該達到的質量標準。產品產量指標是企業在計劃期內應當生產的可供銷售的工業產品的實物數量和工業性勞務的數量，是表示企業生產成果的一個重要指標，也是企業進行供、產、銷平衡和編製生產作業計劃、組織日常生產的重要依據。為了計算不同品種的產品總量，需要運用綜合反應企業生產成果的價值指標，即產值指標。

2. 各類生產計劃

(1) 主生產計劃

主生產計劃 (Master Production Schedule，MPS)，是預先建立的一份計劃，由主生產計劃員負責維護，是確定每一具體的最終產品在每一具體時間段內生產數量的計劃。

這裡的最終產品是指對於企業來說最終完成、要出廠的產成品，它要具體到產品的品種、型號。這裡的具體時間段，通常是以周為單位，在有些情況下，也可以是日、旬、月。主生產計劃詳細規定生產什麼、什麼時段應該產出，它是獨立需求計劃。主生產計劃根據客戶合同和市場預測，把經營計劃或生產大綱中的產品系列具體化，使之成為展開物料需求計劃的主要依據，起到了從綜合計劃向具體計劃過渡的承上啓下作用。主生產計劃必須考慮客戶訂單和預測、未完成訂單、可用物料的數量、現有能力、管理方針和目標等。因此，它是生產計劃工作的一項重要內容。

(2) 生產作業計劃

生產作業計劃是指企業生產計劃的具體執行計劃。它把企業的年度、季度生產計劃具體規定為各個車間、工段、班組、每個工作地和個人的以月、周、班以至小時計的計劃。它是組織日常生產活動、建立正常生產秩序的重要手段。生產作業計劃的作用是通過一系列的計劃安排和生產調度工作，充分利用企業的人力、物力，保證企業每個生產環節在品種、數量和時間上相互協調和銜接，組織有節奏的均衡生產，取得良好的經濟效果。生產作業計劃編製工作的主要內容包括：收集為編製計劃所需的各種資料，核算、平衡生產能力，制定期量標準和編製生產作業計劃。

從縱向方面來看，根據企業的具體情況，生產作業計劃有廠部、車間和工段 (班、組) 三級作業計劃形式。廠部生產作業計劃由企業生產科負責編製，確定各車間的月度生產任務和進度計劃；車間級生產作業計劃由車間計劃調度室負責編製；工段級生產作業計劃由工段計劃調度員負責編製，分別確定工段 (班、組) 或工作地月度、旬 (或周) 以及晝夜輪班的生產作業計劃。

(二) 現場管理

現場管理就是指用科學的管理制度、標準和方法對生產現場各生產要素，包括人（工人和管理人員）、機（設備、工具、工位器具）、料（原材料）、法（加工、檢測方法）、環（環境）、信（信息）等進行合理有效的計劃、組織、協調、控製和檢測，使其處於良好的結合狀態，達到優質、高效、低耗、均衡、安全、文明生產的目的。現場管理是生產第一線的綜合管理。

現場管理的三大工具是：標準化、目視管理和看板管理。①標準化就是將企業的各種規範，如規程、規定、規則、標準、要領等形成文字化的東西，統稱為標準。制定標準，而后依標準付諸行動則稱之為標準化。②目視管理是利用形象直觀而又色彩適宜的各種視覺感知信息來組織現場生產活動，達到提高勞動生產率的一種管理手段，也是一種利用視覺來進行管理的科學方法。③看板管理是發現問題、解決問題的非常有效且直觀的手段。看板管理是管理可視化的一種表現形式，即對數據、情報等的狀況一目了然地表現，主要是對管理項目特別是情報進行的透明化管理活動。它通過各種形式如標語、現況板、圖表、電子屏等把文件上、腦子裡或現場等隱藏的情報揭示出來，以便任何人都可以及時掌握管理現狀和必要的情報，從而能夠快速制定並實施應對措施。

(三) 採購管理

採購管理是從計劃下達、採購單生成、採購單執行、到貨接收、檢驗入庫、採購發票的收集到採購結算的採購活動的全過程，包括採購計劃、訂單管理及發票校驗三個主要方面。

採購計劃管理為企業提供及時準確的採購計劃和執行路線。採購計劃包括定期採購計劃（如周、月度、季度、年度）、非定期採購任務計劃（如系統根據銷售和生產需求產生的）。通過對多對象的採購計劃的編製、分解，將企業的採購需求變為直接的採購任務。採購訂單管理以採購單為源頭，對從供應商確認訂單、發貨、到貨、檢驗到入庫等採購訂單流轉的各個環節進行準確的跟蹤，實現全過程管理。通過流程配置，可進行多種採購流程選擇，如訂單直接入庫，或經過到貨質檢環節後檢驗入庫等，在整個過程中，可以實現對採購存貨的計劃狀態、訂單在途狀態、到貨待檢狀態等的監控和管理。採購訂單可以直接通過電子商務系統發向對應的供應商，進行在線採購。發票校驗則是最后的收尾工作。

(四) 庫存管理

庫存是為了滿足未來需要而暫時閒置的資源。資源的閒置就是庫存，與這種資源是否存放在倉庫中沒有關係，與資源是否處於運動狀態也沒有關係。汽車運輸的貨物處於運動狀態，但這些貨物是為了未來需要而暫時閒置的，就是庫存，是一種在途庫存。這裡所說的資源，不僅包括工廠裡的各種原材料、毛坯、工具、半成品和成品，還包括銀行裡的現金，醫院裡的藥品、病床，運輸部門的車輛等。

1. 庫存的分類

按作用不同，可以把庫存分為週轉庫存、安全庫存、調節庫存和在途庫存。

由批量週期性形成的庫存稱為週轉庫存，週轉庫存越大，訂貨週期越長，訂貨頻率越小。安全庫存又稱緩衝庫存，是生產者為應對需求的不確定性和供應的不確定性，防止出現缺貨損失而設置的一定數量水平的庫存。調節庫存是為了調節需求或供應的不均衡、生產與供應的不均衡而設置的庫存，如淡季的庫存。在途庫存是指在兩個工作地之間的庫存，如正處於運輸狀態的庫存。

2. 庫存控製方法

任何庫存控製系統都要回答兩個基本問題，即什麼時候訂貨，每次訂多少。在庫存管理中，針對這兩個問題，對獨立需求庫存控製主要採用訂貨點法。訂貨點法又分為連續檢查控製方法和週期檢查控製方法。前者是通過連續檢查，觀察庫存是否達到重新訂貨點來進行控製，即定量不定期；后者是通過固定時間間隔的檢查、週期性的觀測實現對庫存的控製，即定期不定量。此外，還有一種庫存重點控製方法，即ABC分類法。

訂貨點法也稱為安全庫存法，指對於某種物料或產品，由於生產或銷售的原因而逐漸減少，當庫存量降到某一預先設定的點時，即開始發出訂貨單來補充庫存，直至庫存量降到安全庫存時，發出的訂單所定購的物料剛好到達倉庫，補充前一時期的消耗，此一訂貨的數值點稱為訂貨點。從訂貨單發出到所訂貨物收到這一段時間稱為訂貨提前期。

訂貨點法本身具有一定的局限性。例如，某種物料庫存量雖然降到了訂貨點，但是可能在近一段時間企業沒有收到新的訂單，所以近期內沒有新需求產生，暫時可以不用考慮補充。故此訂貨點法也會造成一些較多的庫存積壓和資金占用。

庫存重點控製方法，又稱ABC分類法，是一種對重要物品進行重點管理的方法。其基本原理是，將庫存物品按其占用資金的多少，一次劃分為A、B、C三大類，並採用不同的管理方法。如表5-1所示：

表5-1　　　　　　　　ABC分類標準及管理辦法

項目	庫存性質	占總品種數的比例	占資金總額的比例	管理辦法
A類	重要物品	10%～20%	70%～80%	重點管理；盡可能正確地預測需求量；少量採購，盡可能在不影響需求的條件下減少庫存；與供應商協調，縮短前置時間；採用連續檢查控製，對其存貨進行嚴格控製，保證庫存記錄的準確性
B類	次重要物品	20%～25%	15%～20%	次重點管理；庫存檢查和盤點週期比A類長，中量採購；採用連續檢查和週期檢查相結合的方法進行庫存控製
C類	一般物品	60%～65%	5%～10%	一般管理；大量採購，以便在價格上獲得優勢；加大兩次訂貨的時間間隔，減少訂貨次數；安全庫存須比較大，以免發生短缺；簡化庫存手續，庫存檢查和盤點週期比B類長；採用週期檢查法進行控製

(五) 質量管理

1. TQM 的思想

全面質量管理（Total Quality Management，TQM）是一個組織以質量為中心，以全員參與為基礎，目的在於通過讓顧客滿意和本組織所有成員及社會受益而達到長期成功的管理途徑。全面質量管理的基本方法可以概況為四句話十八字，即「一個過程，四個階段，八個步驟，數理統計方法」。

（1）一個過程，即企業管理是一個過程。企業在不同時間內，應完成不同的工作任務。企業的每項生產經營活動，都有一個產生、形成、實施和驗證的過程。

（2）四個階段。根據管理是一個過程的理論，美國的戴明博士把它運用到質量管理中來，總結出「計劃（Plan）—執行（Do）—檢查（Check）—處理（Act）」四階段的循環方式，簡稱 PDCA 循環，又稱「戴明循環」。

（3）八個步驟。為了解決和改進質量問題，PDCA 循環中的四個階段還可以具體劃分為八個步驟。①計劃階段：分析現狀，找出存在的質量問題；分析產生質量問題的各種原因或影響因素；找出影響質量的主要因素；針對影響質量的主要因素，提出計劃，制定措施。②執行階段：執行計劃，落實措施。③檢查階段：檢查計劃的實施情況。④處理階段：總結經驗，鞏固成績，工作結果標準化；提出尚未解決的問題，轉入下一個循環。

（4）在應用 PDCA 四個循環階段、八個步驟來解決質量問題時，需要收集和整理大量的資料，並用科學的方法進行系統的分析。最常用的七種統計方法是排列圖、因果圖、直方圖、分層法、相關圖、控製圖及統計分析表。這套方法以數理統計為理論基礎，不僅科學可靠，而且比較直觀。

2. ISO 質量體系標準

一般來說，一個組織能夠為社會提供產品或者服務，該組織應具備一個質量體系，但這個質量體系通常都是不完善的，存在這樣或那樣的問題。要健全這個體系，我們可以充分利用 ISO9000 系列標準，從而為企業有效地進行全面質量管理提供保證。

ISO 質量體系標準包括 ISO9000、ISO10000 及 ISO14000 三種系列。ISO9000 標準明確了質量管理和質量保證體系，適用於生產型及服務型企業。ISO10000 標準為從事和審核質量管理和質量保證體系提供了指導方針。ISO14000 標準明確了環境質量管理體系。

ISO9000 質量體系標準包括了 3 個體系標準和 8 條指導方針。3 個體系標準分別是 ISO9001、ISO9002 和 ISO9003；8 個指導方針是 ISO9000－1 至 4 和 ISO9004－1 至 4。其中首要標準是 ISO9001，它為設計、製造產品及提供服務的組織明確指出了一套完整質量體系中的 20 條要素。ISO9002 為只製造產品但不設計產品及提供服務的組織明確指出了 19 條要素。ISO9003 為只進行檢驗的組織明確指出了 16 條要素。ISO9000 標準 5~7 年修訂一次。

（六）MRP、MRPⅡ和 ERP

1. MRP 階段

MRP 是 Material Requirements Planning 的縮寫，即物料需求計劃。其含義是：利用物料清單、庫存數據和主生產計劃計算物料需求的一套技術。物料需求計劃產生補充物料訂單的建議，而且由於它是劃分為時間段的，當到貨日期與需求日期不同步時，MRP 會建議重排未結訂單。最初 MRP 只被看成一種比庫存訂貨點法更好的庫存管理方法，現在普遍認為它是一種計劃技術，即建立和維護訂單的有效到貨日期的方法，它是閉環 MRP 的基礎。

物料清單（Bill of Material）是指構成父項裝配件的所有子裝配件、零件及原材料清單，其中包括子項的數量。在某些工業領域，可能稱為「配方」「要素表」或其他名稱。參見圖 5-4：

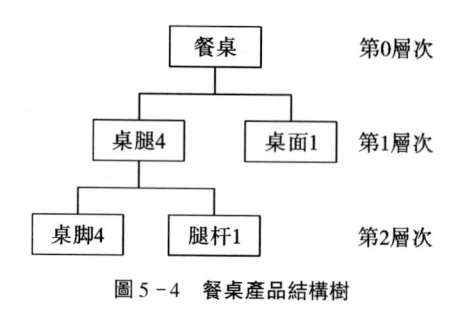

```
                    餐桌              第0層次
                   /    \
               桌腿4    桌面1          第1層次
               /   \
           桌脚4   腿杆1               第2層次
```

圖 5-4　餐桌產品結構樹

2. 閉環 MRP 階段

閉環 MRP（Closed Loop MRP）階段。在 MRP 系統的應用中，需要人工介入較多。此外，MRP 系統沒有涉及車間作業計劃及作業分配，這部分工作仍然由人工補足，因此也就不能保證作業的最佳順序和設備的有效利用。為了解決上述矛盾，20 世紀 80 年代初，MRP 由傳統式發展為閉環式，它是一個結構完整的生產資源計劃及執行控製系統。

圍繞物料需求計劃而建立的系統，包括生產規劃、主生產計劃和能力需求計劃與其他計劃功能。進一步地，當計劃階段完成並且作為實際可行的計劃被接受以後，執行階段隨之開始。這包括投入/產出控製、車間作業管理、派工單以及來自車間及供應商的拖期預報。「閉環」一詞所指的，不僅包括整個系統的這些組成部分，還包括來自執行部分的反饋信息，目的在於使計劃在任何時候都保持有效。

閉環 MRP 將是一個集計劃、執行、反饋為一體的綜合性系統，它能對生產中的人力、機器和材料各項資源進行計劃與控製，使生產管理的應變能力有所加強。這時物料需求計劃 MRP 的實施，使未來的物料短缺不是等到短缺發生時才給予解決，而是事先進行計劃，但是只有優先計劃還遠遠不夠，因為沒有足夠的生產能力，還是無法生產，MRP 所輸出的生產和採購計劃信息若沒有傳送至車間和供應商那裡，這些計劃一點價值也沒有，所以必須增加生產能力計劃、生產活動控製、採購和物料管理計劃三方面的功能。

能力需求計劃（Capacity Requirement Planning，CRP）是對物料需求計劃（MRP）所需能力進行核算的一種計劃管理方法。具體地講，CRP 就是對各生產階段和各工作中心所需的各種資源進行精確計算，得出人力負荷、設備負荷等資源負荷情況，並做好生產能力負荷的平衡工作。

能力需求計劃是幫助企業在分析物料需求計劃后生成一個切實可行的能力執行計劃的功能模塊。該模塊幫助企業在現有生產能力的基礎上，及早發現能力的「瓶頸」所在，提出解決方案。能力需求計劃制訂的過程就是一個平衡企業各工作中心所要承擔的資源負荷和實際具有的可用能力的過程，即根據各個工作中心的物料需求計劃和各物料的工藝路線，對各生產工序和各工作中心所需的各種資源進行精確計算，得出人力負荷、設備負荷等資源負荷情況，然後根據工作中心各個時段的可用能力對各工作中心的能力與負荷進行平衡，以便實現企業的生產計劃。

能力需求計劃分為粗能力計劃（Rough-cut Capacity Planning，RCCP，又稱為產能負荷分析）和細能力計劃（CRP）。我們說的能力需求計劃常常指的是細能力需求計劃。

粗能力計劃是指在閉環 MRP 設定完畢主生產計劃后，通過對關鍵工作中心生產能力和計劃生產量的對比，判斷主生產計劃是否可行。

細能力計劃是指在閉環 MRP 通過 MRP 運算得出對各種物料的需求量後，計算各時段分配給工作中心的工作量，判斷是否超出該工作中心的最大工作能力，並作出調整。具體來說，細能力計劃是計算所有生產任務在各相關工作中心加工所需的能力，並將所需能力與實際可供能力進行對比，以供生產計劃員決定當前能力供應能否滿足生產需求，如果能力無法滿足需求，或者能力不夠均衡，則要麼調整生產任務數量或時間，要麼調整有效工作日，直至能力供應滿足所有生產任務需要時為止。細能力計劃從產能的角度保證了市場需求的可執行性。

CRP 處理過程：能力需求計劃將對各項目的數量需求轉換成對人力和機器等能力的需求，其轉換過程是用單位項目對人力和機器需求的標準乘以各期需求量。其必要的輸入是 MRP 的計劃訂購發出、流程文件、工作中心文件、當前負荷以及時間標準等。其輸出是各加工中心的負荷報告。

3. MRP II 階段

MRP II（Manufacturing Resources Planning）即製造資源計劃階段，是對企業的所有資源進行有效計劃的一種方法。MRP II 包括許多相互聯繫的功能：經營規劃、生產規劃、主生產計劃、物料需求計劃、能力需求計劃以及有關能力和物料的執行支持系統。這些系統的輸出與各種財務報告集成在一起。製造資源計劃是閉環 MRP 的直接發展和延伸。MRP II 也稱為基於網絡計劃的管理系統（圖 5-5）。

4. ERP 階段

ERP（Enterprise Resources Planning）即企業資源計劃，是在 MRP II 的基礎上，通過反饋的物流、信息流和資金流，把客戶需要和企業內部生產經營活動以及供應商的資源整合在一起，體現按用戶需要進行經營管理的一種全新的管理方法。

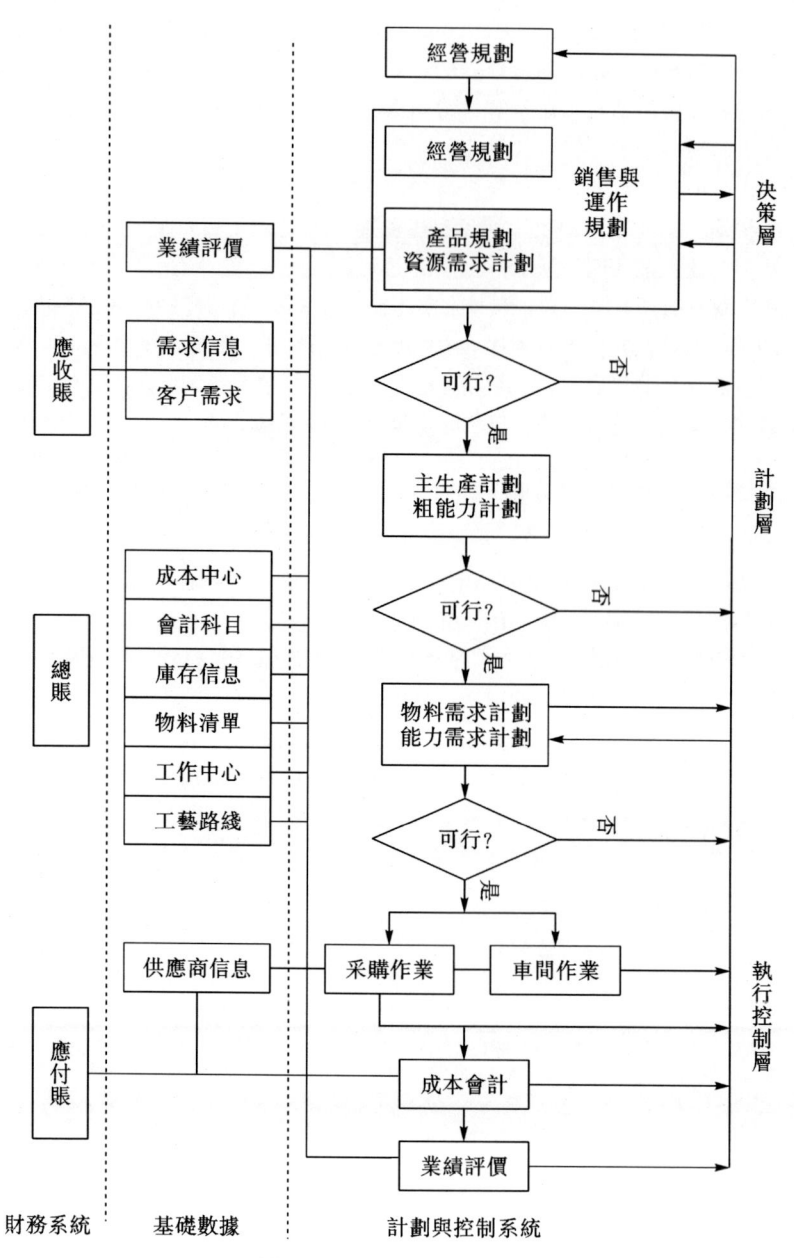

圖 5-5　MRPⅡ的基本流程

資料來源：黃娟，等. 生產運作管理 [M]. 成都：西南財經大學出版社，2010.

第二節　生產運作管理的核心工作

一、認識生產部門

(一) 生產部門主要崗位及工作內容

生產部門主要崗位及工作內容如表 5-2 所示：

表 5-2　　　　　　　　　市場營銷部門的主要崗位及工作內容

崗位	主要工作
生產總監	負責參與制定公司發展戰略與年度經營計劃，主持制訂、調整年度生產計劃及預算，計劃並指導與生產、工廠管理、原材料供應及質量相關的工作。協調各部門之間的溝通與合作，及時解決生產中出現的問題
行政助理	輔助生產總監進行行政管理
採購部經理	制定採購談判的策略和方案並加以實施；提高供應系統以及庫存管理系統中的技術含量；處理質量問題等
倉儲部經理	倉庫佈局規劃與調整，倉庫管理制度完善，工作流程的完善，客戶管理，運輸管理，成本控製，安全庫存分析
研發部經理	制定技術開發戰略，領導制訂公司年度研發計劃和預算方案，並負責執行；新產品開發項目管理；編製生產工藝方案，對供應商提供技術支持，解決生產中出現的技術問題；生產工藝流程優化的組織、監控與執行
工程部經理	全面主持工程部的日常管理工作，按計劃組織實施項目的工程建設；對項目的工程建設進行全面管理、過程監督；保證按進度、保質量、控成本完成建設任務
製造部經理	全面負責產品生產管理和協調；編製生產計劃，協調各車間生產工作；生產安全工作；產品質量保證等
品管部經理	全面負責公司產品質量的檢查、監督
車間主任	制定整個車間的活動目標和各項技術經濟指標，把各個生產環節互相銜接、協調起來，使人、財、物各要素緊密結合，形成完整的生產系統。按季、月、日、時制訂生產作業計劃，質量、成本控製計劃，設備檢修計劃

(二) 生產部門組織結構圖

生產部門組織結構如圖 5-6 所示：

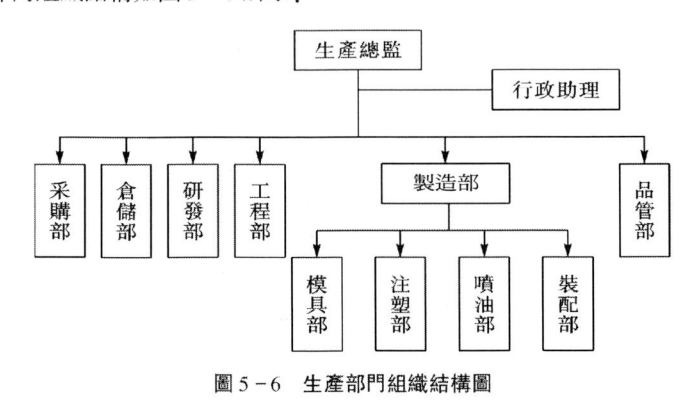

圖 5-6　生產部門組織結構圖

二、生產運作管理的主要工作內容及方法

(一) 生產計劃制訂

生產計劃的制訂過程如圖5-7所示：

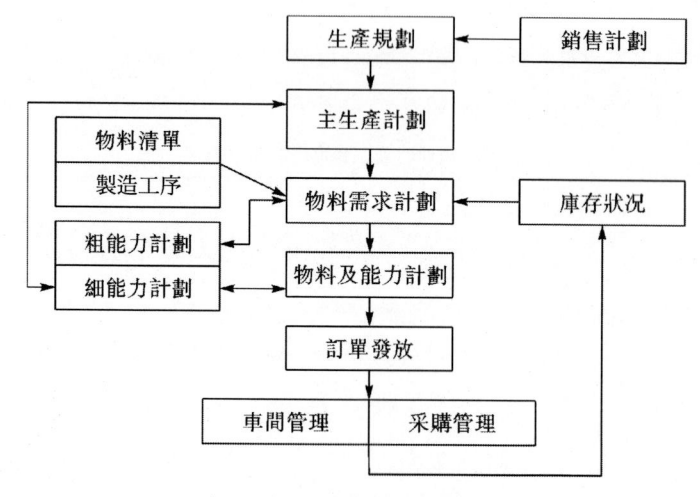

圖5-7 生產計劃制訂的過程

生產計劃主要根據銷售計劃來制訂。

生產計劃制訂步驟主要包括根據訂單和市場需求預測制訂主生產計劃；根據物料清單和庫存狀況制訂物料需求計劃，並進行能力計劃和評估，調整能力負荷；根據物料需求計劃制訂生產作業計劃和採購計劃。

1. 物料需求計劃制訂

物料需求計劃（Material Requirement Planning，MRP）是指根據產品結構各層次物品的從屬和數量關係，以每個物品為計劃對象，以完工時期為時間基準倒排計劃，按提前期長短區別各個物品下達計劃時間的先后順序，是一種工業製造企業內物資計劃管理模式。MRP是根據市場需求預測和顧客訂單制訂產品的生產計劃，然后基於產品生成進度計劃，得出產品的材料結構表和庫存狀況，通過計算機計算所需物資的需求量和需求時間，從而確定材料的加工進度和訂貨日程的一種實用技術。

物料需求計劃的主要內容包括客戶需求管理、產品生產計劃、原材料計劃以及庫存記錄。其中客戶需求管理包括客戶訂單管理及銷售預測，將實際的客戶訂單數與科學的客戶需求預測相結合即能得出客戶需要什麼以及需要多少。

(1) 制訂物料需求計劃前必須具備以下基本數據：

第一項數據是主生產計劃，它指明在某一計劃時間段內應生產出的各種產品和備件，它是物料需求計劃制訂的一個最重要的數據來源。

第二項數據是物料清單（Bill of Material，BOM），它指明了物料之間的結構關係，以及每種物料需求的數量，它是物料需求計劃系統中最為基礎的數據。

第三項數據是庫存記錄，它把每個物料品目的現有庫存量和計劃接受量的實際狀態反應出來。

第四項數據是提前期，其決定每種物料何時開工、何時完工。

這四項數據至關重要、缺一不可。因此，在制訂物料需求計劃之前，這四項數據都必須先完整地建立好，而且保證是絕對可靠的、可執行的數據。

（2）一般來說，物料需求計劃的制訂是遵照先通過主生產計劃導出有關物料的需求量與需求時間，再根據物料的提前期確定投產或訂貨時間的計算思路。其基本計算步驟如下：

①計算物料的毛需求量，即根據主生產計劃、物料清單得到第一層級物料品目的毛需求量，再通過第一層級物料品目計算出下一層級物料品目的毛需求量，依次一直往下展開計算，直到最底層級原材料毛坯或採購件為止。

②淨需求量計算，即根據毛需求量、可用庫存量、已分配量等計算出每種物料的淨需求量。

③批量計算，即由相關計劃人員對物料生產作出批量策略決定，不管採用何種批量規則或不採用批量規則，淨需求量計算后都應該表明有否批量要求。

④安全庫存量、廢品率和損耗率等的計算，即由相關計劃人員來規劃是否要對每個物料的淨需求量作這三項計算。

⑤下達計劃訂單，即指通過以上計算后，根據提前期生成計劃訂單。物料需求計劃所生成的計劃訂單，要通過能力資源平衡確認后，才能正式下達。

⑥再一次計算。物料需求計劃的再次生成大致有兩種方式：第一種方式會對庫存信息重新處理，同時覆蓋原來計算的數據，生成的是全新的物料需求計劃；第二種方式則只是在制訂、生成物料需求計劃的條件發生變化時，才相應地更新物料需求計劃有關部分的記錄。這兩種生成方式都有實際應用的案例，至於選擇哪一種要看企業實際的條件和狀況。

2. 粗能力計劃制訂

粗能力計劃是指在閉環 MRP 設定完畢主生產計劃后，通過對關鍵工作中心生產能力和計劃生產量的對比，判斷主生產計劃是否可行。

目前常用的粗能力計劃編製方法是資源清單法。其包括以下步驟：

第一步：建立關鍵中心資源清單（能力清單）。

該步驟具體包括：畫出 BOM 圖；找出工藝路線文件，工藝路線文件按照零件的工序組成，描述了項目包含的生產加工過程信息；計算每個工作中心上某產品全部項目的單件加工時間、單件生產準備時間和單件生產總時間。

如生產一個 A 產品 WC10 上需有 1C 和 2E，則：

單件加工時間 = 加工件數 × 單件加工時間

＝1×C 單件加工時間 +2× E 單件加工時間

單件生產準備時間 = 生產準備時間/平均批量

單件生產準備時間 = 加工件數 × 單件生產準備時間

＝1×C 單件生產準備時間＋2× E 單件生產準備時間

單件總時間＝單件加工時間＋單件生產準備時間

由此，得出能力清單。

第二步：判定各時段能力負荷。

根據產品 A 的能力清單和主生產計劃，計算出產品 A 的粗能力計劃（＝計劃產量×單件總時間），據此對各時段能力負荷情況進行分析。

能力需求＝需求數量×單件能力需求

可用的實際能力＝理論能力×效率×利用率

負荷率＝能力需求/可用能力

第三步：生成粗能力計劃。

粗能力計劃＝工作中心資源清單＋時段負荷情況

第四步：分析各時段負荷原因。

隨著粗能力計劃的生成，各時段工作中心的負荷量也盡收眼底，此時管理者關心的自然是各時段造成工作中心超負荷的起因。

起因中包含了引起超負荷產品及其部件的編號和名稱，該部件在 BOM 中所處的位置以及部件加工時所佔用資源情況的詳細信息等，這些信息將幫助計劃制訂者在物料需求和生產能力間尋求平衡。

第五步：調整生產能力和需求計劃。

粗能力計劃過程的尾部環節將會對生產能力和物料需求進行初步的平衡性調整。

原則上的調整方法有減輕負荷和增加能力兩種，具體做法包括延長交貨期、取消部分訂單、加班加點、增加設備等。

3. 能力需求計劃制訂

細能力計劃與物料需求計劃結合使用，用以檢查物料需求計劃的可行性，它根據物料需求計劃、工廠現有能力進行能力模擬，同時根據各工作中心能力負荷狀況判斷計劃可行性。它把 MRP 的計劃下達生產訂單和已下達但尚未完工的生產訂單所需的負荷小時，按工廠日曆轉換為每個工作中心各時區的能力需求，為生產計劃的調整安排提供參考信息。

能力需求計劃的編製思路是：首先，將 MRP 計劃的各時間段內需要加工的所有製造件通過工藝路線文件進行編製，得到所需的各工作中心的負荷；然後，同各工作中心的額定能力進行比較，提出按時間段劃分的各工作中心的負荷報告；最後，由企業根據報告提供的負荷情況及訂單的優先級因素加以調整和平衡。

(1) 收集數據。能力需求計劃計算的數據量相當大，通常，能力需求計劃在具體計算時，可根據 MRP 下達的計劃訂單中的數量及需求時間段，乘上各自的工藝路線中的定額工時，轉換為需求資源清單，加上車間中尚未完成的訂單中的工作中心工時，得到總需求資源。再根據實際能力建立起工作中心可用能力清單，有了這些數據，才能進行能力需求計劃的計算與平衡。

(2) 計算與分析負荷。將所有的任務單分派到有關的工作中心上，據此確定有關

工作中心的負荷，並從任務單的工藝路線記錄中計算出每個有關工作中心的負荷。然后，分析每個工作的負荷情況，確認導致各種具體問題的原因所在，以便正確地解決問題。

（3）能力/負荷調整。解決負荷過小或超負荷能力問題的方法有三種：調整能力、調整負荷以及同時調整能力和負荷。

（4）確認能力需求計劃。在經過分析和調整后，將已修改的數據重新輸入到相關的文件記錄中，通過多次調整，在能力和負荷達到平衡時，確認能力需求計劃，正式下達任務單。

4．採購計劃和生產作業計劃制訂

根據物料需求計劃制訂採購計劃，並編製詳細的生產作業計劃。

(二) 採購管理流程和方法

企業的生產經營活動常涉及市場部、技術部、採購部、生產部、倉儲部、品管部等幾個主要部門。其簡單流程為：業務部接單（或公司下單），生產部、工程技術部及採購部共同確定各自負責的相關資料，如生產部要確定上線期及交貨期，技術部要確定相關的樣品、工藝製單及材耗，採購部要確定物料到公司的時間。以上幾個部門確認好了后，反饋至市場或公司，由相關人員進行成本審核及確認相關的時間，並與客戶（或公司相關負責人員）取得聯繫，獲得確認后，迅速將相關信息反饋至技術部、採購部及生產部。各部門按原定確認資料進行計劃安排並執行。

在物料採購活動中，採購部門的操作流程如下：

採購部門接到採購任務后，制訂採購計劃並進行審批；同時進行合格供應商篩選及採購資料內容傳遞，告知相關合格供應商並要求其反饋相關物料質量及報價信息；然后採購人員進行比價和議價，並最終確定物料供應商，傳遞採購訂單合同。採購人員根據既定的合同要求對供應商進行跟蹤，保質保量按時將物料供應到位。供應商將物料運送至倉儲部后，倉儲部要取部分物料樣送至質檢部進行進料檢驗（小公司由採購人員進行檢驗），或由倉儲部向質檢部或相關採購人員發出進料檢驗通知。質檢部對進料檢驗后要迅速將相關質量信息反饋至採購人員，採購人員根據物料質量情況對物料進行進倉、退貨或特採等處理決定。每採購一批物料都要對相關的供應商供貨的質量、交貨期及相關合作事項進行評價並在各供應商檔案留檔，以備后查及對供應商進行定期評審篩選。採購部業務流程如圖5-8所示：

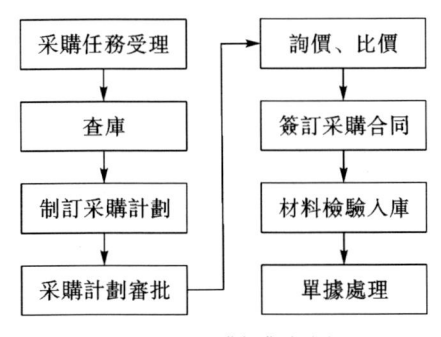

圖5-8　採購部業務流程

（三）倉儲管理

倉儲管理的主要工作內容如下：

1. 建立倉庫臺帳

倉庫管理員對庫存物料進行分類統計、盤點，建立倉庫臺帳，並進行庫存情況分析。對常規物料提出補倉（請購），由倉管員根據庫存物資的儲備量情況提出補倉數量；對於非常規物料及計劃外物料的請購，由使用部門根據需要提出購買物品的名稱、規格、型號、數量，並說明使用情況，填寫請購單並由使用部門負責人簽名認可，報倉儲部由倉管員根據庫存情況提出意見轉採購部。

2. 檢查驗收

倉管員根據採購計劃進行驗貨；對於印刷品的驗收，倉儲部依據使用部門提供的樣板進行；貨物如有差錯，及時通知財務主管與採購干事，以扣壓貨款，並積極聯繫印刷商做更正處理；所有物資的驗收，一律打印入庫單，一式三聯，第一聯交財務部，第二聯倉庫留存，第三聯送貨人留存。對於直撥物資，倉管員做一級驗收之後，通知使用部門做二級驗收，若合格，則部門負責人直接在直撥單上簽字即可。進倉物資的驗收，由倉管員根據供貨發票及請購單上標明的內容認真驗收並辦理入倉手續，如發現所採購物資不符合規定要求，應拒絕收貨，並及時通知採購部辦理退、換貨手續。

3. 保管

倉儲部對倉庫所有物資負保管之責，物資應堆放整齊、美觀、按類擺放，並標明進貨日期，按規定留有通道、牆距、燈距、掛好物資登記卡；掌握商品質量、數量、衛生、保質期情況，落實防盜、防蟲、防鼠咬、防質變等安全措施和衛生措施，保證庫存物資完好無損。

4. 盤點

對存貨進行定期或不定期清查，確定各種存貨的實際庫存量，並與電腦中記錄的結存量核對，查明存貨盤盈、盤虧的數量及原因。

倉儲部的業務流程如圖5-9所示：

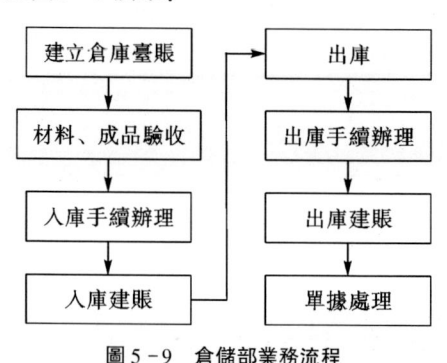

```
建立倉庫臺賬 ──→ 出庫
     ↓              ↓
材料、成品驗收     出庫手續辦理
     ↓              ↓
入庫手續辦理       出庫建賬
     ↓              ↓
入庫建賬 ─────→  單據處理
```

圖5-9　倉儲部業務流程

（四）車間生產管理

車間生產管理工作流程（圖5-10）如下：

車間根據生產作業計劃受理生產任務，根據工程技術部下達的產品工序工藝文件

制成生產指令單；各車間物料員根據生產指令單和工程部的 BOM 清單填製領料單領取原材料；各班組按照工序工藝要求進行生產，確保產品品質、交貨期、成本、安全的目標實現；各車間統計人員製作生產報表；生產過程中品管部巡檢員進行質量監督並進行記錄；產品生產完成后包裝組通知物料員進行成品入庫；車間統計完成各類數據報表，進行工單結案。

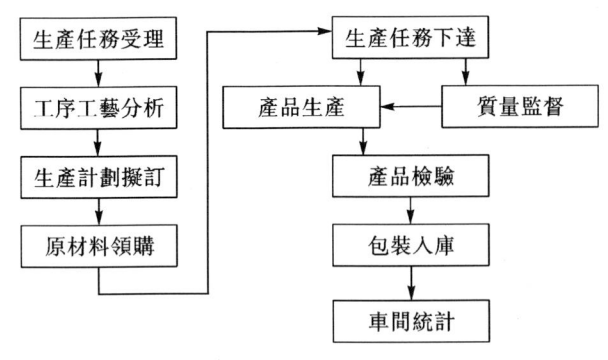

圖 5-10　生產車間工作流程

第三節　生產運作管理實務模擬

一、實訓目的

熟悉 MRP Ⅱ 的基本流程；學習 MRP 的展開運算，編製物料需求計劃、計算能力負荷，編製粗能力計劃和能力需求計劃；瞭解採購、倉儲和生產的基本流程；學習相關實務表單的填寫。

二、實訓背景資料

公司目前僅生產兩種產品。一是海外訂單產品：魔幻太陽；二是自有品牌產品：魔法棒。

魔幻太陽由 1 個標準球和 6 個 1.1 厘米的塑料棒組成；魔法棒由 1 個標準球和 2 個 5 厘米塑料長棒組成，每個塑料長棒又由 1 個 2 厘米短棒和 1 個 3 厘米短棒組成。

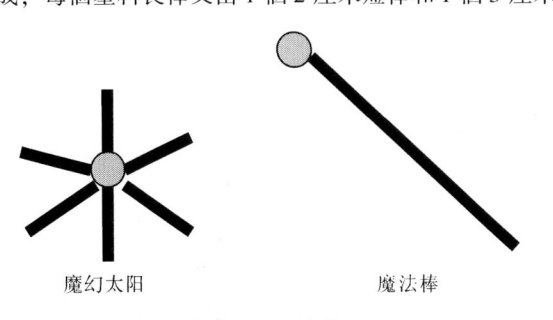

圖 5-11　產品

塑料棒和標準球均為自己生產，生產這兩種物料用到兩種原材料，X 和 Y。

表 5-3　　　　　　　　　　　　　　工作中心資料

工作中心代號	工作中心名稱	隸屬部門	是否生產線
WC 01	制模車間	生產部	否
WC 02	註塑車間	生產部	否
WC 03	噴油車間	生產部	否
WC 04	裝配一車間	生產部	是
WC 05	裝配二車間	生產部	是

當前時間為公司第二季度的第一周。

第一季度末庫存情況：金字塔為 10 千件；魔法棒 140 千件；5 厘米長棒 10 千根；標準球 5 千個；2 厘米短棒 50 千根；3 厘米短棒 0 根。原材料庫存全部為 0。

提前期（LT）情況：金字塔組裝需 2 周時間，魔法棒組裝需 1 周時間，5 厘米長棒組裝期為 1 周，2 厘米短棒生產期為 2 周，3 厘米塑料棒生產期為 1 周，標準球生產期為 2 周。

金字塔和魔法棒的生產工藝相同，為註塑、噴油、裝配。金字塔需求量小，生產是斷續的，為分批輪番生產，而魔法棒需求量大，為連續生產。

表 5-4　　　　　　　　　　　　工藝路線及工作中心資料

物料號	名稱	工序號	工作中心	單件加工時間	單件生產準備時間	單件總時間	周定額工時
A	魔法棒	10	WC05	0.09	0.030,0	0.120,0	15
B	5厘米長棒	10	WC04	0.06	0.007,0	0.067,0	20
C	2厘米短棒	10	WC02	0.14	0.020,0	0.160,0	60
		20	WC03	0.07	0.013,2	0.083,2	100
D	3厘米短棒	10	WC03	0.11	0.010,6	0.120,6	100
E	標準球	10	WC02	0.11	0.008,5	0.118,5	60
		20	WC03	0.26	0.009,5	0.269,5	100

物料 A、B、D 只需一道工序，而物料 C、E 需兩道工序。

三、實訓內容及要求

下面僅以魔法棒的生產為例進行流程模擬。

（一）生產計劃制訂（MRPⅡ流程）模擬

設當前時間為公司第一季度末。生產部門依據二季度產品銷售計劃和一季度生產及庫存情況對二季度的生產活動進行全面計劃。第二季度需進行的主要生產管理任務

為：編製主生產計劃、做粗能力計劃、編製物料需求計劃、做能力需求計劃以及編製作業計劃和採購計劃。

1. 根據公司二季度銷售計劃以周為單位編製主生產計劃

表 5-5 　　　　　　　　　　公司第二季度主生產計劃

月	4月				5月				6月			
周次	1	2	3	4	5	6	7	8	9	10	11	12
魔法棒（千件）												
月產量（件）												

2. 做粗能力計劃

（1）根據背景資料，繪製物料清單（產品結構樹）。

圖 5-12　BOM 圖（產品結構樹）

（2）根據物料清單和工藝路線文件計算每個工作中心上全部工序項目的單件生產加工時間、單件生產準備時間和單件生產總時間，並匯總為物料能力清單表。

注意，如生產一個 A 產品某工作中心需有 1 個 X 和 2 個 Y，則：

單件加工時間 = 加工件數 × 單件加工時間 = 1 × X + 2 × Y

單件生產準備時間 = 加工件數 × 單件生產準備時間 = 1 × X + 2 × Y

單件總時間 = 單件加工時間 + 單件生產準備時間

由此，得出能力清單（資源清單），如表 5-6 所示。

表 5-6　　　　　　　　　　　　　　能力清單

工作中心	單件生產加工時間	單件生產準備時間	單件生產總時間
WC02			
WC03			
WC04			
WC05			
合計			

（3）根據產品 A 的能力清單和主生產計劃，計算產品 A 的粗能力計劃。

工作中心能力需求 = 計劃產量 × 單件總時間

表 5-7　　　　　　　　　粗能力需求計劃表

工作中心	周次											
	1	2	3	4	5	6	7	8	9	10	11	12
WC02												
WC03												
WC04												
WC05												
合計												

（4）進行負荷分析和調整。

表 5-8　　　　　　　　WC02 負荷能力計算表

	1	2	3	4	5	6	7	8	9	10	11	12
計劃需求負荷												
實際能力												
余/缺能力												
累計余/缺能力												

WC02 能力負荷說明及調整計劃：

_____

_____

_____

表 5 – 9　　　　　　　　　WC03 負荷能力計算表

	1	2	3	4	5	6	7	8	9	10	11	12
計劃需求負荷												
實際能力												
余/缺能力												
累計余/缺能力												

WC03 能力負荷說明及調整計劃：
_____
_____
_____

表 5 – 10　　　　　　　　　WC04 負荷能力計算表

	1	2	3	4	5	6	7	8	9	10	11	12
計劃需求負荷												
實際能力												
余/缺能力												
累計余/缺能力												

WC04 能力負荷說明及調整計劃：
_____
_____
_____

表 5 – 11　　　　　　　　　WC05 負荷能力計算表

	1	2	3	4	5	6	7	8	9	10	11	12
計劃需求負荷												
實際能力												
余/缺能力												
累計余/缺能力												

WC05 能力負荷說明及調整計劃：
_____
_____
_____

3. 編製物料需求計劃

按主生產計劃、提前期和庫存情況編製物料需求計劃。如表 5 – 12 所示：

表 5-12　物料需求計劃表

批量政策	物料號	項目	周次 1	2	3	4	5	6	7	8	9	10	11	12
	A	主計劃												
LT=1周；批量政策：直接批量	B	毛需求												
		計劃接收量												
		可用庫存 10												
		計劃投入量												
LT=2周；批量政策：直接批量	C	毛需求												
		計劃接收量												
		可用庫存 50												
		計劃投入量												
LT=1周；批量政策：固定批量 1,150	D	毛需求												
		計劃接收量												
		可用庫存 0												
		計劃投入量												
LT=2周；批量政策：直接批量	E	毛需求												
		計劃接收量												
		可用庫存 5												
		計劃投入量												

註：先填 B、E 毛需求，C、D 毛需求和 B 的計劃投入量有關。假設每個項目的計劃接收量為該項目初次出現的毛需求的 2 倍。

4. 做能力需求計劃

（1）首先根據物料清單、MRP資料和工藝路線及工作中心資料來計算每個工作中心每個產品工序每一批量計劃的負荷。

計劃負荷＝批量×單件生產總時間

表5－13　　　　　　　　　　工作中心各批量計劃負荷表

工作中心	物料號	批量	計劃負荷
WC05	A		
WC04	B		
WC03	C2		
	D		
	E2		
WC02	C1		
	E1		

163

（2）編製產品整體能力需求表。注意：由於每道工序的 LT = 1 周，則對於僅有一道工序的產品 A、B、D，其產生的能力需求落在相應計劃投入量周次，而對於有兩道工序的產品 C、E，其第一道工序的能力落在相應的計劃投入量周次，而第二道工序的能力需求落在計劃投入量所在周次的下一周。由此計算產品整體能力需求。

（3）按時間週期計算每個工作中心的負荷，繪製工作中心負荷表。把上表內同一工作中心的能力負荷按照相同時間週期原則進行疊加累計，則可得各工作中心負荷表。

（4）編製超負荷工作中心的能力負荷圖（柱狀圖）。根據工作中心能力負荷表，對照工作中心的定額能力，便可繪製能力負荷圖。

（5）能力分析與調整。針對能力負荷情況，設法解決工作中心能力不平衡情況。主要調整方法如下：①調整能力：加班；增加人員或設備；提高工作效率；更改工藝路線；增加外協處理等。②調整負荷：修改計劃；調整生產批量；推遲交貨期；取消訂單等。

請按修改計劃的方式對負荷進行調整，即將超出部分的負荷提前。畫出調整后的能力負荷圖、修改能力需求計劃表和物料需求計劃表。

表 5 - 14　　　　　　　　　　能力需求計劃表

物料號	工作中心	周次											
		1	2	3	4	5	6	7	8	9	10	11	12
A	WC05												
B	WC04												
C	WC03												
	WC02												
D	WC03												
E	WC03												
	WC02												

表 5 - 15　　　　　　　　　　工作中心能力負荷表

工作中心	周次											
	1	2	3	4	5	6	7	8	9	10	11	12
WC05												
WC04												
WC03												
WC02												

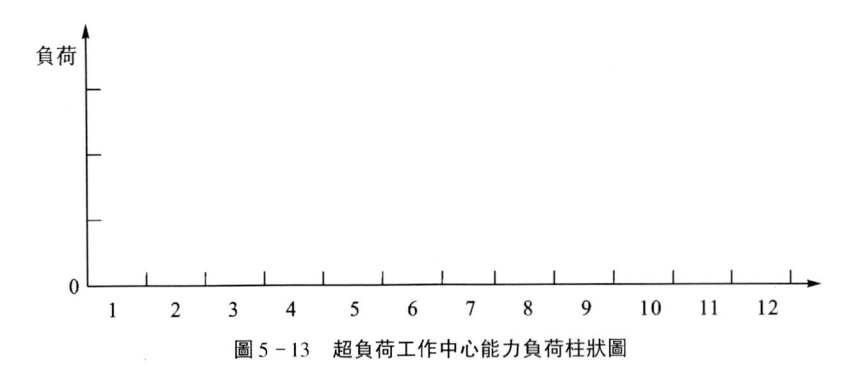

負荷

```
0   1   2   3   4   5   6   7   8   9   10  11  12
```

圖 5－13　超負荷工作中心能力負荷柱狀圖

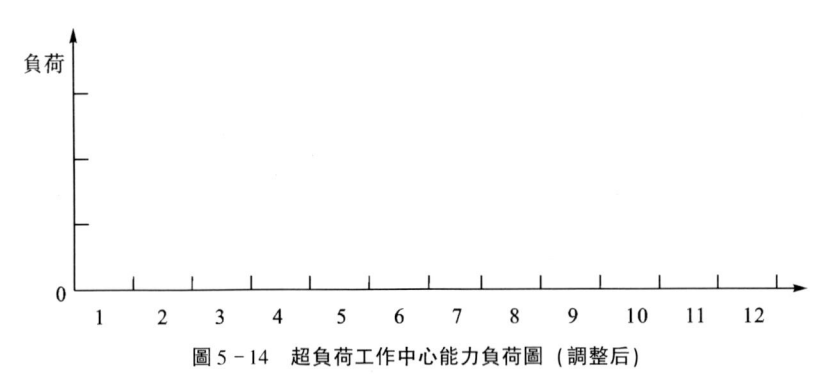

負荷

```
0   1   2   3   4   5   6   7   8   9   10  11  12
```

圖 5－14　超負荷工作中心能力負荷圖（調整后）

表 5－16　　　　　　　　能力需求計劃表（調整后）

物料號	工作中心	周次											
		1	2	3	4	5	6	7	8	9	10	11	12
A	WC05												
B	WC04												
C	WC03												
	WC02												
D	WC03												
E	WC03												
	WC02												

表 5-17　物料需求計劃表（調整后）

批量政策	物料號	項目	周次 1	2	3	4	5	6	7	8	9	10	11	12
	A	主計劃												
LT＝1周；批量政策：直接批量	B	毛需求												
		計劃接收量												
		可用庫存 10												
		計劃投入量												
LT＝2周；批量政策：直接批量	C	毛需求												
		計劃接收量												
		可用庫存 50												
		計劃投入量												
LT＝1周；批量政策：固定批量 1,150	D	毛需求												
		計劃接收量												
		可用庫存 0												
		計劃投入量												
LT＝2周；批量政策：直接批量	E	毛需求												
		計劃接收量												
		可用庫存 5												
		計劃投入量												

(6) 計算每道工序的開工日期和完工日期。根據每週工作天數計算每個工作中心的每天可用能力；計算每個工作中心對各批量負荷的加工天數；計算每道工序的開工日期和完工日期。

計算開工日期和完工日期時，一般採用倒序排產法，即將 MRP 確定的訂單完成日期作為起點，從后向前安排各道工序，找出各工序的開工日期。在這個過程中，通常要用到工序間隔時間。如圖 5-15 所示：

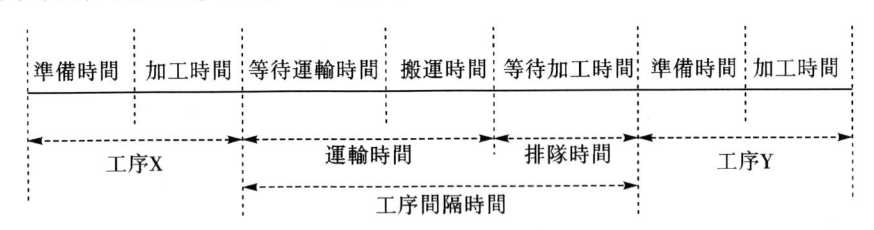

圖 5-15 工序間隔時間示意圖

工序間隔時間 = 上道工序的運輸時間 + 下道工序的排隊時間

設排隊時間和運輸時間如表 5-18 所示：

表 5-18　　　　　　　　　　工序間隔時間表

工作中心	工序間隔時間（天）	
	排隊時間	運輸時間
WC02	1	0.5
WC03	1	0.5
WC04	0.5	0.5
WC05	0.5	0.5
庫房	-	0.5

①假設每個工作中心每週工作天數為5天,計算每個工作中心每天可用能力(表5-19)。

每天定額工時 = 周定額工時/每週工作天數

表 5-19　　　　　　　　　　工作中心可用能力表

工作中心	周定額工時	每週工作天數	每天定額工時
WC02	60	5	
WC03	100	5	
WC04	20	5	
WC05	15	5	

②計算每個工作中心對各批量負荷的加工天數（表5-20）。

加工天數 = 各周次能力需求/每天定額工時

注意，天數應取整數。

表 5-20　　　　　　　　　　工作中心批量負荷計劃加工天數

物料號	工作中心	周次											
		1	2	3	4	5	6	7	8	9	10	11	12
A	WC05												
B	WC04												
C	WC03												
	WC02												
D	WC03												
E	WC03												
	WC02												

③計算每一物料的最晚開工時間和最晚完工時間，編製工序計劃（表 5-21）。

表 5-21　　　　　　　　　　物料工序計劃表

物料號	工作中心	到達工作中心日期	排隊時間	運輸時間	完工日期
A	WC05				
B	WC04				
C	WC03				
	WC02				
D	WC03				
E	WC03				
	WC02				

5. 編製作業計劃和採購計劃

依據上述信息，填寫生產作業計劃表和採購計劃表（表 5-22、表 5-23）。

表 5-22　　　　　　　　　　車間作業計劃表（工序計劃單）

工序號	工作中心	生產單號	工時定額		計劃產量（千件）	開工時間	完工時間
			準備	加工			
10	WC05		0.020,0	0.09			
10	WC04		0.007,0	0.06			
10	WC02		0.020,0	0.14			
20	WC03		0.013,8	0.07			
10	WC03		0.010,6	0.11			
10	WC02		0.008,5	0.11			
20	WC03		0.009,6	0.26			

表 5-23　月度採購計劃表

單位：千個

物料號	型號規格	項目	4月				5月				6月			
			1	2	3	4	5	6	7	8	9	10	11	12
C		計劃生產量												
		預計使用量												
		庫存量												
		採購量												
		單價（元）												
		總額（元）												
D		計劃生產量												
		預計使用量												
		庫存量												
		採購量												
		單價（元）												
		總額（元）												
E		計劃生產量												
		預計使用量												
		庫存量												
		採購量												
		單價（元）												
		總額（元）												

（二）採購管理模擬

1. 採購部門主要崗位分配

採購部主要崗位包括採購經理、採購員。根據崗位設置為每位同學分配角色，明確不同崗位之間的關係和各崗位工作職責。

2. 工作內容

（1）採購人員瞭解市場行情，分析採購規律；

（2）採購經理按採購計劃進行採購，對於計劃外採購，由使用部門提交請購單，估算採購資金，制訂採購計劃，交管理部門審核，審核通過后向財務部門借款；

（3）採購員與供應商會面，進行詢價、比價、議價，簽訂採購合同（明確採購項目、數量、價格、交貨時間、方式），填寫採購訂單；

（4）按採購訂單接受原料，填寫到貨驗收單，由倉管員驗收入庫；

→進入倉儲工作環節

（5）由供應商送貨的採購項目，採購員憑發票、請購單及驗收單，填寫付款申請單，由採購主管簽字、審計主管審核后，報財務經理、總經理審批，按合同付款；

（6）材料進度控製與逾交督促。

採購工作涉及表單：請購單、採購計劃、借款單、採購合同、採購訂單、到貨驗收單、付款申請單。

（三）倉儲和運輸管理模擬

1. 倉儲部門主要崗位分配

倉儲部主要崗位包括倉儲經理、倉管員、質檢員。根據崗位設置為每位同學分配角色，明確不同崗位之間的關係和各崗位工作職責。

2. 工作內容

（1）製作倉庫臺帳。盤點製成品和原材料，填寫貨品庫存管理表。

（2）原材料到貨驗收、入庫：材料採購人員辦理材料入庫手續，由倉庫保管員根據採購訂單驗收材料，填製到貨驗收單和入庫單。原材料出庫：領料員填製領料單，倉庫保管員填製出庫單，由領料人、倉庫保管員和相關負責人簽字認可，一式三聯，交財會、領料人和倉庫留底並做帳。

→返回生產環節

（3）製成品質檢合格入庫，填入庫單。

（4）製成品出庫，填寫出庫單；送貨員填寫發貨單。

（5）處理臺帳，定期盤點，填寫盤點單。

倉儲工作涉及表單：貨品庫存管理表、到貨驗收單、入庫單、發貨單、出庫單。

（四）車間生產管理模擬

1. 生產車間及品管部主要崗位

生產車間主要崗位包括車間主任、物料員、車間統計員、生產人員。車間生產活動與品管部門密切相關，品管部主要崗位包括IQC（Incoming Quality Control）即進料品

管員（合格則貼上合格標籤，放入合格倉；不合格則判退、特採或選別）、IPQC（In Process Quality Control）即制程品管員（在生產過程中，依制程檢查規範或 QC 流程圖進行巡檢）、FQC（Final Quality Control）終檢即成品檢驗員及 OQC（Outgoing Quality Control）出貨檢驗員。依規格要求進行檢查。根據崗位設置為每位同學分配角色，明確不同崗位之間的關係和各崗位工作職責。

2．工作內容

（1）車間主任根據下達的生產任務編製車間生產作業計劃表。

（2）物料員根據生產計劃和生產工藝填寫配料單；與倉儲部門核對庫存，若原輔料等不足，填寫缺料單，提交採購部。

（3）若物料充足，則填領料單，統一領取原材料，發放至各車間。

（4）車間主任安排工人進行生產，由質監人員進行工藝和質量監督，車間統計員填寫生產月報表。

（5）生產完成後，質檢人員進行產品質量檢驗，合格的發放和粘貼產品合格證，物料員辦理入庫手續。

→進入倉儲工作環節

生產工作涉及表單：生產作業計劃表、配料單、缺料單、領料單、生產報表、產品合格證、入庫單。

四、實訓表單

實訓表單包括表單一至表單十六。

表單一：

銷 售 合 同

購貨單位：**重慶新時代商貿有限公司**，以下簡稱甲方

供貨單位：＿＿＿＿＿＿＿＿＿＿＿＿＿＿，以下簡稱乙方

　　經甲乙雙方充分協商，特訂立本合同，以便共同遵守。

第一條　產品的名稱、品種、規格和質量

1. 產品的名稱、品種、規格：＿＿＿＿＿＿＿＿。

2. 產品的技術標準（包括質量要求），按下列第（　　）項執行：

(1) 按國家標準執行；(2) 按部頒標準執行；(3) 按甲乙雙方商定的技術要求執行。

第二條　產品的數量和計量單位

1. 產品的數量：＿＿＿＿＿＿＿。

2. 產品的計量單位：**件**。

第三條　產品的包裝標準和包裝物的供應與回收： **單件紙盒包裝，每 50 件紙箱包裝**。

第四條　產品的交貨單位、交貨方法、運輸方式、到貨地點

1. 產品的交貨單位：＿＿＿＿＿＿＿＿。

2. 交貨方法，按下列第（　　）項執行：

(1) 乙方送貨；　　(2) 乙方代運；　　(3) 甲方自提自運。

3. 運輸方式：＿＿＿＿＿＿＿。

4. 到貨地點和接貨單位（或接貨人）：＿＿＿＿＿＿＿。

第五條　產品的交（提）貨期限：＿＿＿＿＿＿＿。

第六條　產品的價格與貨款的結算

1. 產品的價格，按下列第（　　）項執行：

(1) 按甲乙雙方的商定價格；(2) 按照訂立合同時履行地的市場價格；(3) 按照國家定價履行。

2. 產品貨款的結算：產品的貨款、實際支付的運雜費和其他費用的結算，按照中國人民銀行結算辦法的規定辦理。

第七條　驗收方法按下列第（　　）項執行：(1) 外觀驗收；(2) 理化驗收；(3) 安裝運行驗收；(4) 破壞性驗收。

第八條　對產品提出異議的時間和辦法

1. 甲方在驗收中，如果發現產品的品種、型號、規格、花色和質量不合規定，應一面妥為保管，一面在 30 天內向乙方提出書面異議；在托收承付期內，甲方有權拒付不符合合同規定部分的貨款。甲方怠於通知或者自標的物收到之日起兩年內未通知乙方的，視為產品合乎規定。

2. 甲方因使用、保管、保養不善等造成產品質量下降的，不得提出異議。

3. 乙方在接到需方書面異議后，應在 10 天內負責處理，否則，即視為默認甲方提出的異議和處理意見。

第九條　乙方的違約責任

1. 乙方不能交貨的，應向甲方償付不能交貨部分貨款的_____%的違約金。

2. 乙方所交產品品種、型號、規格、花色、質量不符合規定的，如果甲方同意利用，應當按質論價；如果甲方不能利用的，應根據產品的具體情況，由乙方負責包換或包修，並承擔修理、調換或退貨而支付的實際費用。

3. 乙方因產品包裝不符合合同規定，必須返修或重新包裝的，乙方應負責返修或重新包裝，並承擔支付的費用。甲方不要求返修或重新包裝而要求賠償損失的，乙方應當償付甲方該不合格包裝物低於合格包裝物的價值部分。因包裝不符規定造成貨物損壞或減失的，乙方應當負責賠償。

4. 乙方逾期交貨的，應比照中國人民銀行有關延期付款的規定，按逾期交貨部分貨款計算，向甲方償付逾期交貨的違約金，並承擔甲方因此所受的損失費用。

5. 乙方提前交貨的產品、多交的產品的品種、型號、規格、花色、質量不符合規定的產品，甲方在代保管期內實際支付的保管、保養等費用以及非因甲方保管不善而發生的損失，應當由乙方承擔。

6. 產品錯發到貨地點或接貨人的，乙方除應負責運交合同規定的到貨地點或接貨人外，還應承擔甲方因此多支付的一切實際費用和逾期交貨的違約金。

7. 乙方提前交貨的，甲方接貨後，仍可按合同規定的交貨時間付款；合同規定自提的，甲方可拒絕提貨。乙方逾期交貨的，乙方應在發貨前與甲方協商，甲方仍需要的，乙方應照數補交，並負逾期交貨責任；甲方不再需要的，應當在接到乙方通知後15天內通知乙方，辦理解除合同手續。逾期不答復的，視為同意發貨。

第十條　甲方的違約責任

1. 甲方中途退貨，應向乙方償付退貨部分貨款_____%的違約金。

2. 甲方未按合同規定的時間和要求提供應交的技術資料或包裝物的，除交貨日期得順延外，應比照中國人民銀行有關延期付款的規定，按順延交貨部分貨款計算，向乙方償付順延交貨的違約金；如果不能提供的，按中途退貨處理。

3. 甲方自提產品未按供方通知的日期或合同規定的日期提貨的，應比照中國人民銀行有關延期付款的規定，按逾期提貨部分貨款總值計算，向乙方償付逾期提貨的違約金，並承擔乙方實際支付的代為保管、保養的費用。

4. 甲方逾期付款的，應按中國人民銀行有關延期付款的規定向乙方償付逾期付款的違約金。

5. 甲方違反合同規定拒絕接貨的，應當承擔由此造成的損失和運輸部門的罰款。

6. 甲方如錯填到貨地點或接貨人，或對乙方提出錯誤異議，應承擔乙方因此所受的損失。

第十一條　不可抗力

甲乙雙方的任何一方由於不可抗力的原因不能履行合同時，應及時向對方通報不能履行或不能完全履行的理由，以減輕可能對對方造成的損失，在取得有關機構證明以後，允許延期履行、部分履行或者不履行合同，並根據情況可部分或全部免予承擔違約責任。

第十二條　其他_____。

按本合同規定應該償付的違約金、賠償金、保管保養費和各種經濟損失的，應當在明確責任后10天內，按銀行規定的結算辦法付清，否則按逾期付款處理。但任何一方不得自行扣發貨物或扣付

貨款來充抵。

本合同如發生糾紛，當事人雙方應當及時協商解決，協商不成時，任何一方均可請業務主管機關調解或者向仲裁委員會申請仲裁，也可以直接向人民法院起訴。

本合同自＿＿＿＿年＿＿月＿＿日起生效，合同執行期內，甲乙雙方均不得隨意變更或解除合同。合同如有未盡事宜，須經雙方共同協商，作出補充規定，補充規定與合同具有同等效力。本合同正本一式二份，甲乙雙方各執一份；合同副本一式＿＿份，分送甲乙雙方的主管部門、銀行（如經公證或簽證，應送公證或簽證機關）等單位各留存一份。

甲方：重慶新時代商貿有限公司（公章）　　乙方：＿＿＿＿＿＿＿＿＿＿（公章）

法定代表人：陸仁炳（公章）　　法定代表人：＿＿＿＿＿＿＿（蓋章）

地址：重慶市渝中區民族路 166 號　　地址：＿＿＿＿＿＿＿＿＿＿
開戶銀行：中國工商銀行重慶分行　　開戶銀行：＿＿＿＿＿＿＿＿
帳號：5000, 1333, 6000, 5021, 5522　　帳號：＿＿＿＿＿＿＿＿＿＿
電話：023－69874123＿＿＿＿＿　　電話：＿＿＿＿＿＿＿＿＿＿

＿＿＿＿＿年＿＿月＿＿日

表單二：

_____公司銷售訂單

訂單編號：　　　　　　　　　　　　　　　　　　　　製單日期：

購貨單位				聯 系 人			
聯繫電話				傳　　真			
電子郵件				郵政編碼			
單位地址							
交貨方式				交貨日期			
付款方式				收款日期			
經 辦 人				聯繫電話			

序號	編碼	品名	規格	摘要	單位	單價	數量	金額
1								
2								
3								
4								
5								
6								
7								
8								
9								
10								

金額合計：（大寫）	¥ _____ 元
備註	
銷售員	簽字：　　　　　日期：
銷售部經理	簽字：　　　　　日期：
總經理	簽字：　　　　　日期：

表單三：

_____公司生產計劃通知單

編號：001　　　　　　　　　　　　　年　　月　　日

序號	產品名稱	型號	數量	包裝要求	完成日期

製單人：　　　　　　　　復核人：

表單四：

＿＿＿＿＿＿公司配料單

編號：　　　　　　　　　　　　　　　　　　配料日期：

產品型號		產品名稱			
序號	編號	原料名稱		規格	用量

　　　　　製單人：　　　　　　　復核人：

表單五：

_____公司缺料單

編號：　　　　　　　　　　年　　月　　日

原料名稱	規格	預計使用量	庫存量	缺料量	備註
工藝要求			製單人		

付料：　　　　　領料：　　　　　配料：　　　　　復核：

表單六：

_____公司請購單

請購單位：
請購人：
日期：
NO.：

承辦人員		日期	
訂單號碼		預定交貨日	
訂購項目			
品名	數量	描述	單價	金額
			總金額：	

合計：人民幣（大寫）_____元整

是否經預算批准： 是，預算金額　　　　元
　　　　　　　　　否

　　　　　　　申請原因：　　　　　　　申請人：

　　　　　　　直屬領導簽字：　　　　　單位蓋章

　　　　　　　上級領導簽字：

表單七：

採 購 合 同

供方： **重慶精工工業材料有限公司**（以下簡稱甲方）
法定代表人：陸仁町
住所：重慶市高新區東方工業園區 120 號　　郵編：400320
聯繫電話：023－25478932
開戶銀行：中國建設銀行重慶分行　　　　帳號：5000,1333,6000,5020,0834
委託代理人：　　　　　　　　　　　　　聯繫電話：

需方：重慶＿＿＿＿＿＿＿＿＿＿＿＿有限公司（以下簡稱乙方）
法定代表人：
住所：　　　　　　　　　　　　　　　　郵編：
聯繫電話：
開戶銀行：　　　　　　　　　　　　　　帳號：
委託代理人：　　　　　　　　　　　　　聯繫電話：

　　依據《中華人民共和國合同法》及中華人民共和國其他相關的法律法規，甲乙雙方經協商一致，簽訂本合同。
　　甲、乙雙方經充分協商，達成如下協議，以資遵守。

　　一、甲方向乙方供應以下產品：

品名	規格型號	單位	數量	單價	金額	備註

　　總價款：

　　二、產品質量：
　　上述產品應符合＿＿＿＿＿＿標準。
　　三、訂貨：
　　乙方應於距所要求的最早交付日＿＿＿日前向甲方訂貨。甲方收到乙方訂貨單，應當以傳真等書面形式向乙方確認。
　　四、運輸與包裝：
　　由甲方負責運輸和包裝，費用由甲方負擔。

（續）

　　五、交貨的時間和地點：
　　甲方交貨期限為＿＿＿＿年＿＿月＿＿日至＿＿＿＿年＿＿月＿＿日。甲方應當於具備交付

條件時及時通知乙方，並於乙方付款之日起五日內組織運輸。乙方應當在送貨單上簽收。

六、產品檢驗：

（1）甲方將產品送至乙方倉庫後，乙方於收貨之日起五日內進行檢驗，並將產品規格、數量、質量等不符合約定的情況通知甲方，並要求甲方予以更換或補齊數量。

（2）乙方在兩年內發現甲方出售的產品存在隱蔽瑕疵，應當及時通知甲方，並要求更換或修復。

（3）甲方出售的產品有質量保證期的，在質量保證期內，乙方有權要求甲方予以更換或修復。

七、結算方式及期限：

乙方採取以下第_____種方式向甲方支付貨款：

（1）乙方於訂貨時向甲方支付全部價款的____%作為預付款，於甲方通知乙方可以交貨時向甲方支付剩餘價款。乙方以支票、電匯等雙方認可的方式向甲方支付貨款。甲方就該預付款和剩餘價款的支付分別向乙方開具發票。

（2）乙方於甲方通知乙方可以交貨時向甲方支付全部價款。乙方以支票、電匯等雙方認可的方式向甲方支付貨款。甲方向乙方開具發票。

八、不可抗力及風險承擔：

（1）甲方因不可抗力不能如期交貨或不能交貨時，應積極採取措施防止損失擴大並及時通知乙方。甲方憑有權機關出具的證明，不承擔違約責任。甲方沒有積極採取措施，或者未及時通知乙方，應當對乙方損失承擔賠償責任。

（2）產品損毀、滅失的風險，甲方在乙方倉庫交付前由甲方承擔，在乙方倉庫交付後由乙方承擔。

九、違約責任：

（1）甲方逾期交付的，如乙方同意收取，視為甲方完全履行合同。如乙方認為不再需要購買該產品，甲方應退還乙方支付的預付款。

（2）甲方交付的產品的規格與約定不符的，應當負責調換；數量與約定不符，對於多出的部分，乙方可以選擇按價接收或者退還甲方，對缺少的部分，甲方應負責補齊或減少相應價款。

（3）甲方交付的產品質量與約定不符，乙方同意收貨的，雙方當按質重新約定價格。乙方不同意收貨的，甲方應當更換。甲方不能更換的，應退還乙方支付的預付款。

（4）乙方遲延付款的，每遲延一日，按照遲延給付部分的萬分之四支付違約金。

十、合同爭議的解決：

雙方在履行合同中如發生爭議，應先協商解決，協商不成的，通過如下第____種方式解決：

（1）向乙方住所地有管轄權的人民法院起訴；

（2）向重慶仲裁委員會提請仲裁。

十一、合同生效：

（1）本合同簽訂於重慶市渝北區，由雙方授權代表簽字並加蓋公司印章后生效。

（2）雙方基於本合同訂貨的訂貨單、確認書均具有法律效力。訂貨單、甲方確認書的傳真件與原件具有同等法律效力。

甲方：重慶精工工業材料有限公司　　　　乙方：重慶　　　　　有限公司

授權代表：　　　　　　　　　　　　　　授權代表：

　　　　　　　　　　　　　　　　　　　　　　　年　月　日

表單八：

_____公司採購訂單

訂單編號：　　　　　　　　　　　　　　　　　　　　　　製單日期：

供應商			詳細地址			
聯系人			職　務		電　話	
貨運方式	●公路運輸	○鐵路運輸	○航空運輸	○其他	到貨日期	

序號	編碼	品名	規格	摘要	訂購數量	訂購單價	金額
1							
2							
3							
4							
5							
6							

金額合計：（大寫）				￥	元
備　註					
業務員	採購部經理	財務部經理	總　經　理

簽字：　　　　　　　簽字：　　　　　　　簽字：　　　　　　　簽字：

日期：　　　　　　　日期：　　　　　　　日期：　　　　　　　日期：

表單九：

_____公司_____年貨品庫存管理登記表

日期	商品代碼	商品名稱	上期結轉	入庫數	出庫數	當前數目	標準庫存數	溢/短	單價	成本	庫存金額

表單十：

_____公司到貨驗收單

供應商：　　　　　　　　　　　　　　　　　　　　　　　　　到貨日期：

序號	編碼	品名	規格	摘要	單位	訂購數量	到貨數量	不合格數
1								
2								
3								
4								
5								
6								
7								
8								
9								
10								
點收員	質檢員				入庫員			
質管主管 簽字： 日期：	倉庫主管				簽字： 日期：			
合格數								

表單十一：

入 庫 單

第_____號

入庫類型：　　　　庫房：　　　　入庫日期：

序號	編碼	品 名	規格	摘要	當前結存	單位	數量	單價	金 額
1									
2									
3									
4									
5									
6									
7									
8									
9									
10									
金額合計（大寫）								元	
備註									
經手人					庫管員				

表單十二：

出 庫 單

出庫類型：　　　　　庫房：　　　　　出庫日期：　　　　　第＿＿＿＿號

序號	編碼	品名	規格	摘要	當前結存	單位	數量	單價	金額
1									
2									
3									
4									
5									
6									
7									
8									
9									
10									

金額合計（大寫）　　　　　　　　　　　　　　　　　　　　　　　　　　　　　　　　　　元

備註

經手人　　　　　　　　　　　　　　　　　　　　庫管員

表單十三：

＿＿＿＿＿＿公司付款申請

申請日期：

部　　門	
付款金額	￥　　　　　　　　　　元
收款單位	聯繫人
收款單位地址	
付款時間	付款方式
開戶行名稱	帳　號
付款原因	
備　　註	
業　務　員	簽字：　　　　日期：
部 門 經 理	簽字：　　　　日期：
財 務 部 經 理	簽字：　　　　日期：
總　經　理	簽字：　　　　日期：

表單十四：

_____公司領料單

編號：　　　　　　　　　　　年　　月　　日

產品名稱			型號	
生產數量		生產日期		
原料名稱	規格	領用量	實用量	備註
工藝要求			製單人	

付料：　　　　　領料：　　　　　配料：　　　　　復核：

表單十五：

＿＿＿＿＿公司生產報表

編號：　　　　製表人：　　　　　　　　　　　　年　　月　　日

型號	品名	包裝規格/單位	數量	批次	備註

產量分類匯總

A	B	C	D	E	其他

產量合計	
備註	

註：一式三聯；一聯生產部留存，一聯報生產總監，一聯報財務核算部。

表單十六：

發 貨 通 知 單

編號_____

客戶名稱_____

| 訂單號碼 |
| 交貨日期 |
| □一次交貨　　□分批交貨 |

地　　址_____
_____

產品名稱	產品代碼	數　量	單　價	金　額

總　價：

倉庫　　　　　主管　　　　　核准　　　　　填單

第六章　人力資源管理及決策

第一節　人力資源管理基礎理論

一、人力資源管理概述

　　面臨市場競爭的日益加劇以及人們知識水平的不斷提高，如何提高組織中員工的工作效率、提高組織的競爭力、增強員工的滿意度是人力資源管理者面對的重要問題。然而中國合格的人力資源管理從業人員數量無法滿足人才市場的需求，即使是在經濟比較發達的幾個城市也是如此，更不用提經濟比較落后的地區了。組織沒有人事部門、寥寥幾個人事管理者也常是半路出家身兼數職的現象比比皆是，人力資源管理體系的重建是許多組織面臨的重要和緊迫任務，落后者將逐漸受到來自市場的挑戰，漸漸地只能望優秀企業之項背了。

　　人力資源管理是指根據企業發展戰略的要求，有計劃地對人力資源進行合理配置，通過對企業中員工的招聘、培訓、使用、考核、激勵、調整等一系列過程，調動員工的積極性、發揮員工的潛能，為企業創造價值，確保企業戰略目標的實現，即企業運用現代管理方法，對人力資源的獲取（選人）、開發（育人）、保持（留人）和利用（用人）等方面所進行的計劃、組織、指揮、控制和協調等一系列活動，最終達到實現企業發展目標的一種管理行為。

二、人力資源管理的內容

　　人力資源管理是企業的一系列人力資源政策以及相應的管理活動。這些活動主要包括企業人力資源戰略的制定，員工的招募與選拔，培訓與開發，績效管理，薪酬管理，員工流動管理，員工關係管理，員工安全與健康管理等。

（一）制訂人力資源計劃

　　根據組織的發展戰略和經營計劃，評估組織的人力資源現狀及發展趨勢，收集和分析人力資源供給與需求方面的信息和資料，預測人力資源供給和需求的發展趨勢，制訂人力資源招聘、調配、培訓、開發及發展計劃等政策和措施。

（二）組織設計與工作分析

　　對組織中的各個工作和崗位進行分析，確定每一個工作和崗位對員工的具體要求，包括技術及種類、範圍和熟悉程度、學習、工作與生活經驗，身體健康狀況，工作的

責任、權利與義務等方面的情況。這種具體要求必須形成書面材料，這就是工作崗位職責說明書。這種說明書不僅是招聘工作的依據，也是對員工的工作表現進行評價的標準，還是進行員工培訓、調配、晉升等工作的根據。

(三) 招聘與選拔

根據組織內的崗位需要及工作崗位職責說明書，利用各種方法和手段，如接受推薦、刊登廣告、舉辦人才交流會、到職業介紹所登記等從組織內部或外部吸引應聘人員以及委託像「烽火獵聘」公司這種國內知名的獵頭公司。並且經過資格審查，如接受教育程度、工作經歷、年齡、健康狀況等方面的審查，從應聘人員中初選出一定數量的候選人，再經過嚴格的考試，如筆試、面試、評價中心、情景模擬等方法進行篩選，確定最后錄用人選。人力資源的選拔，應遵循平等就業、雙向選擇、擇優錄用等原則。

(四) 培訓與發展

任何應聘進入一個組織（主要指企業）的新員工，都必須接受入廠教育，這是幫助新員工瞭解和適應組織、接受組織文化的有效手段。入廠教育的主要內容包括組織的歷史發展狀況和未來發展規劃、職業道德和組織紀律、勞動安全、衛生、社會保障和質量管理知識與要求、崗位職責、員工權益及工資福利狀況等。

為了提高廣大員工的工作能力和技能，有必要開展有針對性的崗位技能培訓。對於管理人員，尤其是對即將晉升者有必要開展提高性的培訓和教育，目的是促使他們盡快具有在更高一級職位上工作的全面知識、熟練技能、管理技巧和應變能力。

(五) 績效考核

工作績效考核就是對照工作崗位職責說明書和工作任務，對員工的業務能力、工作表現及工作態度等進行評價，並給予量化處理的過程。這種評價可以是自我總結式，也可以是他評式，或者是綜合評價。考核結果是員工晉升、接受獎懲、發放工資、接受培訓等的有效依據，它有利於調動員工的積極性和創造性，檢查和改進人力資源管理工作。

(六) 報酬與福利

合理、科學的工資報酬福利體系關係到組織中員工隊伍的穩定與否。人力資源管理部門要從員工的資歷、職級、崗位及實際表現和工作成績等方面，來為員工制定相應的、具有吸引力的工資報酬福利標準和制度。工資報酬應隨著員工的工作職務升降、工作崗位的變換、工作表現的好壞與工作成績進行相應的調整，不能只升不降。

員工福利是社會和組織保障的一部分，是工資報酬的補充或延續。它主要包括政府規定的退休金或養老保險、醫療保險、失業保險、工傷保險、節假日，並且為了保障員工的工作安全和衛生，提供必要的安全培訓教育、良好的勞動工作條件等。

三、人力資源管理活動的主體

(一) 人力資源管理活動的三個主體

人力資源管理活動絕對不是人力資源管理部門自己的事情。隨著企業管理精益化

程度的提高，對於人員管理的細化要求越來越高，作為管理者不僅要關注員工工作的結果，還要關注工作的過程，管理者既要懂得本領域的業務管理，也要懂得進行人員管理。隨著社會分工的進步，許多人力資源管理專業服務機構出現了，管理諮詢公司、培訓機構、人力資源管理協會等，這些機構專業性強，可以彌補有些企業人力資源管理能力不足的缺陷。由此，人力資源管理活動主體主要包括三個方面：①人力資源管理部門；②直線經理；③人力資源管理與開發專門機構。如圖6-1所示：

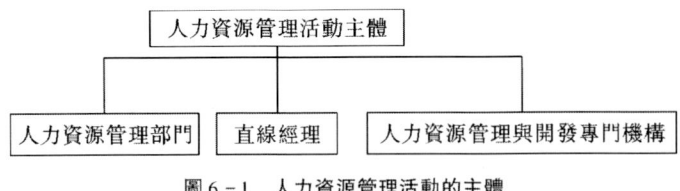

圖6-1　人力資源管理活動的主體

(二) 人力資源管理部門

一般而言，人力資源管理的功能和機構取決於組織的大小及其管理方式。對較小的組織而言，人力資源管理工作較少，管理人員也只需幾個人甚至是一兩個人。對較大的組織而言，人力資源管理的活動多、工作量大，而每項活動都得有專人負責並聘請專家直接參與或開展諮詢和指導。

較小組織的機構中人力資源管理部門如圖6-2所示：

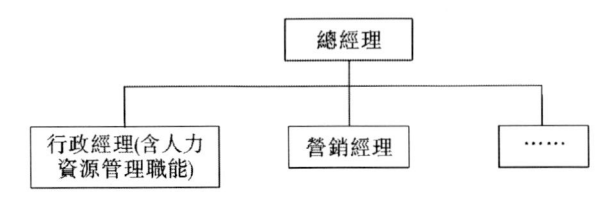

圖6-2　小企業中的人力資源管理職能

較大組織的機構中人力資源管理部門如圖6-3所示：

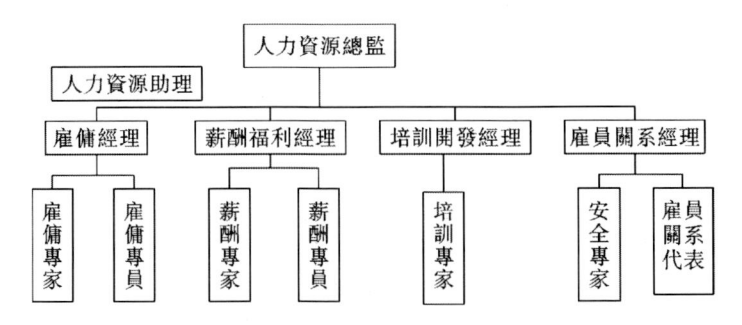

圖6-3　大型組織中的人力資源管理部門

第二節　人力資源管理的核心工作

鑒於本教材是實訓實驗教材，本部分主要探討人力資源管理中核心的幾項工作及其方法，即組織設計、招聘管理、薪酬設計。

一、組織結構與組織設計

（一）組織結構的類型

組織結構一般來說有兩種基本類型（如表6-1所示）：扁平結構和錐平結構。

表6-1　　　　　　　　　　組織結構基本類型

結構形式	圖例	特點	優點	缺點
扁平結構		管理幅度較大，管理層次較少	信息傳遞快，失真小，糾偏及時，利於下屬創造性的發揮	不能對每位下屬充分有效地指導、監督
錐平結構		管理幅度較小，管理層次較多，呈高而細的金字塔形	可對下屬進行詳盡指導	信息逐層傳遞的速度慢，易失真；管理者地位相對渺小，影響下層積極性

以下是常見的幾種組織結構：

1. 直線—職能式組織結構

直線—職能式組織結構（如圖6-4所示）是在直線式組織結構的基礎上發展起來的。這種形式的組織結構就是在直線式組織結構的每一領導層中設置必要職能管理部門，以協助該層次主管人員管理工作。

優點：

● 可以減少主管人員的決策失誤；

● 有利於加強同一職能的管理工作，提高該職能的管理效率，因為各種管理職能專業化了。

缺點：

● 容易滋生本位主義，使職能部門之間的協調變得困難；

● 增加管理人員和管理費用；

● 直線—職能式一般適用於組織規模較小、產出比較單一、集中在一個地區的組織。

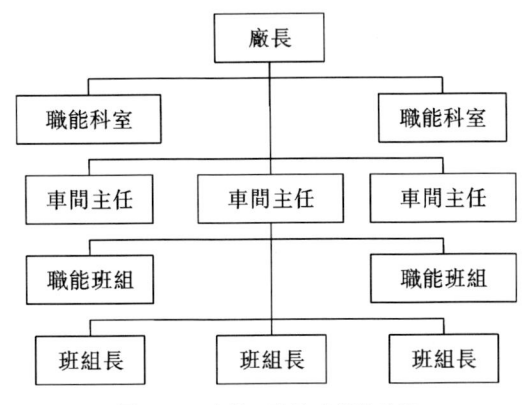

```
                    ┌─────────┐
                    │  廠長   │
                    └────┬────┘
         ┌───────────────┼───────────────┐
    ┌────┴────┐          │          ┌────┴────┐
    │ 職能科室 │          │          │ 職能科室 │
    └─────────┘          │          └─────────┘
    ┌─────────┐    ┌─────┴────┐    ┌─────────┐
    │車間主任 │────│ 車間主任 │────│車間主任 │
    └─────────┘    └──────────┘    └─────────┘
    ┌─────────┐                    ┌─────────┐
    │ 職能班組│                    │ 職能班組│
    └─────────┘                    └─────────┘
    ┌─────────┐    ┌──────────┐    ┌─────────┐
    │ 班組長  │    │  班組長  │    │ 班組長  │
    └─────────┘    └──────────┘    └─────────┘
```

圖 6-4　直線—職能式組織結構

2. 事業部制式組織結構

事業部制（如圖 6-5 所示）是大企業常採用的一種組織結構。該結構最初是由美國通用汽車公司總裁斯隆於 1924 年提出來的。目前已成為特大型企業、跨國企業普遍採用的組織結構。它的特徵是按企業生產的產品或各個不同的生產地建立經營事業部，這些經營事業部均是獨立的利潤中心，在總公司的領導之下實行獨立的經濟核算，自負盈虧。

優點：

● 改善了組織的決策結構，縮小了核算單位，有利於大企業進行分解和決策管理；

● 有利於調動各事業部的積極性；

● 有利於協調聯合與專業化的矛盾，可適應大型企業的多元化、跨地區的生產經營要求。

缺點：

● 從整個企業的角度來看，職能部門設置重複，會增加管理費用；

● 如果控制不力，獨立的事業部可能會向「小公司」發展；此外，各事業部的本位利益容易不適當地強化，造成各自為政、協調困難、不利於公司總體戰略目標實現的局面。

總的來說，事業部制結構是比較好的一種現代企業組織結構，最適合於大型的多元化、跨地區經營的企業。

事業部制也可以分為以產品為基礎的事業部制（圖 6-6）、以客戶為基礎的事業部制（圖 6-7）、以地域為基礎的事業部制（圖 6-8）、以流程為基礎的事業部制（圖 6-9）。

圖6-5　事業部制組織結構

圖6-6　以產品為基礎的事業部制

圖6-7　以客戶為基礎的事業部制

圖6-8　以地域為基礎的事業部制

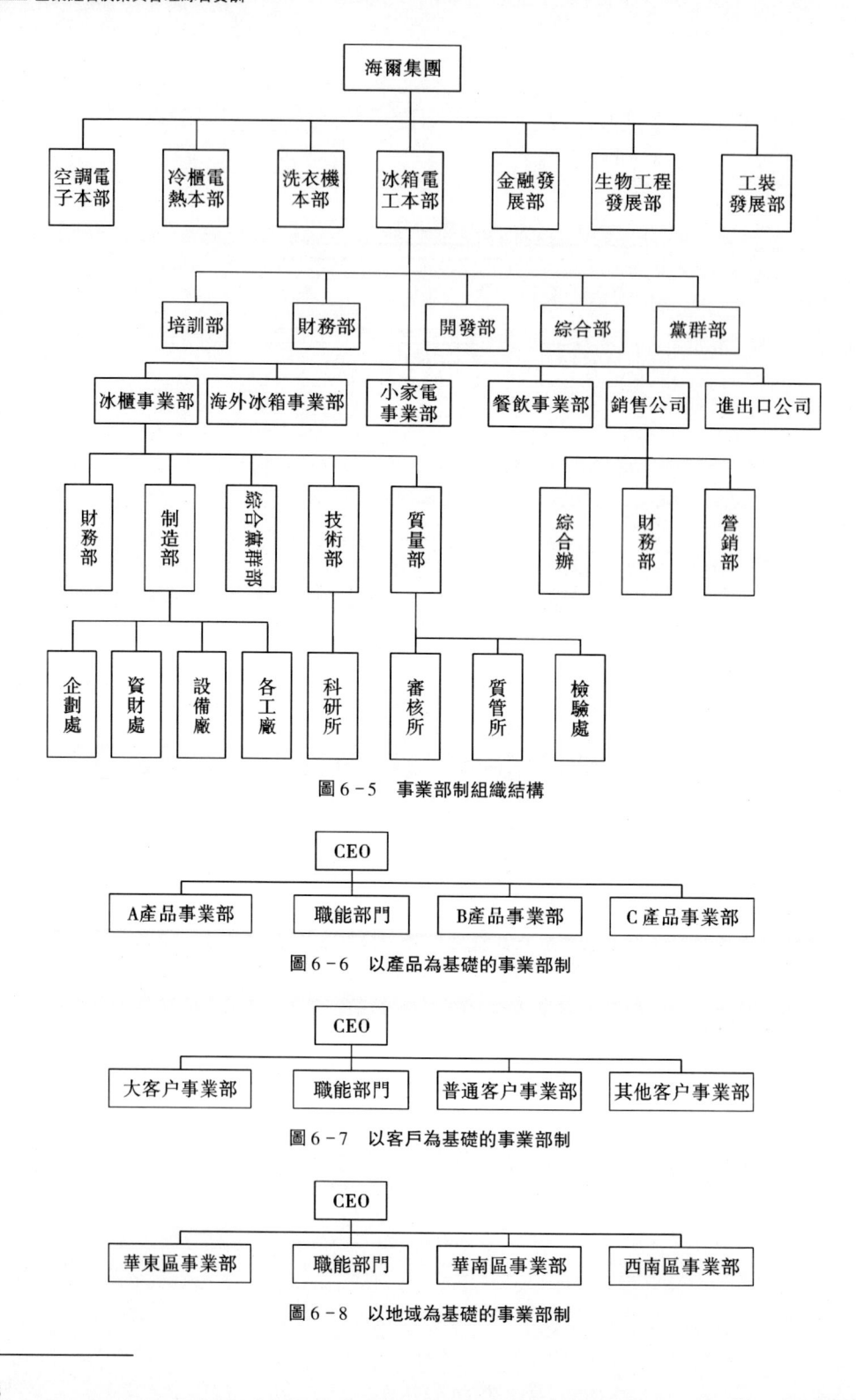

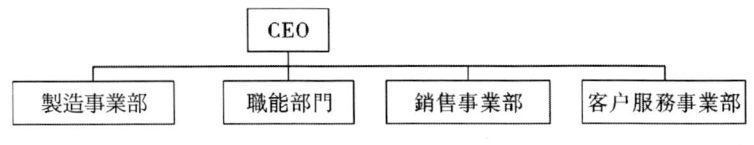

```
                        CEO
     ┌──────────┬──────────┼──────────┬──────────┐
  製造事業部   職能部門   銷售事業部   客戶服務事業部
```

圖 6-9　以流程為基礎的事業部制

3. 矩陣式組織結構

矩陣式組織結構是一種非長期性的組織結構（如圖 6-10 所示）。在這種組織結構中，成員要受兩位主管人員的領導，當然，這種雙重領導是針對不同方面的，與管理所要求的唯一上級原理並不衝突。矩陣式組織結構又可劃分為按項目設置的矩陣組織結構和按產品設置的矩陣組織結構。

按項目建立矩陣組織結構的具體方法是：為了完成某一項特別任務，在項目實施的各個階段，如研究、設計、試製、開發等，由有關職能部門派人參加，組成項目攻關小組，任務完成之後，成員仍回到各自原來的部門中去。顯然，按項目建立起來的矩陣組織結構不是永久性的，項目完成之后會自動撤銷，所以它一般只適用於重大項目的開發研究。

按產品建立起來的矩陣式組織結構可以作為企業的一種較穩定的組織形式。它的基本特徵是在每一個地區建立起地區和職能部門共同領導的機構，使條塊有機地結合起來。

優點：
● 機構的設置和人員安排比較靈活，有較強的應變性；
● 有助於提高組織內各項資源的利用率；
● 在新產品的開發研製中，有利於技術進步；
● 有利於協調條塊關係。

缺點：矩陣式組織結構的不足之處，主要是條塊發生矛盾時，處於雙重領導之下的成員往往會面臨兩難困境；穩定性較差，容易使成員產生臨時觀念；決策效率較低。

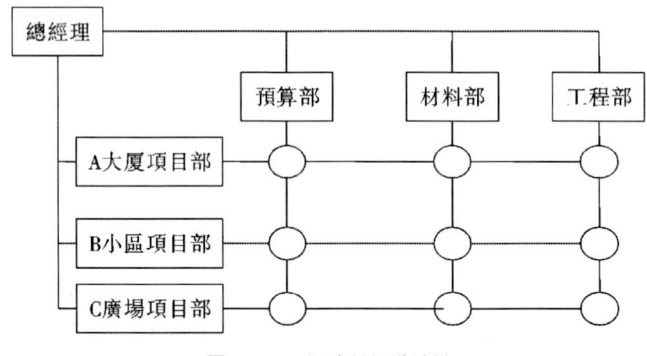

```
  總經理 ─────┬────────┬────────┬────────┐
              │        │        │        │
            預算部   材料部   工程部
    ┌─────────┐   │        │        │
    │A大廈項目部├───○────────○────────○
    └─────────┘   │        │        │
    ┌─────────┐   │        │        │
    │B小區項目部├───○────────○────────○
    └─────────┘   │        │        │
    ┌─────────┐   │        │        │
    │C廣場項目部├───○────────○────────○
    └─────────┘
```

圖 6-10　矩陣制組織結構

(二) 組織設計的程序

1. 確立組織設計的基本原則

一個組織應採用何種組織結構，可基於對以下問題的回答：

(1) 公司的主要產品或服務是什麼？

若公司產品或服務以項目形式存在，可以考慮矩陣制。

(2) 這些產品和服務是獨立體系還是有較強的相關性？

如果有兩種或以上且是獨立體系，可以考慮公司整體架構為事業部制；若是單一業務或相關聯的多種業務，可以考慮直線—職能制。

(3) 我們面對的客戶是否有顯著的分類，且每類客戶對我們公司都很重要？

如果是，可以考慮以客戶為基礎的事業部制。

(4) 我們的業務地域範圍是否很廣，需要分區域進行管理可能效率更高或風險更低？

如果是，可以考慮以地域為基礎的事業部制。

2. 職能分析

公司必須具備哪些基本職能？請羅列出來。

什麼是關鍵職能？關鍵職能的部門要進行詳細設計。

3. 職能分解

從第一級職能開始分解，每個一級職能按照公司業務需求，分解成二級職能，再分解為三級職能。

舉例：

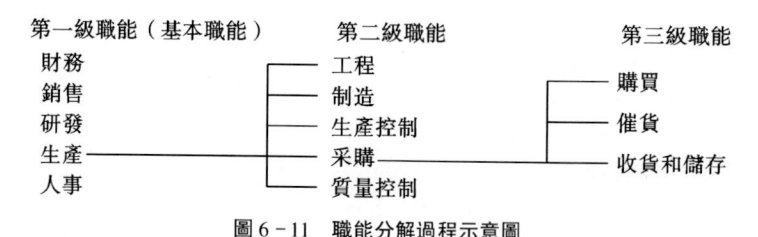

第一級職能（基本職能）	第二級職能	第三級職能
財務	工程	購買
銷售	製造	催貨
研發	生產控制	收貨和儲存
生產	採購	
人事	質量控制	

圖 6-11　職能分解過程示意圖

二、員工招聘

（一）員工招聘概述

員工招聘是組織人力資源管理的一項基礎性、常規性的工作，它關係到組織的生存和發展。在人力資源規劃和工作分析的基礎上，組織在預定的時間通過員工招聘獲取了充足的合格的人力資源，各項工作才能夠按計劃逐步實施。因此，人力資源管理者必須對員工招聘工作進行計劃和管理，以保證招聘工作取得理想的效果。

員工招聘是指組織根據人力資源管理規劃和工作分析的要求，從組織內部和外部吸收人力資源的過程。員工招聘包括員工招募、甄選和聘用等內容。

招聘工作直接關係到企業人力資源的形成，有效的招聘工作不僅可以提高員工素質、改善人員結構，也可以為組織注入新的管理思想，為組織增添新的活力，甚至可能給企業帶來技術、管理上的重大革新。招聘是企業整個人力資源管理活動的基礎，有效的招聘工作能為以後的培訓、考評、工資福利、勞動關係等管理活動打好基礎。因此，員工招聘是人力資源管理的基礎性工作。

(二) 招聘渠道

1. 現場招聘

現場招聘是一種企業和人才通過第三方提供的場地，進行直接的面對面對話，現場完成招聘面試的一種方式。現場招聘一般包括招聘會及人才市場兩種方式。比如應屆畢業生專場、研究生學歷人才專場或 IT 類人才專場等。

2. 網絡招聘

網絡招聘一般包括企業在網上發布招聘信息甚至進行簡歷篩選、筆試、面試。企業通常可以通過兩種方式進行網絡招聘：一是在企業自身網站上發布招聘信息，搭建招聘系統；二是與專業招聘網站如「中華英才網」「前程無憂」「智聯招聘」等合作。

3. 校園招聘

校園招聘是許多企業採用的一種招聘渠道。企業到學校張貼海報，召開宣講會，吸引即將畢業的學生前來應聘。對於部分優秀的學生，可以由學校推薦，對於一些較為特殊的職位也可通過學校委託培養後，企業直接錄用。通過校園招聘的學生可塑性較強，幹勁充足。

4. 傳統媒體廣告

在報紙雜誌、電視和電臺等載體上刊登、播放招聘信息受眾面廣，收效快，過程簡單，一般會收到較多的應聘資料，同時也對企業起了一定的宣傳作用。

5. 人才介紹機構/獵頭

這種機構一方面為企業尋找人才，另一方面也幫助人才找到合適的雇主，一般包括針對中低端人才的職業介紹機構以及針對高端人才的獵頭公司。獵頭公司一般會收取人才年薪的 30% 左右作為獵頭費用。

6. 內部招聘

內部招聘是指公司將職位空缺向員工公布並鼓勵員工競爭上崗，對於大型企業來說，進行內部招聘有助於增強員工的流動性；同時由於員工可以通過競聘得到晉升或者換崗，因此這也是一種有效的激勵手段，可以提高員工的滿意度，留住人才。

7. 員工推薦

企業可以通過員工推薦其親戚朋友來應聘公司的職位，這種招聘方式最大的優點是企業和應聘者雙方掌握的信息較為對稱。

(三) 招聘流程

人才招聘流程如圖 6-12 所示：

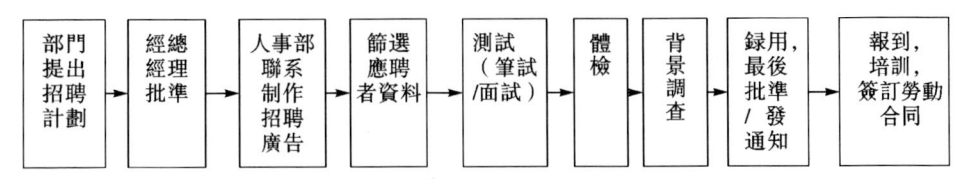

部門提出招聘計劃 → 經總經理批準 → 人事部聯系制作招聘廣告 → 篩選應聘者資料 → 測試（筆試/面試） → 體檢 → 背景調查 → 錄用，最後批準/發通知 → 報到，培訓，簽訂勞動合同

圖 6-12 某公司人才招聘流程

(四) 招聘計劃

招聘計劃是人力資源部門要經常制訂的計劃，通常包含如下內容：
(1) 招聘職位；
(2) 招聘渠道；
(3) 招聘負責及執行人員組成；
(4) 招聘方式的選擇；
(5) 招聘工作時間安排；
(6) 招聘預算。

以下提供一份招聘計劃書樣本。

××貿易有限公司招聘計劃

起草者：姚智成、王紅超、唐雙飛

一、招聘目標

部門	崗位	人數	招聘方式	招聘廣告的渠道選擇	要求
市場部	店員	60	社會招聘 網絡招聘 校園招聘	報紙、傳單、 小廣告、網絡	無學歷、經驗要求
	店長	15	社會招聘 內部招聘 網絡招聘	報紙、網絡、電視	專科以上學歷， 一年相關經驗
	區域經理	2	網絡招聘 社會招聘 內部招聘	雜誌、網絡	本科以上學歷， 三年相關經驗
	大區經理	1	網絡招聘 社會招聘 內部招聘	雜誌 網絡	本科以上學歷， 五年相關經驗
	營運總監	1	獵頭招聘 內部招聘 社會招聘	獵頭公司 雜誌 網絡	碩士研究生以上學歷， 五年零售店管理經驗

二、信息發布渠道選擇

(1) 重慶××報×年×月×日——×年×月×日，花費＿＿＿＿元；
(2) www.24Welcome.com/招聘信息，花費＿＿＿＿元；
(3) ××獵頭公司，花費＿＿＿＿元；
(4) 重慶××大學校園招聘會，花費＿＿＿＿元。

三、招聘成員構成

招聘總負責人	張某（人力資源部招聘經理）	對招聘直接負責，與市場部經理共同負責招聘
	周某（市場部經理）	與人力資源部共同負責招聘
招聘工作人員	李某（人力資源招聘專員）	協助招聘負責人完成招聘
	王某（人力資源招聘專員）	
	陳某（人力資源招聘專員）	

四、招聘時間安排

（一）總招聘時間安排

2011年10月

時間＼項目	2號	4號	6號	8號	10號	12號	14號	16號	18號	20號	22號	24號	26號
店員													
店長													
區域經理													
大區經理													
營運總監													

（二）店長招聘時間安排

時間＼項目	24號	26號	28號	30號	2號	4號	6號	8號	10號	12號	14號	16號	18號
起草招聘計劃													
發布招聘信息													
收集簡歷													
篩選簡歷													
初試													
復試													
錄用通知													
上班													

201

五、店長招聘費用預算

工作項目	預算花費（元）
報紙、網絡廣告費用	5,000
初試費用	500
復試費用	500
辦理入職手續費用	100

六、招聘信息渠道分析

渠道類型	優點	缺點	適用職位
報紙（《重慶時報》《重慶晨報》《重慶商報》《重慶晚報》等）	靈活多變，成本低，發行集中，發行量大，覆蓋廣泛	覆蓋人群大，但是獲得的招聘效率低，缺乏行業的對稱性，廣告美觀度不夠，影響力不夠	店長、營業員
電視（重慶電視臺、重慶公交電視等）	能更多地引起重視，廣告美觀，有效地渲染氣氛，為公司塑造形象	成本高，要一條廣告反覆播出才能取得較好的效果，廣告的設計比較複雜，要通過廣告公司設計	店長、區域經理
網絡（「前程無憂」「聯英人才網」「智聯招聘」等）	覆蓋面廣，成本低，無地域限制	有效的簡歷少，需要網絡技術的支持，信息處理量大且難度大	各崗位

七、相關表格

招聘申請表

申請部門			部門經理（簽字）		
申請原因	□ 員工辭退	□ 員工離職	□ 業務增量	□ 新增業務	□ 新設部門
	說明：				
需求計劃	使用時間		職務名稱與人數		上崗時間
	臨時使用（小於30天）□		職務 1	人數	
	短期使用（小於90天）□		2		
	長期使用（小於180天）□		3		

（續表）

聘用標準	利用現有職務說明書		□ 可以利用 □ 不能利用 □ 局部更改 □ 尚無職務說明書，需編寫			
	工作內容	1				
		2				
		3				
	工作經驗	1				
		2				
		3				
	專業知識	1				
		2				
		3				
	語言表達			性格要求		
	開拓能力			寫作能力		
	電腦操作			外語能力		
其他標準						
薪酬標準	基本工資		其他收入		其他津貼	
中心總監批示					簽字： 日期：	
行政中心批示					簽字： 日期：	
總經理批示					簽字： 日期：	

三、績效考核

（一）績效考核的含義

績效，單純從語言學的角度來看，包含有成績和效益的意思。用在經濟管理活動方面，績效是指社會經濟管理活動的結果和成效；用在人力資源管理方面，績效是指主體行為或者結果中的投入產出比；用在公共部門中來衡量政府活動的效果，績效則

是一個包含多元目標在內的概念。

員工的工作績效，是員工經過考評並被企業認可的工作行為、表現及其結果。對組織而言，績效就是組織在一定時期內的投入產出情況，投入指的是人力、物力、時間等物質資源，產出指的是工作任務在數量、質量及效率方面的完成情況。對員工而言，績效是上級和同事對自己工作狀況的評價。員工工作績效直接影響著組織工作績效。

（二）績效考核的體系設計

效考核體系的設計主要包括三個方面：一是績效考核目標的設置；二是績效考核週期的確定；三是績效考核主體的選擇。下面對績效考核目標和主體予以說明。

1. 績效考核目標設置

績效考核目標，也可以稱作績效目標，是對員工在績效考核期間的工作任務和工作要求所做的界定，這是對員工進行績效考核的參照系，績效目標由績效指標和績效標準組成。這裡著重說明績效指標。

（1）績效指標

績效指標是指績效的維度，也就是說要從哪些方面來對員工的績效進行考核。績效指標的設置應當注意以下幾個問題：

①績效指標應當實際，就是說績效指標應當根據員工的工作內容來確定；

②績效指標應當有效，就是說績效指標應當涵蓋員工的全部工作內容，這樣才能準確地評價員工的實際績效；

③績效指標應當具體，即指標要明確指出到底是考核什麼內容，不能過於籠統，否則考核主體就無法進行考核；

④績效指標應當明確，即當指標有多種不同的理解時，應當清晰地界定其含義，不能讓考核主體產生誤解。

（2）關鍵績效指標

關鍵績效指標（Key Performance Indicator，KPI）是通過對工作績效特徵的分析，提煉出的最能代表績效的若干關鍵指標體系，並以此為基礎進行績效考核的模式。KPI必須是衡量企業戰略實施效果的關鍵指標，其目的是建立一種機制，將企業戰略轉化為企業的內部過程和活動，以不斷增強企業的核心競爭力和持續地取得高效益。KPI包含企業級的KPI，分解後變為各個部門的KPI，有些公司還要制定分解到崗位的KPI（圖6-13）。

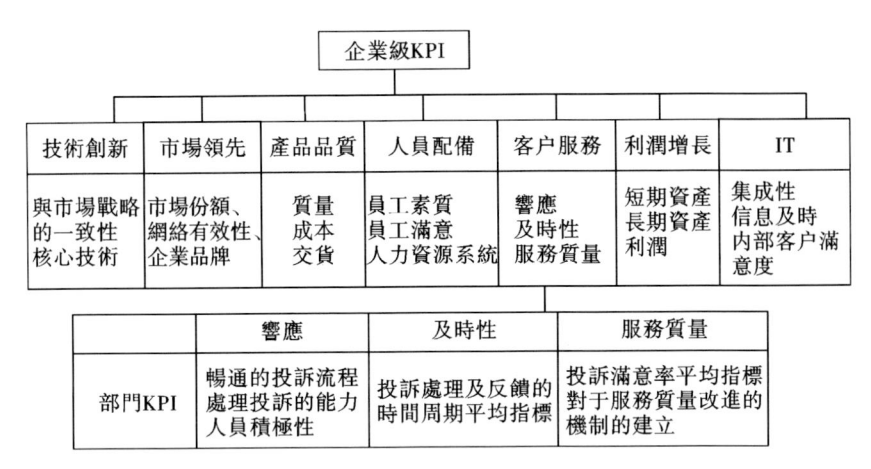

```
                              企業級KPI
    ┌──────┬──────┬──────┬──────┬──────┬──────┬──────┐
  技術創新  市場領先  產品品質  人員配備  客戶服務  利潤增長   IT
  與市場戰略 市場份額、  質量    員工素質  響應    短期資產  集成性
  的一致性  網絡有效性  成本    員工滿意  及時性  長期資產  信息及時
  核心技術  企業品牌  交貨    人力資源系統 服務質量  利潤    內部客戶滿
                                                        意度
```

	響應	及時性	服務質量
部門KPI	暢通的投訴流程 處理投訴的能力 人員積極性	投訴處理及反饋的 時間周期平均指標	投訴滿意率平均指標 對於服務質量改進的 機制的建立

圖 6-13 PKI 示意

2. 績效考核的主體

為了保證績效考核客觀公正，應當根據考核指標的性質來選擇考核主體。選擇的考核主體應當是對考核指標最為了解的，如「協作性」由同事進行考核，「培養下屬的能力」由下級進行考核，「服務的及時性」由客戶進行考核等。由於每個職位的績效目標都由一系列的指標組成，不同的指標又由不同的主體來進行考核，因此每個職位的評級主體均有多個。此外，當不同的考核主體對某一個指標都比較瞭解時，這些主體都應當對這一指標作出考核，以盡可能地消除考核的片面性。

(三) 績效考核的方法

本教材介紹幾種主要的考核方法。

1. 平衡計分卡

平衡計分卡法（Balanced Score Card，BSC），是從財務、顧客、內部業務過程、學習與成長四個方面來衡量績效。平衡記分法一方面考核企業的產出（上期的結果），另一方面考核企業未來成長的潛力（下期的預測）；再從顧客角度和內部業務角度兩方面考核企業的營運狀況，充分把公司的長期戰略與公司的短期戰略相結合（圖 6-14）。

```
              ┌─────────────────┐
              │    財務方面      │
              │ 我們怎樣滿足股東？│
              └─────────────────┘
   ┌─────────────────┐    ┌─────────────────┐
   │    顧客方面      │    │  內部經營過程方面 │
   │ 顧客如何評價我們？│    │ 我們必須擅長什麼？│
   └─────────────────┘    └─────────────────┘
              ┌─────────────────┐
              │   學習和成長方面  │
              │ 是否能持續創新改進、│
              │   不斷創造價值？  │
              └─────────────────┘
```

圖 6-14 BSC 的構成

表6-2給出了一個企業中平衡計分卡考核的樣本：

表6-2　　　　　　　　　　　BSC考核樣本

測評要素	關鍵績效指標	權重	分類指標	相對權重	公司 目標	公司 實際完成	公司 得分	部門 目標	部門 實際完成	部門 得分	個人 目標	個人 實際完成	個人 得分
財務類	投資回報率	35	銷售額	30									
			成本	30									
			利潤	40									
				100									
顧客類	市場佔有率	30	老顧客保留量	30									
			新顧客開發量	40									
			顧客滿意度	30									
				100									
內部營運類	營運週期	15	生產率	50									
			贏得訂單成功率	30									
			員工流動率	20									
				100									
學習和發展類	開發新產品回報率	20	開發成本	40									
			開發新產品時間	20									
			新產品市場銷售額	40									
				100									
綜合得分													

2. 目標管理法

目標管理法（Management by Objective，MBO），作為一種成熟的績效考核模式，始於管理大師彼得‧德魯克的目標管理模式迄今已有幾十年的歷史了，如今更廣泛應用於各個行業。為了保證目標管理的成功，目標管理應做到：確立目標的程序必須準確、嚴格，以達成目標管理項目的成功推行和完成；目標管理應該與預算計劃、績效考核、工資、人力資源計劃和發展系統結合起來；要弄清績效與報酬的關係，找出這種關係之間的動力因素；要把明確的管理方式和程序與頻繁的反饋相聯繫；績效考核的效果大小取決於上層管理者在這方面所花費的努力程度，以及他對下層管理者在人際關係和溝通方面的技巧水平；下一步的目標管理計劃準備工作是在目前目標管理實施的末期之前完成，年度的績效考評作為最后參數輸入預算之中。

圖6-15描述了目標分解的過程。

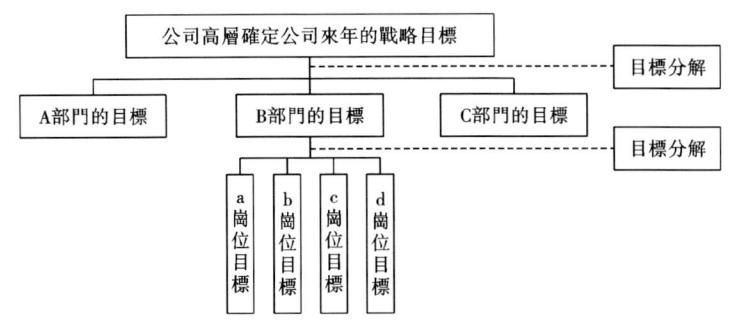

圖 6-15　目標分解的過程

3. 360 度反饋考核法

360 度反饋考核法，也稱全視角反饋法，是被考核人的上級、同級、下級和服務的客戶等對他進行評價，通過評論知曉各方面的意見，清楚自己的長處和短處，來達到提高自己的目的的一種方法。

第三節　人力資源管理實務模擬

一、實訓目的

熟悉人力資源管理的基本理論，學習設計組織結構、設計招聘表格以及進行組織的績效考核的基本流程和方法。

二、實訓內容及要求

（一）組織結構設計模擬

按照如下步驟思考公司當前的運作情況，完善公司的組織結構。

STEP 1：確立組織設計的基本原則

公司的主要產品或服務是什麼？

這些產品或服務是獨立體系還是有較強的相關性？

我們面對的客戶是否有顯著的分類，且每類客戶對我們公司都很重要？

我們的業務地域範圍是否很廣？

結論：我們企業當前的組織結構類型是什麼？現有的結構是否需要調整？

STEP 2：職能分析
我們企業要順利營運，必須具備如下基本職能：

哪一項或哪兩項是關鍵職能？

STEP 3：職能分解（不夠可以自己增加欄數，如果某些二級職能不再劃分三級職能，可以不填寫三級職能）

一級職能（基本職能）	二級職能	三級職能
1.		

一級職能（基本職能）	二級職能	三級職能
2.		

（續）

一級職能（基本職能）	二級職能	三級職能
3.		

一級職能（基本職能）	二級職能	三級職能
4.		

一級職能（基本職能）	二級職能	三級職能
5.		

一級職能（基本職能）	二級職能	三級職能
6.		

STEP 4：繪製組織結構圖

根據以上分析過程，請畫出修正后的公司組織結構圖。（手寫或粘貼在本頁）

(二) 招聘模擬

　　1. 招聘計劃

　　依據本公司組織結構圖，假設貴公司除總經理外所有的崗位都需要進行招聘，請起草一份招聘計劃（參照教材中給出的範本，寫在下面空白處或起草好后粘貼在空白處）。

2. 招聘廣告

選定一個具體崗位，起草一份招聘廣告。（手寫或粘貼在本頁）

(三) 績效考核模擬

1. KPI 設計

(1) 公司級 KPI

本公司要取得經營上的成功和持續的發展，必須具備哪些關鍵業績指標：

公司級 KPI（由部門經理和成員共同填寫，不夠可以自己增加欄）

1	2	3	4	5	6	7	8

(2) KPI 分解（由部門經理和成員共同填寫）

將以上 KPI 逐項分解（每個公司級 KPI 至少分解為三個子項）。

公司級 KPI 1				
子 KPI	1.	2.	3.	4.

公司級 KPI 2				
子 KPI	1.	2.	3.	4.

公司級 KPI 3				
子 KPI	1.	2.	3.	4.

公司級 KPI 4				
子 KPI	1.	2.	3.	4.

公司級 KPI 5				
子 KPI	1.	2.	3.	4.

（續）

公司級 KPI 6				
子 KPI	1.	2.	3.	4.

公司級 KPI 7				
子 KPI	1.	2.	3.	4.

公司級 KPI 8				
子 KPI	1.	2.	3.	4.

（3）部門級 KPI

將第 2 步分解的子 KPI 結果歸入各個部門。其依據是，某項指標與哪個部門相關，就歸入哪個部門中去，有些指標是兩個或幾個部門都涉及的，要同時歸入這些部門中去。(由各部門經理填寫)

部門名稱				
子 KPI				

2. 平衡計分卡設計

根據前面分析的 KPI，小組成員討論后，將公司級 KPI 及子 KPI 全部或選取部分相關指標填入下表，權重由小組成員共同討論決定。

平衡計分卡考核指標

測評要素	關鍵績效指標	權重	分類指標	相對權重
財務類				

（續）

測評要素	關鍵績效指標	權重	分類指標	相對權重
顧客類				
內部營運類				
學習和發展類				

3. 考核者設計

如果採取 360 度反饋考核法考核，請確定自己崗位的考核者可以是哪些。（不夠可以加欄）

崗位名稱	
可能的考核者 （崗位名稱）	

第七章 財務管理及決策

第一節 財務管理基礎理論

一、財務管理的概念

財務管理（Financial Management）是在企業整體目標下，關於投資、籌資、營運資金和利潤分配等財務活動及財務關係的管理。財務管理是企業管理的一個重要組成部分，它是根據財經法規制度，按照財務管理的原則，組織企業財務活動，處理財務關係的一項經濟管理工作。簡單地說，財務管理是企業組織財務活動、處理財務關係的一項綜合性經濟管理工作。

二、財務管理的內容

財務管理內容是企業生產經營過程中資金活動形成的財務活動和財務關係，通常表現為：資金的籌集（籌資）、資金的使用（投資）、日常資金的營運（資金營運）、利潤的分配、企業內外財務關係等（圖7-1）。

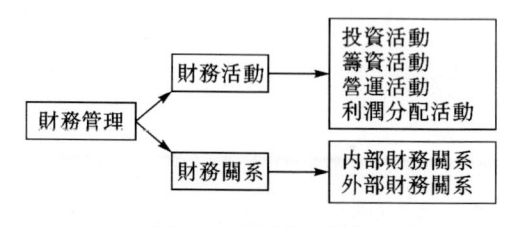

```
                    ┌─ 投資活動
              ┌─財務活動─┤ 籌資活動
              │         │ 營運活動
財務管理──┤         └─ 利潤分配活動
              │
              └─財務關係─┬─ 內部財務關係
                        └─ 外部財務關係
```

圖7-1　財務管理內容

（一）籌資管理

籌資管理是指企業根據其生產經營、對外投資和調整資本結構等投資、用資的需要，通過籌資渠道和資本（金）市場，運用籌資方式，經濟有效地籌集企業所需資金的財務行為。企業的經營活動離不開一定的資金，因此，籌資管理是企業財務管理的首要環節。企業通過各種渠道、以多種籌資方式籌集資金是企業資金運動的起點。事實上，籌資管理貫穿發展的全過程，企業創立、擴張和日常經營都需要資金的籌措。籌資管理的目的是為了滿足企業的資金需求，降低資金成本，減少相關風險。

根據資金來源的不同，籌資的方式有權益籌資和債務籌資。

1. 權益籌資

權益籌資是指企業以吸收直接投資人投資、發行股票和企業留存收益等方式取得資金的籌集活動。投資人包括國家、企業、個人等。

權益籌資的特點如下：

（1）長期性。權益性籌措的資金不需歸還，無到期日，只要企業不破產、解散，就永久性擁有權益資金。

（2）不可逆性。企業採用權益融資不需還本，投資人要想收回本金，需要借助資本流通市場等交易。

（3）無負擔性。權益籌資沒有固定的資本使用負擔，股利等支付與否和支付的多少依據企業的經營需要而定。

2. 債務籌資

債務籌資是指企業通過發行債券、向銀行借款、融資租賃和應付項目等方式取得資金的籌集活動。

企業籌集資金，是吸引資金流入企業，企業償還借款、支付利息和籌資費、支付股利等，表現為資金流出企業。

債務籌資的特點如下：

（1）短期性。債務籌資取得的資金具有使用時間的限制，需要到期償還。

（2）可逆性。以債務籌資方式取得資金，負有到期還本付息的義務。

（3）負擔性。以債務籌資方式取得資金，需要支付債務利息，從而形成固定的企業負擔。

3. 籌資管理需要充分考慮的問題

（1）籌措合法。企業籌措資金必須遵循國家法律法規，合法籌集。

（2）結構合理。籌資管理必須注重資本結構的合理安排，研究各種籌資方式的特點，優化資本結構，以保證企業財務的穩定性和靈活性。

（3）成本經濟。籌資管理必須注重成本的控製，瞭解不同籌資渠道，分析資金來源的成本，因為資金提供者要求的報酬存在差異性，企業需要比較並選擇來源成本低的資金。

（4）資金需求。籌資管理必須密切關注投資和企業生產經營對資金的需求，正確預測資金的需要量和時間，合理安排籌資時間，適量、適時取得資金。

4. 債務融資與股權融資的區別

債務融資是指通過銀行或非銀行金融機構貸款或發行債券等方式融入資金，權益融資是指主要通過投資人直接投入、發行股票等方式融入資金。債務融資需支付本金和利息，能夠帶來槓桿收益，但是會提高企業的負債率；權益融資不需還本，但沒有債務融資帶來的槓桿收益，且會稀釋控製權。一般來說，對於預期收益較高，能夠承擔較高的融資成本，而且經營風險較大，要求融資的風險較低的企業傾向於選擇股票融資方式；而對於傳統企業，經營風險比較小，預期收益也較小的，一般選擇融資成本較小的債務融資方式進行融資。

（二）投資管理

　　企業取得資金后，需要將資金投入使用，從而謀求最大的經濟效益。投資指貨幣轉化為資本，將資金投放到一定的對象，取得未來收益的行為。投資可分為實物投資、資本投資和證券投資。資本投資是以貨幣投入企業，通過生產經營活動取得一定利潤；證券投資是以貨幣購買企業發行的股票和公司債券，間接參與企業的利潤分配。

　　投資管理是企業財務管理的重要環節之一。投資決策的正確與否對企業經營成敗起著決定性作用。

1. 投資管理的程序

　　（1）投資方向的選擇。投資管理的首要任務是進行投資方向的選擇。不同的投資方向決定著企業不同的發展方向和路徑，因此，投資方向的選擇是一個具有戰略性的問題。

　　（2）投資決策的分析。選擇合理的投資結構，確定適量的投資規模，充分估計投資風險和現金流量，以最低的投資風險獲取較大的投資收益。

　　（3）投資的跟蹤管理。項目資金投入后，要加強投資的跟蹤監管，確保投資項目的實施有效進行，從而取得預期效益。

2. 投資的分類

　　（1）按投資回收期的時間長短可分為短期投資和長期投資。短期投資是指投資回收期在一年以內的投資，主要指存貨、應收帳款、短期有價證券等。長期投資是指回收期在一年以上的投資，主要是指固定資產投資、無形資產投資、長期對外投資等。

　　（2）按投資方式和權利形式來劃分，投資可以分為實業投資、證券投資、私募股權投資。所謂實業投資是指基於產業擴張或者其他營利目的對某種權利或者實物或者企業的投資。實業投資的形式可以是多樣的，比如自己投資建立的項目公司等，均可被稱為實業投資。證券投資是以公開或者非公開發行的證券類產品作為投資對象的一種投資，主要的證券類產品如股票、債券、期權等。私募股權投資，從投資方式角度看，依國外相關研究機構的定義是指通過私募形式對私有企業即非上市企業進行的權益性投資，在交易實施過程中附帶考慮了將來的退出機制，即通過上市、併購或管理層回購等方式，出售持股獲利。

　　（3）按投資對象可分為對內投資和對外投資。對內投資是指把資金投放於企業範圍內的投資；對外投資是指把資金投放於企業以外其他單位的投資。

（三）營運資金管理

　　營運資金管理是指為了滿足企業日常經營活動的資金需求，對流動資產和流動負債進行的管理。企業要維持正常的運轉就必須擁有適量的營運資金，沒有營運資金企業就無法正常運轉，因此，營運資金管理是企業財務管理的重要組成部分。

　　營運資金由流動資產和流動負債組成。從財務角度看，營運資金管理是流動資產與流動負債關係的總和。這裡的「總合」，不是簡單的數額相加，而是關係的反應，也就是必須注意流動資產和流動負債兩方面的管理問題。

1. 流動資產管理

流動資產是指可以在一年以內或者超過一年的一個營業週期內實現變現或運用的資產，流動資產具有占用時間短、週轉快、易變現等特點。企業擁有較多的流動資產，可在一定程度上降低財務風險。流動資產在資產負債表上主要包括以下項目：貨幣資金、短期投資、應收票據、應收帳款和存貨。

流動資金管理是指企業應該投資多少在流動資產上，即資金運用的管理，主要包括現金管理、應收帳款管理和存貨管理。

2. 流動負債管理

流動負債是指需要在一年或者超過一年的一個營業週期內償還的債務。流動負債又稱短期融資，具有成本低、償還期短的特點，必須認真進行管理，否則，將使企業承受較大的風險。流動負債主要包括以下項目：短期借款、應付票據、應付帳款、應付工資、應交稅費等。

流動負債管理是指企業應該怎樣進行流動資產的融資，即對資金籌措的管理，包括銀行短期借款的管理和商業信用的管理。

3. 營運資金管理的主要內容

(1) 合理配置流動資產與流動負債的比例，保障企業具有較強的短期償債能力；

(2) 加強流動資產管理，提高流動資產週轉率，改善企業財務狀況；

(3) 優化流動資產和流動負債的結構，使企業短期資金週轉順利進行，短期信用能力能有效維持。

(四) 利潤分配管理

企業經過投資或經營活動獲得收入，全部收入扣除各種成本費用後形成企業利潤，利潤必須按照規定的程序進行分配。目前，中國企業利潤的分配順序是依法繳納企業所得稅、彌補以前年度虧損、提取公積金和公益金、分配投資者利潤和企業留存收益。利潤分配管理主要研究企業淨利潤如何分配，即確定投資者分紅與企業留存的比例問題，確定多少用於發放給投資者，多少用於企業發展，權衡投資人近期利益和長遠利益。

1. 利潤

利潤是企業經營業績的綜合體現，也是利潤分配的依據。企業利潤由營業利潤、營業外收支淨額等部分構成。

營業利潤＝營業收入－營業成本－營業稅金及附加－銷售費用－管理費用－財務費用－資產減值損失＋公允價值變動收益（損失）＋投資收益（損失）

利潤總額＝營業利潤＋營業外收入－營業外支出

淨利潤＝利潤總額－所得稅費用

2. 利潤分配

(1) 利潤分配原則。利潤分配堅持依法分配、兼顧職工利益、投資與收益對等、分配與累積並重等原則。

(2) 利潤分配順序。中國法律法規規定了淨利潤的分配順序。企業年度淨利潤，除法律、行政法規另有規定外，應按照以下順序分配：

①彌補以前年度虧損。企業發生年度虧損，可以用下一年度的利潤彌補；下一年度不足彌補的，可以在五年內用所得稅前利潤延續彌補，延續五年未彌補完的虧損，用繳納所得稅后的利潤彌補。稅前彌補和稅后彌補以五年為界限。虧損延續未超過五年的，用稅前利潤彌補，彌補虧損后有剩餘的，才繳納所得稅；延續期限超過五年的，只能用稅后利潤彌補。

②提取10%法定公積金。法定盈餘公積金是國家統一規定必須提取的公積金，它的提取順序在彌補虧損之后，按當年稅后利潤的10%提取。盈余公積金已達到註冊資本50%時不再提取。

③提取任意公積金。任意公積金提取比例由投資者決議。

④提取公益金。公益金主要用於企業職工的集體福利設施支出。《中華人民共和國公司法》規定，法定公益金的提取比例為5%～10%。

⑤向投資者分配利潤。企業以前年度未分配的利潤，可以並入本年度向投資者分配，本年度的利潤也可以留一部分用於次年分配。股份制企業提取公益金后，按照下列順序分配：

● 支付優先股股利。

● 提取任意公積金，任意公積金按公司章程或股東大會決議提取和使用。

● 支付普通股股利。企業當年無利潤時，不得分配股利，當在用盈餘公積金彌補虧損后，經股東會特別決議，可以按照股票面值6%的比率用盈余公積金分配股利。在分配股利后，企業法定盈余公積金不得低於註冊資金的25%。對於向投資者分配利潤，企業以前年度未分配的利潤，並入本年度利潤，在充分考慮現金流量狀況后，向投資者分配。屬於各級人民政府及其部門、機構出資的企業，應當將應付國有利潤上繳財政。

國有企業可以將任意公積金與法定公積金合併提取。股份有限公司依法回購后暫未轉讓或者註銷的股份，不得參與利潤分配；以回購股份對經營者及其他職工實施股權激勵的，在擬訂利潤分配方案時，應當預留回購股份所需利潤。

企業彌補以前年度虧損和提取盈余公積后，當年沒有可供分配的利潤時，不得向投資者分配利潤，但法律、行政法規另有規定的除外。

3. 利潤分配管理的內容

（1）協調好近期利益和長遠利益的關係。分析投資人對利潤分配的要求以及企業發展對保留盈餘的需要，分析企業盈利情況，確定如何分配利潤收益，處理好企業長遠利益和投資人的近期收益。一方面，企業要通過降低產品成本，擴大企業的累積，為企業再生產籌措資金，提高企業抗禦經營風險的能力，使經營更安全；另一方面，要保護投資者和股東的合法權益，在考慮企業長遠利益的同時，不能忽視股東的近期利益，按規定程序發放一定的股利，以調動股東的積極性，達到提高企業社會效益的目的。

（2）利潤分配政策的影響因素。科學分析影響利潤分配的因素，為合理的利潤分配政策制定奠定基礎。

（3）利潤分配政策的制定。良好的利潤分配政策，能夠最大限度地調動廣大投資者的積極性，並創造更多的籌資渠道和投資機會。選擇好的利潤分配政策，對於形成

的利潤要按照政策規定進行分配，按期分配盈利，能確保各方面的利益，從而鼓勵投資各方繼續投資。

三、財務管理的目標

企業財務管理目標是企業總目標的具體表達。西方企業財務管理目標理論經歷了由利潤最大化、每股盈余最大化、股東財富最大化、企業價值最大化到利益相關者價值最大化的發展過程。

（一）利潤最大化

利潤最大化的基本觀點是：獲取最大利潤是企業的基本目標，也是企業發展的基礎和前提。利潤是企業在一定時期內總收入扣除總成本費用的差額，是企業新創造的財富。利潤越多代表企業的財富增加越多，越接近企業的目標，體現了企業的經濟效益、股東投資回報和對國家及員工的貢獻，也是企業經營規模擴大的源泉。

利潤最大化財務管理目標的不足之處：

1. 利潤最大化沒有考慮利潤取得的時間價值因素

企業的經營成果不僅取決於獲得的利潤額的大小，還取決於獲得利潤的時間。今年獲得的 100 萬元利潤與明年獲得的 100 萬元利潤顯然價值更大，因為貨幣具有時間價值，越早獲得的利潤，就可以盡早再投資，獲取新的利潤。利潤最大化目標將不在一個時間點上的利潤額進行比較，難以作出正確的判斷。

2. 利潤最大化沒有考慮所獲得利潤和投入資本的關係

利潤是一個絕對指標，沒有考慮投入資本的回報率。用 1,000 萬元投入資本賺取的 100 萬元利潤與用 5,000 萬元投入資本賺取的 100 萬元利潤相比，如果就利潤而言這兩個對企業的貢獻是一樣的，但是如果考慮了投入資本的大小，顯然不一樣。利潤最大化目標可能把財務決策引向高投入、低報酬率的項目。

3. 利潤最大化沒有考慮所獲取的利潤和所承擔風險的關係

利潤最大化沒有考慮預期收益的不確定性。比如，同樣投入 100 萬元，本年獲利 10 萬元，一個企業是全部轉化為現金，另一個企業則全部是應收帳款，顯然，後者面臨可能發生壞帳損失的風險，這兩個企業的風險顯然不相同。利潤最大化沒有考慮企業面臨的風險，可能把財務決策引向高風險的項目。

（二）每股盈余最大化

每股盈余即每股收益，是稅后淨利潤與普通股股數的比率。每股盈余最大化認為投資人的目的是獲取投資收益，應當把企業的利潤和股東投入的資本聯繫起來考慮，用每股盈余這個相對指標來概括企業的財務管理目標，可以反應企業的盈利能力，並能在不同規模資本間進行比較，克服了利潤最大化目標中所獲取利潤和資本投入的缺陷，但其缺點在於仍然沒有考慮每股盈余取得的時間價值因素和不確定風險。

（三）股東財富（價值）最大化

股東財富（價值）最大化即所有者權益價值最大化，以未來一定時期股東權益的

現金流量，按風險報酬率折算為現值，從而計算得出股東投資報酬現值，具體體現股東財富的大小。股東財富（價值）最大化考慮了貨幣的時間價值、投資風險和資本成本，可以由利潤導出股東財富最大化公式。股東財富最大化克服了「利潤最大化」目標中的三個缺陷。但是其缺點在於：一方面，股東財富最大化沒有考慮債權人利益，管理人員可能過度舉債來增加股東財富，增加企業的財務風險；另一方面，用股票價格反應股東財富時，可能使管理人員更多關注股票價格，而不是企業的自身經營，而股票價格受多重因素的影響，環境因素企業難以控制。

(四) 企業財富（價值）最大化

企業財富（價值）最大化是指企業資產的總價值最大化，即股東和債權人價值之和最大化。它是通過財務上的合理經營，採取最優的財務政策，充分利用資金的時間價值和風險與報酬的關係，保證將企業長期穩定發展擺在首位，強調在企業價值增長中應滿足各方利益，不斷增加企業財富，使企業總價值達到最大化。

企業財富（價值）最大化觀點認為，財務管理目標應與企業多個利益集團有關，是這些利益集團共同作用和相互妥協的結果。在一定時期和一定環境下，某一利益集團可能會起主導作用。但從長期發展來看，不能只強調某一集團的利益，而置其他集團的利益於不顧，不能將財務管理的目標集中於某一集團的利益。

企業價值最大化具有深刻的內涵，其宗旨是把企業長期穩定發展放在首位，著重強調必須正確處理各種利益關係，最大限度地兼顧企業各利益主體的利益。

相比股東財富最大化而言，企業價值最大化最主要的是把企業相關者利益主體進行糅合形成企業這個唯一的主體，在企業價值最大化的前提下，也必能增加利益相關者之間的投資價值。

(五) 相關者利益最大化

相關者利益最大化是指企業的財務活動必須兼顧和平衡各個利益相關者的利益，使所有利益相關者的各方利益盡可能最大化。相關者利益最大化的提出是財務管理方面的一個創新。利益相關者，一般包括股東、債權人、員工、管理者、供應商、顧客甚至企業所在社區、社會公眾在內的、所有與企業生產經營行為和后果有利害關係的群體。

根據相關者利益最大化理論，企業管理層只是企業組織的代表，而不是股東的代言人。其弱化了股東的利益，將利益價值目標指向多重主體。

第二節　財務管理的核心工作

一、財務管理的組織機構

財務管理組織機構是企業有效開展財務管理活動的基礎，實現財務管理目標的重要條件。因財務管理與決策在企業戰略管理與決策中具有重要地位，企業一般應設單

獨的財務管理機構，並設一名財務總監或財務副總負責企業全面的財務管理工作。

不同企業因業務不同，財務管理的重點和難點差異較大，因此，不同企業財務組織機構的設置、層級也有較大差異。圖7-2繪製了一般性的有限公司的財務管理組織機構。財務總監負責企業全面的財務工作，其下有財務主管和會計主管。財務主管主要負責執行資金籌集、使用和利潤分配等工作，財務制度的制定、投融資風險管理、信用、保險、併購等也是財務部門的工作職責，其下一般設立財務分析與決策、籌資管理、投資管理、現金管理、信用與風險管理等部門。會計主管主要負責會計核算與稅務方面的工作，包括會計制度設計、會計業務核算、財務會計信息生成、稅務籌劃、成本歸集與分析、管理會計信息生成等，其下一般設立財務會計、管理會計、成本會計、稅務會計、會計信息系統等部門。

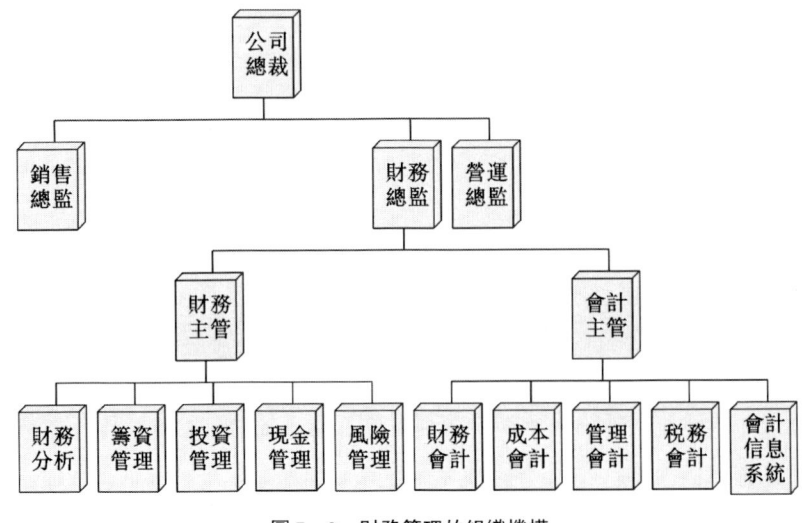

圖7-2 財務管理的組織機構

二、財務分析

（一）財務報表分析

財務報表分析是指財務人員利用會計核算報表以及相關的企業調查、預測計劃、核算資料，採用專業技術方法，對企業生產經營過程和經營成果進行分析、評價和研究，用以揭示各種經濟指標之間的聯繫，充分掌握過去、預測未來，為企業未來的發展的決策提供信息支持。

通過對財務報表數據的分析和預測，幫助企業的管理者進行經營決策。數據處理過程主要包括數據的獲取，按分析的要求，採用對應的分析方法進行計算，輸出運行結果（圖7-3）。

图7-3　财务分析流程图

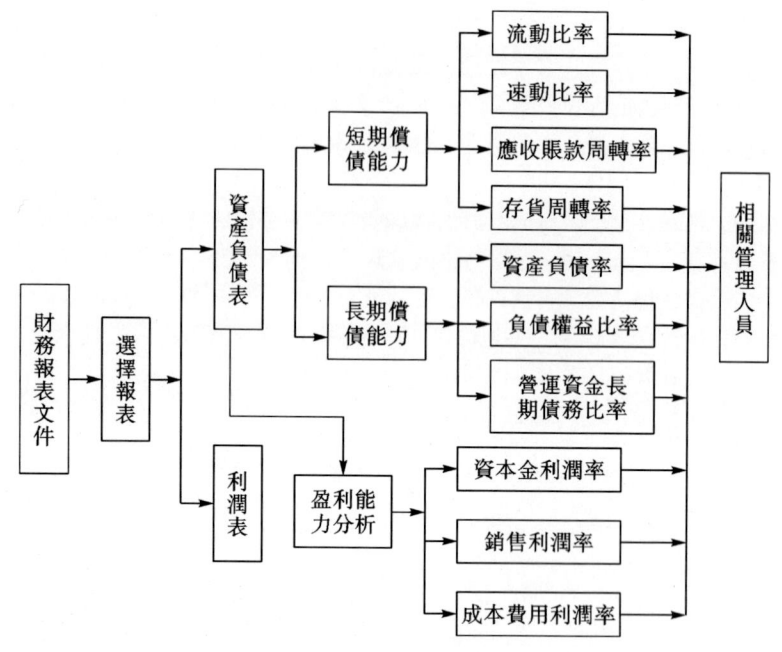

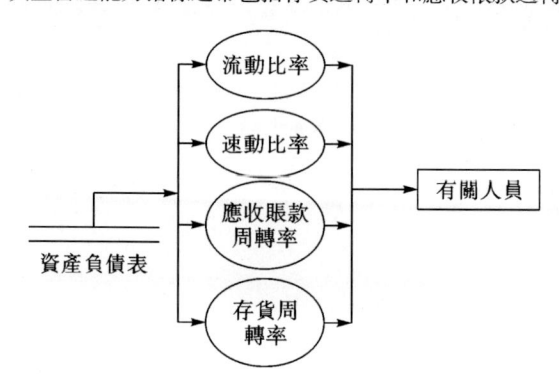

1. 短期偿债能力和资金营运能力分析

短期偿债能力分析指企业以流动资产偿付流动负债的能力。它包括资产负债率、流动比率、速动比率。资金营运能力指标通常包括存货周转率和应收帐款周转率等（图7-4）。

图7-4　企业短期偿债能力分析图

反应企业短期债务偿还能力的主要财务比率如下：

(1) 流动比率。流动比率是企业的流动资产与流动负债的比率。计算公式为：

流动比率＝(流动资产/流动负债)×100%

流动比率反应企业的流动资产偿付短期债务的能力。流动比率越高，企业偿付短期债务的能力越强；对流动比率进行分析时，应详细瞭解企业的经营情况以及流动资产的构成内容，使这一比率能如实反应企业的流动资金变现偿付债务的能力。

（2）速動比率。速動比率是指速動資產與流動負債的比率。速動資產是指流動資產中可以立即用來償還流動負債的那部分資產。其計算公式為：

速動資產＝流動資產－存貨－待攤費用

速動比率＝（速動資產/流動負債）×100%

由於流動比率中未揭示流動資產的構成內容，如果流動比率較高，而流動資產的流動性較低，則企業的償債能力依然不高。根據傳統的經驗，速動比率一般以100%為好，但不同行業應根據自身的特點確定速動比率。

（3）應收帳款週轉率。應收帳款週轉率是指全年賒銷淨額與平均收款餘額的比率。它是反應企業流動資產週轉狀況的重要比率之一。計算公式為：

應收帳款週轉率＝（全年賒銷收入淨額/平均應收帳款餘額）×100%

全年賒銷收入淨額＝銷售收入－現銷收入－銷售折讓與折扣

平均應收款餘額＝（期初應收款＋期末應收款）/2

應收帳款週轉率可以用來衡量應收帳款變現的速度和財務管理的水平。一般認為應收帳款週轉率越高越好，它不僅說明賒銷貨款收回的速度較快，購貨單位拖欠貨款的現象很少發生，而且又可以收回銷售貨款用於償還債務，提高營業的償債能力。

（4）存貨週轉率。存貨週轉率是銷貨成本與平均商品存貨之比。它是衡量企業銷售能力和流動資產週轉狀況的重要指標，也是分析存貨庫存是否過量的指標。計算公式為：

存貨週轉率＝（銷貨成本/平均存貨）×100%

平均存貨＝（期初存貨＋期末存貨）/2

存貨週轉率與企業的獲利能力存在密切的關係，如果存貨週轉率下降，則表明存貨增多，使較多的營運資金在存貨上積壓，不能正常營運。存貨週轉率是衡量企業經營狀態的一個重要指標。

應收帳款週轉率和存貨週轉率反應企業流動資產營運能力。

2. 長期償債能力分析

長期償債能力是指企業擁有的經濟資源償還長期債務的能力。企業的長期償債能力不僅受企業的長期盈利能力的影響，還受企業的資本結構等較多因素的影響。其主要由如下財務指標組成，如圖7-5所示。

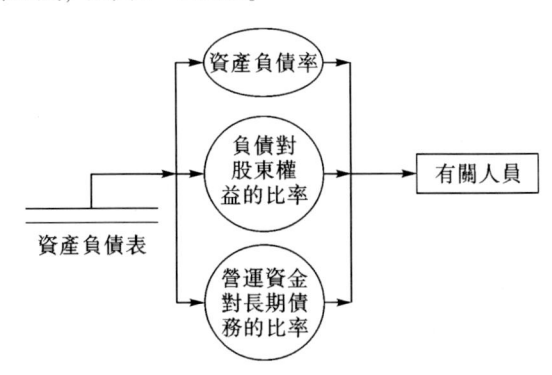

圖7-5 企業長期償債能力分析圖

(1) 資產負債率。資產負債率反應企業償還所有債務的能力，是負債總額與資產總額的比率。其計算公式為：

資產負債率＝(負債總額/全部資產總額)×100%

對資產負債率進行分析可從兩方面進行。從債權人來看，資產負債率越低，其債權的安全保障性越高，說明企業有較充足的財力作為償還債務的保證。從投資者的立場看，他們所關心的是全部資產的盈利率是否超過借入指標的利息率，如果資本的盈利率低於因借款而支付的利息率時，資產負債率越高，對投資者越不利。一般來說，全部資產盈利率等於借入的資本應付的利息率，應作為企業是否舉債的警戒線。

(2) 負債對股東權益的比率。負債對股東權益的比率即負債權益比率，反應企業所有者權益可以彌補所有負債的能力，是負債總額與所有者權益總額的比值。其計算公式為：

負債對股東權益的比率＝負債總額/股東權益總額×100%

該比率表明股東權益對債權人權益的保障程度，該比率越大，債務風險越大；反之，債務風險越小。

(3) 營運資金對長期負債的比率。營運資金對長期負債的比率反應企業營運獲利償還長期債務的能力，是流動資產扣除流動負債后與長期負債的比值。其計算公式為：

營運資金對長期債務的比率＝(流動資產－流動負債)/長期負債×100%

該比率表明營運能力對債權人權益的保障程度，該比率越大，償債能力越強；反之，償債能力越弱。

3. 企業獲利能力分析

企業獲利能力是指企業正常經營賺取利潤的能力，是企業生存和發展的基礎。反應獲利能力比率的指標主要有資本金利潤率、銷售利稅率、成本費用利潤率等。其流程如圖7－6所示：

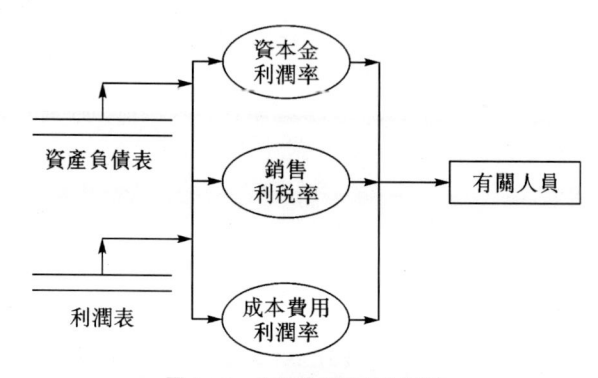

圖7－6 企業獲利能力分析圖

(1) 資本金利潤率。資本金利潤率是企業的利潤總額與資本總額的比率。它反應投資者投入企業資本金的獲利能力。其計算公式為：

資本金利潤率＝(利潤總額/資本金總額)×100%

利潤總額是企業全年營業利潤、營業外收入、投資淨收益之和，減去營業外支出

后的余额；資本金總額是投資者投入企業的資本金總額以及在企業營運中形成的所有者權益。利潤是企業所有者的權益，使投入資本金所獲得的利潤最大化是每個投資者所期望的目標。從指標構成來看，通過生產適銷對路的產品、提高質量、降低生產成本、節約管理費用和銷售費用，從而增加利潤是提高生產金利潤的基本途徑。另外，在全部資本利潤率高於借款利息率的前提下，適當提高借入資本的比重，也可以提高資本金的獲利能力。相反，在資本利潤率和借款利息率相當或低於借款利息率的條件下，對於是否借款經營應持相當謹慎的態度，否則就會降低資本金利潤率，直接損害投資者的利益。

（2）銷售利稅率。銷售利稅率是利稅總額與銷售淨收入的比率。它是衡量企業銷售收入的收益水平指標。其計算公式為：

銷售利稅率＝（利稅總額／銷售收入淨額）×100%

利稅總額是利潤總額與銷售稅金總額之和；銷售收入淨額是企業銷售收入減去銷貨折扣、銷售折讓和銷貨退回后的余額。銷售利稅率高，表明企業對國家的貢獻越大。

（3）成本費用利潤率。成本費用利潤率是企業一定時期實現的利潤總額與同期成本費用總額的比率。它反應了企業生產經營所得與成本費用之間的比率關係，是衡量企業經濟效益高低的一個重要指標。其計算公式為：

成本費用利潤率＝（利潤總額／成本費用總額）×100%

成本費用是本期產品銷售成本總額與管理費用、財務費用、銷售費用之和。

一般來說，企業在一定經營時期內成本費用越低，利潤總額越高，則表明企業的經濟效益越高。但是影響企業成本費用的因素較多，有來自企業外部的影響，如原材料價格的漲落，有來自企業內部的影響因素，諸如原材料的消耗量、產品數量、勞動生產率、工資水平以及其他多種因素。因此對成本費用率的變化要進一步研究分析，找出各因素的影響程度，並提出降低成本費用的方法。

在財務分析中，通過對財務報表中數據的分析，不僅可以評價企業對債權人和投資者利益的保障程度，而且可以反應企業生產經營狀態，從而衡量企業支付能力大小和投資前景的好壞，以提供投資者、債權人和經營者從不同角度對企業進行評價的需要。

（二）財務狀況趨勢分析與預測

財務狀況的趨勢分析，主要是通過對企業連續幾期的財務指標、財務比率和財務報告的比較，來瞭解企業財務狀況的變動趨勢，包括變動的方向、數額和幅度，從而據以預測企業未來財務活動的發展前景。如圖7-7所示：

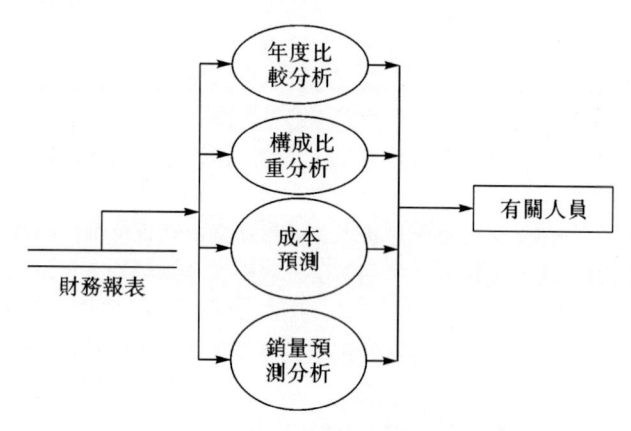

```
           ┌─→ 年度比較分析 ─┐
           │                │
           ├─→ 構成比重分析 ─┤
財務報表 ──┤                ├──→ 有關人員
           ├─→ 成本預測    ─┤
           │                │
           └─→ 銷量預測分析 ─┘
```

圖 7-7　財務狀況趨勢分析圖

1. 年度比較分析

　　年度比較分析主要包括資產負債表年度比較分析、利潤表年度比較分析、現金流量表年度比較分析。通過對這些財務報表的財務指標和財務比率的分析，觀察其金額或比率的變動數額和變動幅度，分析其變動趨勢是否合理，並預測未來。

　　比較會計報表的構成就是以會計報表中的某一總體指標為100%，計算其中部分指標占該總體指標的百分比，比較若干連續時期該項構成指標的增減變動趨勢。如利潤表的比較以產品銷售收入作為100%，計算數期產品銷售成本、產品銷售費用、流轉稅、產品銷售利潤等指標各占產品銷售收入的百分比，分析其中部分指標所占百分比的增減變動對企業利潤總額的影響。另外，還可以流動資產總額為100%，計算數期的貨幣資金、短期投資、應收帳款、貨款等指標占流動資產總額的百分比，分析流動資產結構變動趨勢的性質（表7-1）。

表7-1　　　　　　　　　　比較利潤表的構成　　　　　　　　　　單位:%

項　目	2004年	2005年
一、產品銷售收入	100	100
產品銷售成本	59.4	61.0
產品銷售費用	9.0	9.5
產品銷售稅金	6.0	6.0
二、產品銷售利潤	25.6	23.5

2. 結構比重分析

　　結構比重分析主要有資產負債表構成分析、利潤表構成分析、現金流量表構成分析等。

3. 成本預測

　　成本預測包括成本費用預測、目標成本預測等。

（1）成本費用預測

成本費用預測，就是根據歷史成本資料和有關經濟信息，結合發展趨勢，採用科學的方法，對一定時期的產品或某個成本項目進行分析和預測。

企業產品成本的降低，不但可以直接通過節約原材料、輔助材料、燃料、能力的消耗，減少產品人工工時來實現，還可以通過增加生產量，以減少單位產品所需的各項製造費用來實現。

在已知固定成本總額和單位變動成本的條件下，可以預測一定產量的單位產品成本和總成本。預測公式如下：

單位產品成本：$C = V + F/X$

其中：C 為單位產品成本，V 為單位產品變動成本，F 為固定成本總額，X 為產品產量。

總成本 = CX

（2）目標成本預測法

目標成本是企業事先確定的在一定時期內產品成本應實現的目標。作為企業成本控制和管理依據的目標成本，要求既要有先進性，又要有可行性。目標成本的確定通常有以下兩種方法：一是選擇某一先進的成本水平作為目標成本；二是根據目標利潤確定目標成本。採用目標利潤確定目標成本其關係式表示如下：

目標成本 = 銷售收入 − 銷售稅金 − 期間費用 − 目標利潤

單位產品目標成本 = 產品售價 ×（1 − 產品稅率）−（期間費用 + 目標利潤）/銷售數量

4. 產品銷售分析預測

產品銷售量的預測是以調查研究和數理統計方法為基礎，根據以往的銷售情況和市場上商品供需情況的發展趨勢，對計劃期某一種產品的銷售量所進行的分析、預計和測算。採用定量預測方法為趨勢預測法。它包括算術平均法、移動平均法、移動加權平均法、直線趨勢迴歸分析法。直線趨勢迴歸法的計算以直線方程為基礎，其基本形式為：

$Y = a + bX$

$$a = \frac{\sum y - b \sum x}{n}$$

$$b = \frac{n \sum xy - \sum x \sum y}{n \sum x^2 - (\sum x)^2}$$

由於自變量在銷售預測中按時間順序排列，間隔時期相等，進行統計處理時，可使 $x = 0$，此時計算 a 和 b 的公式可以簡化為：

$$a = \frac{\sum y}{n}$$

三、財務管理決策

（一）投資決策

投資決策是指投資者為了實現其預期的投資目標，運用一定的科學理論、方法和手段，通過一定的程序對投資的必要性、投資目標、投資規模、投資方向、投資結構、投資成本與收益等經濟活動中重大問題所進行的分析、判斷和方案選擇。簡單而言，投資決策就是企業對某一項目（包括有形資產、無形資產、技術、經營權等）投資前進行的分析、研究和方案選擇。投資決策分為宏觀投資決策、中觀投資決策和微觀投資決策三部分，本章屬於微觀投資決策的範疇。

投資決策是企業所有決策中最為關鍵、最為重要的決策。投資決策失誤是企業最大的失誤，一個重要的投資決策失誤往往會使一個企業陷入困境甚至破產。因此，財務管理的一項極為重要的職能就是為企業當好參謀，把好投資決策關。

企業投資決策的程序一般包括確定投資目標、選擇投資方向、制訂投資方案、評價投資方案、投資項目選擇、反饋調整決策方案和投資評價等。

（1）明確投資目標。明確企業投資目標是投資決策的前提。明確投資目標需要：

①明確為什麼投資。要在思想上明確為什麼投資，明確最需要投資的環節、自身的條件與資源狀況、市場環境的狀況等。

②有整體觀念。要考慮把眼前利益與長遠利益結合起來，避免「短視」與「近視」可能帶來的影響企業全局和長遠發展的不利情況。

③有科學的依據。科學的投資決策是保證投資有效性的前提。要實事求是，注重對數據資料的分析和運用，不能靠拍腦袋來決定事關重大的投資決策方案。

（2）分析投資方向。明確投資目標后，需要進一步分析並確定投資方向。這一步事關企業今後的發展問題。

（3）擬訂投資方案。決定投資方向之後，著手擬訂具體的投資方案，並對方案進行可行性論證。一般情況下，擬訂的投資方案要求在兩個以上，因為這樣可以對不同的方案進行比較分析，權衡利弊，才有對方案的選擇空間。

（4）評價投資方案。對不同方案的投資風險與回報進行評價分析，據此確定投資決策方案的可靠性。企業一定要把風險控製在它能夠承受的範圍之內，不能有過於投機或僥幸的心理，一旦企業所面臨的風險超過其承受的能力，將導致企業的巨大損失或滅亡。

（5）選擇投資項目。狹義的投資決策就是指決定投資項目這個環節。選擇的投資項目必須由相應一級的人來承擔責任。把責任落實到具體的人，這樣便於投資項目的進行。

（6）反饋調整決策方案和投資評價。投資方案確定之後，還必須要根據環境和需要的不斷變化，對原先的決策進行適時的調整，從而使投資決策更加科學、合理。

（二）籌資決策

籌資決策是指為滿足企業融資的需要，對籌資的途徑、籌資的數量、籌資的時間、

籌資的成本、籌資的風險和籌資的方案進行評價和選擇，從而確定一個最優資金結構的分析、判斷過程。籌資決策的核心，就是在多種渠道、多種方式的籌資條件下，如何利用不同的籌資方式力求籌集到資金成本最低的資金來源，其基本思想是實現資金來源的最佳結構，即使公司平均資金成本率達到最低限度時的資金來源結構。

籌資的目的是滿足企業投資的資金需求，企業投資決策一旦確定，財務人員就必須籌措企業投資所需的資金。籌資決策主要解決好以下幾方面的問題：利用權益資本還是債務資本？通過什麼渠道籌措哪種權益資本或債務資本？權益資本與債務資本之間的比例應為多少？利用長期資金還是短期資金？它們之間的比例又是多少？籌資決策所影響和改變的是企業的財務結構還是資本結構？

（1）企業籌資渠道。一般而言，企業的資金來源不外三條途徑，即短期負債籌資、長期負債籌資與股權資本籌資。其中具有長期影響的、戰略意義的籌資決策通常是指長期負債籌資決策與股權資本籌資決策，其又被稱為資本結構決策。企業所採取的股利政策決定了企業自留資金的多少，在很大程度上也決定了企業籌資決策的制度。

（2）籌資決策的內容。籌資決策的內容通常包括：確定籌資的數量，選擇籌資的方式——債務籌資還是股權籌資，確定債務或股權的種類，確定債務或股權的價值等。

（3）籌資決策的方法。籌資決策的基本方法有三種：①比較籌資代價法，包括比較籌資成本代價、比較籌資條件代價、比較籌資時間代價等；②比較籌資機會法，包括比較籌資的實施機會、比較籌資的風險程度；③比較籌資的收益與代價法，如果籌資項目預期經濟效益大於籌資成本，則該方案可行。其中方法③是判斷籌資方案是否可行和選擇最佳籌資方案的主要依據。

（4）籌資決策的程序。其主要有如下幾點：①明確投資需要，制訂籌資計劃。②分析尋找籌資渠道，明確可籌資金的來源。③計算各個籌資渠道的籌資成本費用，即計算籌資費用率——每一萬元資金所需籌資成本。銀行貸款的籌資成本主要是利息和貸款交際費用；股票籌資主要是股票發行費用；供貨商和經銷商信貸（供貨款占用和預付款占用）主要是談判費用，這種信貸一般是無息的；企業利潤融資主要是投資機會成本。④分析企業現有負債結構，明確還債風險時期。⑤分析企業未來現金收入流量，明確未來不同時期的還債能力。⑥對照計算還債風險時期，在優化負債機構的基礎上，選擇安排新負債。⑦權衡還債風險和籌資成本，擬訂籌資方案。⑧選擇籌資方案，在還債風險可承擔的限度內，盡可能選擇籌資成本低的籌資渠道以取得資金。

(三) 利潤分配決策

利潤分配決策是企業對有關利潤分配事項的決策。企業取得的利潤按照國家規定作相應的調整，依法交納所得稅后，才能對稅后淨利潤進行分配。

（1）利潤分配的順序。按照中國《公司法》的規定，企業利潤分配的順序為：①彌補以前年度虧損；②提取10%的法定公積金；③提取任意公積金，比例由投資者決定；④提取公益金；⑤向投資人（股東）分配利潤（股利）。

（2）利潤分配的政策。對企業而言制定一個正確、合理的鼓勵政策非常重要。其核心問題是確定利潤分配和留存的比例，確定分配多少紅利給投資人，多少留存企業；

減少紅利分配，可增加盈餘，減少外部融資。

（3）影響利潤分配政策的因素：①法律因素。法律對利潤分配作了限制，即資本保全——企業不能用資本發放股利；企業累積——按法律規定的累積提取剩餘后才能向投資人發放紅利；償債能力——利潤的分配必須以保持償債能力為前提。②企業自身因素，包括企業自身投資需要與籌資能力等情況。③投資人因素，包括投資人的股權、收入、稅負等。④其他因素，包括經濟社會環境等。

四、營運資本管理

企業營運資本管理的重點，則在於保證企業生產經營過程中資金的正常週轉，避免支付困境的出現。

1. 營運資本

營運資本是指企業在流動資產上的總投資。總營運資本是指企業流動資產總額；淨營運資本是指企業流動資產減去流動負債的余額（淨營運資本＝流動資產－流動負債）。營運資本週轉是指企業營運資本從現金投入生產經營，經過一定的生產、銷售，最終轉化為現金的過程。

2. 營運資本管理的核心工作

（1）現金及有價證券管理。企業應按國家現金管理規定加強現金管理，現金管理力求做到保證企業交易所需資金，又不擁有過多的閒置現金。最佳現金持有量是指現金持有成本最低的現金餘額。加強現金日常管理，提高現金的使用效率，力爭使現金流入與流出量同步，加速收款，控製支出。企業如有多余現金，可適當進行有價證券的短期投資。不定期抽查，以防現金被挪用。

（2）應收帳款管理。應收帳款是企業因賒銷產品、原材料、提供勞務等應向購貨單位或個人收取的款項。賒銷可以擴大銷售、增加利潤，但面臨增加機會成本、管理成本和壞帳損失的風險。為此，企業應制定應收帳款政策，確定信用標準、期限和現金折扣；加強收款管理，隨時掌握收款情況，採取適當的收款措施——信函通知、親自造訪、電話催款、委託收款及採取法律行動等。

（3）存貨管理。存貨是指企業在日常經營活動中持有的以備出售的產成品或商品等。企業應對各種存貨成本與存貨收益進行權衡，使其達到最佳組合，在保證不脫銷的情況下，盡可能少持有，以減少儲存與管理費用。存貨成本包括進貨成本、儲存成本、加工成本、缺貨成本等。

五、帳務處理

1. 帳務處理程序

帳務處理程序也稱會計核算組織程序，是指對會計數據進行記錄、歸類、匯總、呈報的步驟和方法，即從原始憑證的整理、匯總，記帳憑證的填製、匯總，日記帳、明細分類帳的登記，到會計報表的編製的步驟和方法。帳務處理程序的基本模式可以概括為：原始憑證→記帳憑證→會計帳簿→會計報表。

中國企業目前一般採用的帳務處理程序或會計核算形式主要有：記帳憑證核算形

式、匯總記帳憑證核算形式、科目匯總表核算形式、多欄式日記帳核算形式、日記總帳核算形式等。

選擇科學、合理的會計帳務處理程序是組織會計工作、進行會計核算的前提。雖然在實際工作中有不同的會計帳務處理程序，但是它們都應符合以下三個要求：

（1）要適合本單位所屬行業的特點，即在設計會計帳務處理程序時，要考慮自身企業或單位組織規模的大小、經濟業務性質和簡繁程度；同時，還要有利於會計工作的分工協作和內部控製。

（2）要能夠正確、及時和完整地提供本單位的各方面會計信息，在保證會計信息質量的前提下，滿足本單位各部門、人員和社會各有關相關行業的信息需要。

（3）適當的會計帳務處理程序還應當力求簡化，減少不必要的環節，節約人力、物力和財力，不斷地提高會計工作的效率。

各種會計帳務處理程序的主要區別在於登記總分類帳的依據和方法不同，但是，出納業務處理的步驟基本上一致，其基本程序是：

（1）根據原始憑證或匯總原始憑證填製收款憑證、付款憑證；對於轉帳投資有價證券業務，還要根據原始憑證或匯總原始憑證直接登記有價證券明細分類帳（債券投資明細分類帳、股票投資明細分類帳等）。

（2）根據收款憑證、付款憑證逐筆登記現金日記帳、銀行存款日記帳、有價證券明細分類帳。

（3）現金日記帳的餘額與庫存現金每天進行核對，與現金總分類帳定期進行核對；銀行存款日記帳與開戶銀行出具的銀行對帳單逐筆進行核對，至少每月一次；銀行存款日記帳的餘額與銀行存款總分類帳定期進行核對；有價證券明細分類帳與庫存有價證券定期進行核對。

（4）根據現金日記帳、銀行存款日記帳、有價證券明細分類帳、開戶銀行出具的銀行對帳單等，定期或不定期編製出納報告，提供出納核算信息。

2. 手工帳務處理流程

（1）匯總憑證。日常經濟業務發生時，業務人員將原始憑證提交給財會部門。由憑證錄入人員在企業基礎會計信息的支持下，直接根據原始單據編製憑證，並保存在憑證文件中。

（2）審核憑證。對憑證文件中的憑證進行審核。如果審核通過，則對記帳憑證作審核標記；否則，將審核未通過的憑證提交給錄入人員。

（3）登日記帳。出納人員根據收款憑證和付款憑證登記現金日記帳和銀行存款日記帳。

（4）登明細帳。一般單位根據業務量的大小設置各個會計崗位，即分別由多個財會人員登記多本明細帳，如一個會計專門登記應收帳款明細帳，一個會計專門登記材料明細帳等。

（5）登總帳。根據科目匯總表登記總帳，總帳會計根據記帳憑證定期匯總編製科目匯總表，根據科目匯總表登記總分類帳。

（6）對帳。由於總帳、日記帳、明細帳分別由多個財會人員登記，不可避免地存

在著這樣或那樣的錯誤。因此，每月月末，財會人員要進行對帳，將日記帳與總帳核對，明細帳與總帳核對，做到帳帳相符。此外，財會人員月末還要進行結帳，即計算會計帳戶的本期發生額和余額，結束帳簿記錄。

（7）編製銀行存款余額調節表。根據企業銀行帳和銀行對帳單中的銀行業務進行自動對帳，並生成余額調節表。

（8）編製報表。根據日記帳、明細帳和總帳編製管理者所需的會計報表和內部分析表。

六、稅務處理

（一）稅務申報流程

1. 地稅稅金

地稅申報的稅金有營業稅、城建稅、教育費附加、個人所得稅、印花稅、房產稅、土地使用稅、車船使用稅。

（1）每月7號前，申報個人所得稅。

（2）每月15號前，申報營業稅、城建稅、教育費附加、地方教育費附加。

（3）印花稅，年底時申報一次（全年的）。

（4）房產稅、土地使用稅，每年4月15號前、10月15號前申報。但是，各地稅務要求不一樣，按照單位主管稅務局要求的期限進行申報。

（5）車船使用稅，每年4月份申報繳納。各地稅務要求也不一樣，按照單位主管稅務局要求的期限進行申報。

（6）如果沒有發生稅金，也要按時進行零申報。

（7）納稅申報方式：網上申報和上門申報。如果進行網上申報，直接登陸當地地稅局網站，進入納稅申報系統，輸入稅務代碼、密碼后進行申報就行了。如果上門申報，填寫納稅申報表，報送主管稅務局就行了。

2. 國稅稅金

國稅申報的稅金主要有增值稅、所得稅。

（1）每月15號前申報增值稅。

（2）每季度末下月的15號前申報所得稅。

（3）國稅納稅申報比較複雜，需要安裝網上納稅申報系統，一般國稅都要對申報單位進行培訓。

（二）抄稅和報稅

抄稅是指把當月開出的發票全部記入發票IC卡，然后報稅務部門讀入他們的電腦以此作為企業或單位計算稅額的依據。報稅是指納稅人向稅務管理機關申報納稅的過程。一般抄稅后才能報稅，且抄稅后才能開具下個月的發票。

1. 抄稅

IC卡是購發票、開發票和抄稅用的。

（1）購發票時，持IC卡和發票準購證去稅務局辦理，購買回來后，將IC卡插入

讀卡器中，讀入到防偽稅控開票軟件中，用以開具發票時所用。

（2）開發票時，首先將 IC 卡插入讀卡器，然後進入開票系統中進行開具發票的操作，需要注意的是，電子版的發票與打印的發票用紙必須是同一張發票。

（3）進項發票的認證，如果你單位購貨時取得了增值稅發票，月末前持發票的抵扣聯去稅務局進行認證。

（4）抄稅。月末終了，根據當地稅務機關規定的抄稅時限（一般是次月的 1～5 日），將本月已經開具使用的發票信息抄入到 IC 卡中，然後打印出紙質報表並加蓋公章，持 IC 卡和報表去稅務局大廳完成抄稅程序。

2. 報稅

待財務決算做完後，進行納稅申報表的填寫、審核、報稅的操作，報完稅後，進行包括主表和附表的申報表打印。此項操作，都是在自己的機器中「增值稅一般納稅人納稅申報電子信息採集系統」軟件中完成的。進銷項發票可以從網上下載，既快又準確。季度末，將本季度的申報表主表報送到稅務局。

3. 繳稅

按期到稅務機關繳稅。

第三節　財務管理實務模擬

一、實訓目的

通過本實訓項目的操作，使學生掌握企業財務管理的主要內容，熟悉帳務處理程序和稅務申報處理程序。

二、實訓資料

1. 背景資料

納稅人名稱：重慶市_____玩具有限責任公司；

法定代表人姓名：_____；

註冊地址：重慶市南岸區學府大道_____號；

納稅人識別號：_____；

開戶銀行：中國農業銀行重慶分行；帳號：_____。

公司為增值稅一般納稅人，增值稅率為17%，城市維護建設稅率為7%，教育費附加率為3%，企業所得稅率為25%。上述稅費均按月申報。

結合第三章「全面預算管理」中市場行情與企業產能情況，分析是否增加生產線。一條生產線的投資額需要 1,000 萬元，一年期貸款利率是 7.5%，5 年期貸款利率為 12%。

表7-2　　　公司20＿＿年7月1日總帳及明細帳帳戶期初數據　　　單位：千元

總帳帳戶	明細帳帳戶	借方余額	貸方余額
一、資產類			
庫存現金		8	
銀行存款		78,700	
應收帳款	成都商貿公司	16,000	
原材料		0	
生產成本		0	
庫存商品	自主品牌玩具	17,787	
	貼牌玩具	1,933	
固定資產		125,308	
累計折舊			9,722
二、負債類			
應付帳款	精工塑料廠		26,000
應交稅費			0
三、所有者權益			
實收資本			67,000
資本公積			20,275
利潤分配			116,739

2. 公司20××年7月發生的經濟業務

（1）公司購入原材料塑料棒A1, 8,000千根，單價2元，取得增值稅專用發票註明價款16,000千元，稅金2,720千元；購入原材料鋼球A2, 500千個，單價3元，取得增值稅專用發票註明價款1,500千元，稅金255千元。材料已收到入庫，價稅款通過銀行支付。

（2）向銀行支付結算手續費26千元。

（3）生產自主品牌玩具領用塑料棒A1, 7,500千根，單價2元；生產貼牌玩具領用鋼球A2, 480千個，單價3元。

（4）以現金支付產品宣傳費2,000元，開出轉帳支票支付廣告費56,000元。

（5）零售自主品牌玩具70千件，售價86元（不含稅），開出普通發票價稅合計7,043.4千元；批發銷售自主品牌玩具600千件，售價66元（不含稅），開出增值稅專用發票註明價款39,600千元，稅金6,732千元；銷售貼牌玩具80千件，售價30元，開出增值稅專用發票註明價款2,400千元，稅金408千元。上述款項通過銀行收取。

（6）以銀行存款預付下半年寫字樓租金180,000元和房屋租賃合同印花稅180元。租金從本月起在6個月內進行分攤。

（7）計提本月固定資產折舊費1,880千元，其中生產車間固定資產折舊1,316千

元，管理部門固定資產折舊 564 千元。

（8）分配生產車間固定資產折舊 1,316 千元，自主品牌玩具承擔 921 千元，貼牌玩具承擔 395 千元。

（9）以銀行存款歸還所欠精工塑料廠貨款 20,000 千元。

（10）本月應付職工工資 4,870 千元，其中生產自主品牌玩具工人工資 3,137 千元，生產貼牌玩具工人工資 485 千元，管理人員工資 1,248 千元。

（11）本月完工自主品牌玩具 720 千件，總成本 18,295 千元；完工貼牌玩具 120 千件，總成本 2,320 千元。

（12）結轉已銷自主品牌玩具銷售成本 17,024.7 千元，已銷貼牌玩具銷售成本 1,546.4 千元。

（13）計算本月應繳納增值稅、城建稅和教育費附加。

（14）將本月收入、費用結轉至「本年利潤」帳戶。

（15）計算本月利潤總額；假設本月無納稅調整事項，以利潤總額為基礎計算公司本月應交企業所得稅。

三、實訓操作要求

（1）根據實訓資料，建立企業財務管理機構，明確崗位設置與工作職責。

（2）分析企業情況，根據相關資料，進行財務決策，包括：測算現金的需要量，制訂投資方案和籌資方案，制定信用政策，加強應收帳款的信用管理。

（3）進行日常帳務處理，編製財務報表，進行納稅籌劃並交稅。

四、實訓步驟

（一）財務部門主要崗位及職責

財務部主要崗位包括部門經理、會計、出納。畫出部門崗位結構圖，根據崗位設置為每位同學分配角色，明確不同崗位之間的關係和各崗位工作職責。

1. 財務部經理

在分管副總經理的領導下，負責主持、組織並督促部門人員全面完成財務部的各項核算、監督、內控等財務核算管理工作；負責組織公司財務管理制度、會計成本核算規程、成本管理會計監督及有關財務專項管理制度的擬定、修改、補充和實施；組織領導編製公司財務計劃、審查財務計劃。負責向公司總經理、主管副總匯報財務狀況和經營成果等情況。

2. 會計（材料、成本、債權債務核算及稽核等）

按國家統一會計制度規定設置帳簿進行會計核算，審核入帳的發票是否真實無誤，正確編製記帳憑證，登記、結帳，編製經營成果及財務狀況等報表；做好產品成本的計算及分析工作；進行納稅籌劃，按期計算繳納各種稅款；進行銀行存款餘額調節表的編製。

3. 出納

根據《中華人民共和國現金管理暫行條例》的規定，辦理現金收支業務及銀行結

算業務；根據已審核的收、付款憑證，逐筆序時登記現金和銀行存款日記帳；檢查備用金使用情況；保管庫存現金、有價證券、空白銀行結算憑證及發票收據等；保證所管印章的安全和完整。

(二) 財務管理主要工作內容

(1) 投資分析與決策，分析是否增加生產線，擴大產能；
(2) 測算各種募集資金的資本成本並予以支付（利息、股利、租金等），根據資金使用狀況確定下一步資金籌措方案；
(3) 測算現金的需要量；
(4) 制定信用政策，加強應收帳款的信用管理；
(5) 考核各部門的預算執行狀況，進行差異分析並作出預算執行情況匯報；
(6) 進行日常帳務處理，編製財務報表；
(7) 進行財務報表的分析；
(8) 進行納稅籌劃並交稅。

填寫以下表單：資本成本測算表、現金需要量測算表、信用管理狀況表、預算執行表、各類憑證和總分類及明細分類等各類帳簿、資產負債表、利潤表、現金流量表、所有者權益變動表、稅務登記報表等。

(三) 帳務處理

企業採用記帳憑證核算形式。

1. 記帳憑證核算形式

記帳憑證核算形式是指直接根據各種記帳憑證逐筆登記總分類帳的會計核算形式，是各種會計形式中最基本的會計核算形式。憑證和帳簿組織在記帳憑證核算形式下，記帳憑證可以用收款憑證、付款憑證、轉帳憑證三種格式，也可以採用通用的記帳憑證格式。設置的帳簿一般有現金日記帳、銀行存款日記帳、總分類帳和明細分類帳。其中，現金日記帳和銀行存款日記帳一般採用三欄式，明細分類帳一般根據管理的需要分別採用三欄式、數量金額式和多欄式。具體流程如圖 7－8 所示：

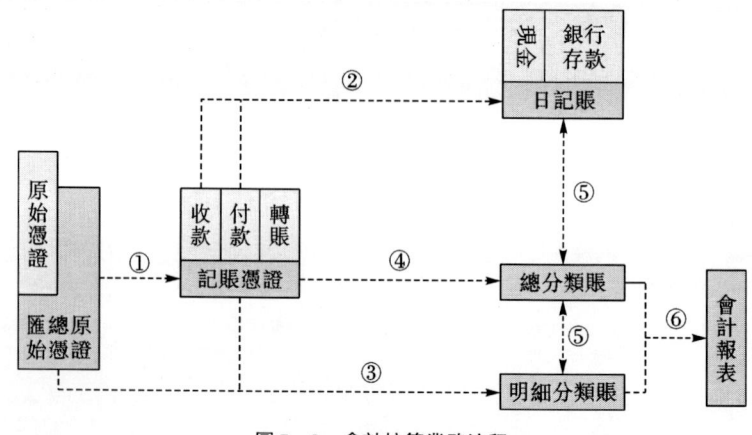

圖 7－8 會計核算業務流程

2. 會計核算工作內容

(1) 對企業發生的經濟業務進行帳務處理：根據原始憑證填製記帳憑證，根據記帳憑證登記現金日記帳和銀行存款日記帳。

(2) 進行成本核算，編製成本分析表，測算與預算的差異並分析原因；

(3) 根據記帳憑證登記總分類帳和明細分類帳；

(4) 根據記帳憑證匯總、編製科目匯總表，根據明細帳登記總帳；

(5) 編製會計報表：資產負債表、利潤表、現金流量表、所有者權益變動表；

填寫以下表單：各類記帳憑證帳簿和會計報表。

3. 操作要求

(1) 根據公司 7 月份發生的經濟業務編製記帳憑證；

(2) 開設總帳帳戶，登記期初余額，根據所編製記帳憑證登記各帳戶發生額；

(3) 月末結帳，編製試算平衡表；

(4) 編製 2010 年 7 月 31 日資產負債表和 2010 年 7 月份利潤表。

(四) 納稅申報

1. 企業一般納稅人增值稅的納稅申報流程

一般納稅人進行申報流程分為認證、抄稅、報稅、納稅申報、稅款繳納五個步驟。

(1) 進項稅發票認證抵扣

增值稅進項發票的認證在稅務機關的認證系統進行。納稅人在取得增值稅進項發票以后，就可以到稅務機關大廳進行增值稅發票的認證，認證的目的是確認增值稅發票的真假，只有通過認證的發票才能抵扣。認證的過程很簡單，只需要將發票準備好，拿到國稅申報大廳，由稅務工作人員將發票信息掃入系統，由系統自動進行比對，就可以確認發票的真假。對於開展了網上認證的地區，納稅人可以在自己單位將發票通過掃描儀掃入，將數據文件傳給稅務機關就可以完成認證。增值稅發票認證的期限為從開票之日起三個月，目前當月認證的發票必須在當月抵扣。認證時間為每月 20 日至月末前一天，通過認證后打印增值稅專用發票認證結果清單。

(2) 銷項稅發票抄稅、報稅

抄、報稅指的是將防偽稅控開票系統開具發票的信息報送稅務機關。這個過程分為兩步。第一步，在開票系統進行抄稅處理，將發生銷售業務時在防偽稅控系統中開具的增值稅專用發票或普通發票的信息讀入 IC 卡（抄稅完成后本月不允許再開具發票）。抄稅的時間為每月初 2 日前。在開票系統中打印相關發票清單報表，主要包括：增值稅的匯總表、所開正負數發票的明細表、有作廢票的明細表等。第二步，將 IC 卡拿到稅務機關，由稅務人員將 IC 卡的信息讀入稅務機關的金稅系統，整個過程就完成了。

抄報稅時需攜帶的資料包括：①抄有申報所屬月份銷項發票信息的 IC 卡；②防偽稅控開票系統生成的增值稅專用發票匯總表和明細表；③電腦版增值稅專用發票領用存月報表；④發票購領簿；⑤抄、報稅所屬期月份開具的最后一張發票原件或複印件和下月開具的首張發票原件或複印件（兩張連號）。增值稅報稅日期為每月 8 日以前。

（3）納稅申報

完成了本月核算工作，抄、報稅完成后，企業就可以進行本月增值稅的納稅申報。申報時間要求在稅款所屬期滿后次月 15 日之前。一般情況下銷項稅額與進項稅額的差額就是本月應納稅額，其中銷項稅額根據本月銷售收入與適應稅率計算出，這個數字應當大於或等於本月抄稅中的銷項稅額，這是因為還可能存在未開票的銷售收入，如果小於，納稅申報就會有問題。進項稅額不得大於本月認證的進項稅額（當然如果有農產品收購、運輸發票抵扣的除外）。

申報時需要提交的資料包括一般納稅人增值稅納稅申報表及附表；主要財務報表；IC 卡；增值稅專用發票認證結果清單，發票領、用、存月報表等。

（4）稅款繳納

增值稅申報成功之后，稅務機關會開具稅款繳納的單據，納稅單位就可以直接將這些單據送到自己的開戶銀行，由銀行進行轉帳處理。

2. 企業所得稅納稅申報

（1）企業所得稅分月或者分季預繳。

（2）企業應當自月份或者季度終了之日起 15 日內，向稅務機關報送預繳企業所得稅納稅申報表，預繳稅款。

（3）企業應當自年度終了之日起 5 個月內，向稅務機關報送年度企業所得稅納稅申報表，並匯算清繳，結清應繳應退稅款。

（4）企業在報送企業所得稅納稅申報表時，應當按照規定附送財務會計報告和其他有關資料。

注意：申報時必須持下列資料：①月份或季度預繳，包括所得稅申報表和財務會計報表及說明資料。②年度匯繳，包括所得稅申報表、所得稅申報表附表、財務會計報表及說明資料、其他資料。

3. 操作要求

編製增值稅申報表（一般納稅人）、綜合申報表（城建稅和教育費附加）、企業所得稅預繳納稅申報表（按月預繳）並向稅務機關進行納稅申報。

五、實訓表單

實訓表單包括表單一至表單五。

表單一：

資 產 負 債 表

編製單位：＿＿＿＿＿＿＿公司　　2010 年 7 月 31 日　　　　　　　　　單位：千元

資產	月初數	月末數	權益	月初數	月末數
流動資產：			流動負債：		
貨幣資金			短期借款		
應收帳款			應付帳款		
存貨：			一年內到期的非流動負債		
原材料			應交稅費		
在製品			流動負債合計		
製成品			非流動負債：		
流動資產合計			長期借款		
非流動資產：			長期應付債券		
長期應收款			負債合計		
投資性房地產					
固定資產：			所有者權益：		
廠房			實收資本		
設備			資本公積		
折舊			盈余公積		
在建工程			累積未分配利潤		
長期待攤費用			所有者權益合計		
非流動資產合計					
資產總計			負債＋所有者權益總計		

表單二：

總分類帳試算平衡表

年　月　日

總帳帳戶	期初余額		本期發生額		期末余額	
	借方	貸方	借方	貸方	借方	貸方
合　計						

製表人：

表單三：

增值稅納稅申報表

（適用於增值稅一般納稅人）

根據《中華人民共和國增值稅暫行條例》第二十二條和第二十三條的規定制定本表。納稅人不論有無銷售額，均應按主管稅務機關核定的納稅期限按期填報本表，並於次月一日起十五日內，向當地稅務機關申報。

稅款所屬時間：自　　年　月　日至　　年　月　日　　填表日期：　　年　月　日　　　　　　　金額單位：元至角分

納稅人識別號															所屬行業：	
納稅人名稱			（公章）	法定代表人姓名		註冊地址			營業地址		
開戶銀行及帳號				企業登記註冊類型				電話號碼			

	項　　目	欄次	一般貨物及勞務		即徵即退貨物及勞務	
			本月數	本年累計	本月數	本年累計
銷售額	（一）按適用稅率徵稅貨物及勞務銷售額	①				
	其中：應稅貨物銷售額	②				
	應稅勞務銷售額	③				
	納稅檢查調整的銷售額	④				
	（二）按簡易徵收辦法徵稅貨物的銷售額	⑤				
	其中：納稅檢查調整的銷售額	⑥				
	（三）免、抵、退辦法出口貨物的銷售額	⑦			—	—
	（四）免稅貨物及勞務銷售額	⑧			—	—
	其中：免稅貨物銷售額	⑨			—	—
	免稅勞務銷售額	⑩			—	—
稅款計算	銷項稅額	⑪				
	進項稅額	⑫				
	上期留抵稅額	⑬		—		
	進項稅額轉出	⑭				
	免、抵、退貨物應退稅額	⑮			—	—
	按適用稅率計算的納稅檢查應補繳稅額	⑯			—	—
	應抵扣稅額合計	⑰＝⑫＋⑬－⑭－⑮＋⑯			—	—
	實際抵扣稅額	⑱（如⑰＜⑪，則為⑰，否則為⑪）				
	應納稅額	⑲＝⑪－⑱				
	期末留抵稅額	⑳＝⑰－⑱				
	按簡易徵收辦法計算的應納稅額	㉑				
	按簡易徵收辦法計算的納稅檢查應補繳稅額	㉒				
	應納稅額減徵額	㉓				
	應納稅額合計	㉔＝⑲＋㉑－㉓				

(續)

項　目		欄次	一般貨物及勞務		即徵即退貨物及勞務	
			本月數	本年累計	本月數	本年累計
稅款繳納	期初未繳稅額（多繳為負數）	㉕				
	實收出口開具專用繳款書退稅額	㉖			—	—
	本期已繳稅額	㉗ = ㉘ + ㉙ + ㉚ + ㉛				
	①分次預繳稅額	㉘			—	—
	②出口開具專用繳款書預繳稅額	㉙			—	—
	③本期繳納上期應納稅額	㉚				
	④本期繳納欠繳稅額	㉛				
	期末未繳稅額（多繳為負數）	㉜ = ㉔ + ㉕ + ㉖ − ㉗				
	其中：欠繳稅額（≥0）	㉝ = ㉕ + ㉖ − ㉗				
	本期應補（退）稅額	㉞ = ㉔ − ㉘ − ㉙				
	即徵即退實際退稅額	㉟	—	—		
	期初未繳查補稅額	㊱				
	本期入庫查補稅額	㊲				
	期末未繳查補稅額	㊳ = ⑯ + ㉒ + ㊱ − ㊲			—	—
授權聲明	如果你已委託代理人申報，請填寫下列資料： 　　為代理一切稅務事宜，現授權 （地址）　　　　　　　為本納稅人的代理申報人，任何與本申報表有關的往來文件，都可寄予此人。 　　　　　　　　　　　　　　授權人簽字：		申報人聲明	此納稅申報表是根據《中華人民共和國增值稅暫行條例》的規定填報的，我相信它是真實的、可靠的、完整的。 　　　　　　　　　　　　聲明人簽字：		

以下由稅務機關填寫：		
收到日期：	接收人：	主管稅務機關蓋章：

表單四：

綜合納稅申報表

填表日期： 年 月 日　　　　　　　　　　　　　金額單位：元至角分

納稅人順序號		納稅人名稱（公章）				聯繫電話	

稅種	稅目（品目）	納稅項目	稅款所屬時期	計稅依據（金額或數量）	稅率	當期應納稅額	應減免稅	應納稅額	已納稅額	延期繳納稅額	累計欠稅余額
①	②	③	④	⑤	⑥	⑦=⑤×⑥	⑧	⑨=⑦-⑧	⑩	⑪	⑫
合　計			—								

納稅人申明	授權人申明	代理人申明
本納稅申報表是按照國家稅法和稅收規定填報的，我確信是真實的、合法的。如有虛假，願負法律責任。以上稅款請從＿＿＿＿＿＿＿帳號劃撥。 法定代表人簽章： 財務主管簽章： 經辦人簽章： 　　　　年　月　日	我單位（公司）現授權＿＿＿＿＿＿＿＿＿＿＿為本納稅人的代理申報人，其法定代表人＿＿＿＿＿＿，電話＿＿＿＿＿＿，任何與申報有關的往來文件都可寄與此代理機構。 委託代理合同號碼： 授權人（法定代表人）簽章： 　　　　年　月　日	本納稅申報表是按照國家稅法和稅收規定填報的，我確信是真實的、合法的。如有不實，願承擔法律責任。 法定代表人簽章： 代理人蓋章： 　　　　年　月　日

以下由稅務機關填寫

收到日期		接收人		審核日期		主管稅務機關蓋章
審核記錄						

表單五：

中華人民共和國
企業所得稅月（季）度預繳納稅申報表（A類）

稅款所屬期間：　　年　月　日至　　年　月　日

納稅人識別號：□□□□□□□□□□□□□□□

納稅人名稱：　　　　　　　　　　　　金額單位：人民幣元（列至角分）

行次	項　　目	本期金額	累計金額
1	一、據實預繳		
2	營業收入		
3	營業成本		
4	利潤總額		
5	稅率（25%）		
6	應納所得稅額（4行×5行）		
7	減免所得稅額		
8	實際已繳所得稅額	—	
9	應補（退）的所得稅額（6行－7行－8行）	—	
10	二、按照上一納稅年度應納稅所得額的平均額預繳		
11	上一納稅年度應納稅所得額	—	
12	本月（季）應納稅所得額（11行÷12或11行÷4）		
13	稅率（25%）	—	—
14	本月（季）應納所得稅額（12行×13行）		
15	三、按照稅務機關確定的其他方法預繳		
16	本月（季）確定預繳的所得稅額		
17	總分機構納稅人		
18	總機構	總機構應分攤的所得稅額（9行或14行或16行×25%）		
19		中央財政集中分配的所得稅額（9行或14行或16行×25%）		
20		分支機構分攤的所得稅額（9行或14行或16行×50%）		
21	分支機構	分配比例		
22		分配的所得稅額（20行×21行）		

　　謹聲明：此納稅申報表是根據《中華人民共和國企業所得稅法》《中華人民共和國企業所得稅法實施條例》和國家有關稅收規定填報的，是真實的、可靠的、完整的。

　　　　　　　　　法定代表人（簽字）：　　　　　　　年　月　日

納稅人公章：	代理申報仲介機構公章：	主管稅務機關受理專用章：
會計主管：	經辦人：	受理人：
	經辦人執業證件號碼：	
填表日期：　年　月　日	代理申報日期：　年　月　日	受理日期：　年　月　日

國家稅務總局監制

第八章　企業經營對抗實戰

第一節　BOSS 軟件使用指南

　　企業運作及其經營管理活動涉及生產、市場、財務、人力等多個方面，僅靠對課本中抽象知識的學習，學生難以形成對企業運作過程的直觀體會和深層次的理解。而運用計算機模擬技術對企業在虛擬市場競爭環境下的運作情景進行仿真模擬，可以有效加深學生對抽象知識的理解，同時提升學生對營銷、財務等不同專業知識的整合和綜合應用能力，以及對企業生產運作問題的系統思考能力。

　　開展虛擬企業運作實踐，有助於學生正確理解企業的基本功能、特性及其相互影響；瞭解企業會計系統的特徵與用途；懂得計劃的重要性；瞭解市場競爭環境的特性與企業有效管理的重要性，掌握競爭因素的預期、評價和應對策略；學會對決定性的經濟變數，如產品週期、通貨膨脹率的預期、評價，掌握應對方法；懂得決策微調的分析技巧與價值，會選擇與使用適當的分析技巧；掌握企業經營的基本要求，學會如何發掘與有效運用所獲得的經驗。

一、瞭解 BOSS 軟件

(一) 虛擬企業經營管理競賽基本流程

　　學生利用臺灣托普公司銷售的 Top-BOSS 2005 企業營運決策模擬軟件組成幾家虛擬企業，在模擬的產業環境下開展生產經營活動，以追求企業利潤最大化為其主要目標。每一小組的學生在虛擬企業中分別擔任各部門的部門經理和企業總經理，仔細分析來自企業內外的數據資料，作出關於企業生產、銷售等各項活動的判斷，在經過討論磋商後，得出代表公司現階段經營方向的一組數字或文字性的決策值，將各公司的決策值投入產業環境。

　　在相互競爭中，市場狀況即刻產生變化，各企業盈虧立現，在力求保有或改善公司現有市場優劣勢的期望下，又進入另一個決策週期，如此周而復始，最後由教師根據勝負決定標準（期末業主權益）來判定企業的經營績效。

(二) 模擬競賽中各小組成員的角色

　　在虛擬企業中，學生分別擔任公司的總經理、市場經理、財務經理、採購經理和生產經理。其中經營顧問不做具體決策，只負責公司所有決策項目的諮詢，一般由教師擔任。

(三) BOSS 系統的決策模塊及勝負判斷標準

BOSS 系統共有四種模擬決策方式（競賽方式），分別為 BOSS1（圖 8-1）、BOSS2（圖 8-2）、BOSS3（圖 8-3）和 BOSS4（圖 8-4）。其中 BOSS1 含有 4 個決策項目，BOSS2 含有 8 個決策項目，BOSS3 含有 14 個決策項目，BOSS4 含有 18 個決策項目。

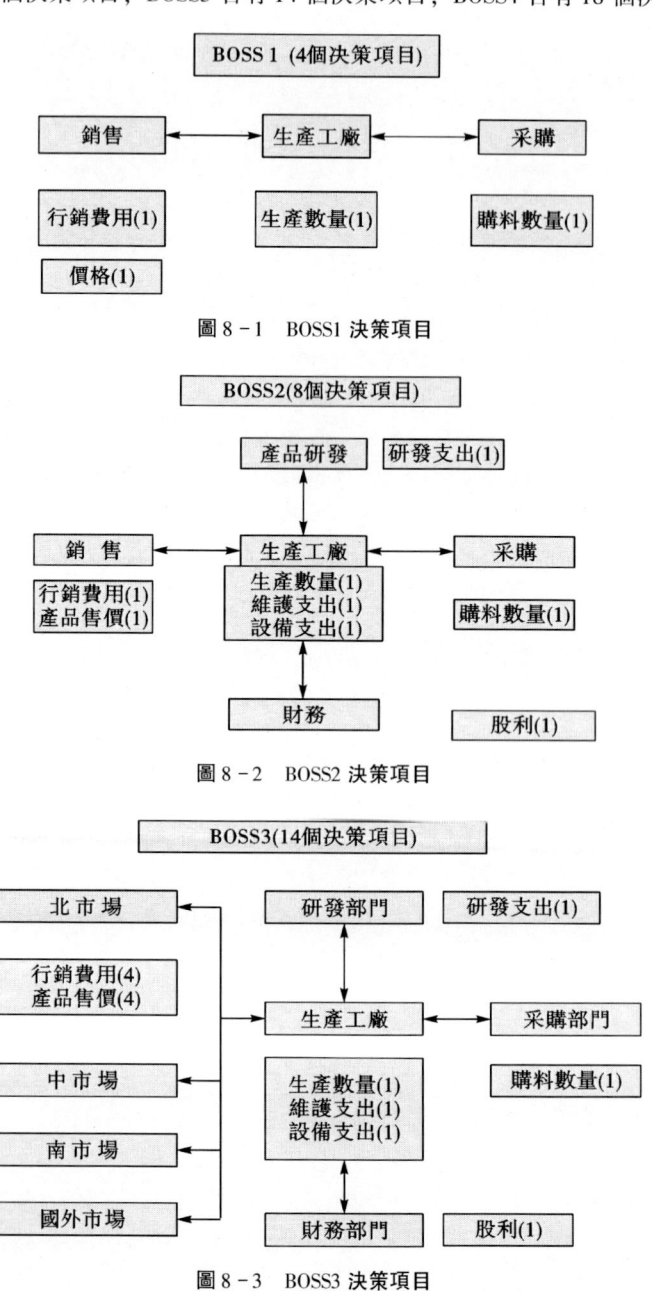

圖 8-1　BOSS1 決策項目

圖 8-2　BOSS2 決策項目

圖 8-3　BOSS3 決策項目

图 8-4　BOSS4 决策项目

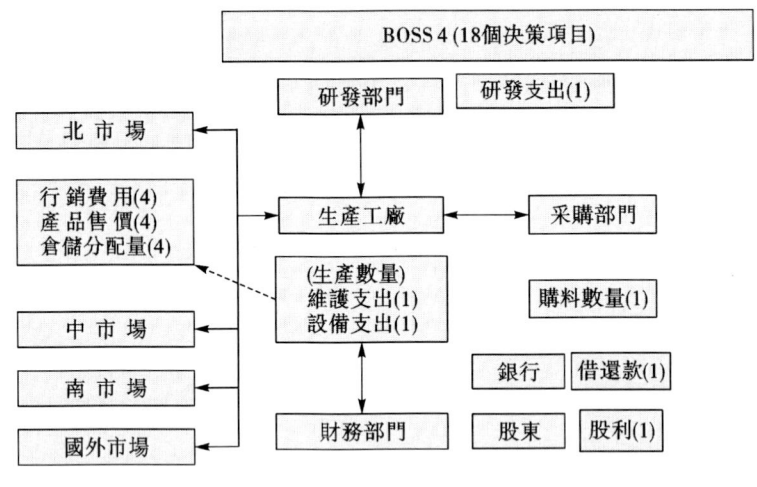

1. 胜负决定标准

正常营运情况下，最后一期决策完成后，报表中竞赛名次的排定是依据企业净现值（NPV）的高低而定。

$$\text{NPV} = \sum_{i=1}^{n-1} \frac{\text{第}\,i\,\text{期股利}}{(1+k/4)^i} + \frac{\text{第}\,n\,\text{期股利} + \text{第}\,n\,\text{期期末经济权益}}{(1+k/4)^n} - \text{期初股东权益}$$

k 代表折现率，由竞赛主持人决定。

2. 破产

在经营不善以致总负债超过股东权益十倍的状况下，程序将自动宣告该公司破产，并于当期经营报表上公告，此时该竞赛队伍亦将被迫退出此轮竞赛，无法再参加本轮随后各期的经营竞赛。

二、相关专业知识的准备

（一）宏观经济环境对企业生产经营活动的影响

季节波动幅度表示实验中每期因季节性需求而产生的（标准）季节波动值。通货膨胀幅度表示物价水平的变动状况，而物价水平会影响到包括价格决策、营销与研发决策的相对效果、产能折算（重置成本）大小以及各费用项的增减等。经济成长幅度表示各期经济成长换算的预估换算公式（影响市场总需求量），其中经济成长增加系数若为正，表示持续成长，系数为负，表示景气低迷。

产品生命周期表示产品生命周期成长的速度。高成长表示速度较快；低成长表示速度较慢。年利率表示正常借款（事前借款）的银行利率。各期计算财务费用及利息支出时所用的是季利率。

税率资料中，投资抵减3.5%显示本次竞赛是否适用对设备投资奖励的节税规定。税率水平显示本次竞赛设定的税率相对层级（以正常税率为基准分高、中、低三级）。

加速折舊顯示帳面折舊提列（折舊計提）是否採用加速折舊法。加速折舊是指雖然實際設備折舊為每期2.5％，但每期以3.125％的比例計提折舊。其影響在於增加帳面費用支出，稅前淨利減少，所得稅亦少繳，而使現金流出減少。

（二）產業背景的影響

價格彈性顯示各地區市場需求量分別對價格的敏感程度。價格彈性大，意味著價格微小變動，市場需求隨之顯著消長；價格彈性小，市場需求變動較不明顯。營銷活動影響顯示各地區市場需求受營銷活動影響產生的變動程度。營銷活動影響大，則增減營銷費用支出，對市場銷售量產生明顯的效果；反之可推。此外，營銷費用具有小幅遞延效果。

研究發展影響顯示該產業研發活動的重要程度。研發費用影響項目包括兩方面：①產品品質——品質良好與新穎被認為有助於提高需求量；②成本降低——提高材料使用效率可減少材料耗用，簡化工作可節省人力、降低成本。研發費用對市場需求量的影響，比營銷活動更具大幅度遞延效果。

維護費用影響顯示該產業維護工作的重要程度。維護費用支出可以穩定產品材料成本，使保持設備使用現有水準的效用、材料使用效率，還可以穩定人工成本，提升設備妥善率。

市場佔有率顯示產業是否具有顯著的市場佔有率遞延情形。某些產業中，當某些廠商產品佔有市場，其他廠商很難介入，即品牌忠誠度較高。這裡我們以市場佔有率遞延程度的大小來表示市場品牌忠誠度大小。當市場佔有率遞延效果顯著時，各公司的市場需求量受上期市場佔有率的影響較大；反之，在遞延效果不顯著時，各公司的市場需求量受上期市場佔有率影響較小。

（三）企業內部生產方式的影響

企業內部資料顯示企業所採用的生產方式。

生產狀況中，生產方式分為一班制和輪班制（人工可為1～3班）。一班制是指在當期產能下，僅以1班工人進行生產的方式，同時允許有限度地加班。增加或減少生產班次都會產生工作班次變換費用。最大生產量如表8-1所示：

表8-1　　　　　　　企業生產方式與最大生產量

	班次	最大生產量（加班限制）	備註
一班制	1	不超過1.5倍產能	僅有1班
輪班制	1	不超過1.35倍產能	超過即調整成2班
	2	不超過2.5倍產能	超過即調整成3班
	3	即3倍產能	設備已全天使用，不得加班

三、瞭解各部門的決策依據

（一）財務部

共涉及銀行往來（借貸）、股利發放兩項決策。

（1）銀行往來：正值表示借款，負值表示還款。
①借、還款均被假設於期初發生，完成借、還款后再升減其他現金流、出入。
②還款額以上期期末現金為限，超過負債總額時，程序會自動調整減少。
（2）股利發放。
①競賽成績的計算，各期發放的股利均以折現方式換算，以評價投資報酬率。
②股利支出是現金流出科目，出現在損益表及現金流動表中。
在正常狀況下，報表所列支出項與股利決策相同，但當所有者權益小於 650 萬元時，為避免股本返回，會自動停止發放股利。

(二) 營銷部

涉及價格、倉儲分配、營銷費用（前三項各分北、中、南、外國市場）、研發費用四項決策。

（1）價格：包括對四處市場分別定價，共四項。
①價格首先應能涵蓋成本，為避免惡性降價，程序會對價格設最低限為 3 元（程序設定價格最高限為 9 元，是假設 9 元以上時產品將乏人問津）。
②其次，價格變動幅度與每公司相對價格的高低，是決定該公司接獲訂單總額（市場潛能）大小的重要決定因素。
③各市場對價格變動的敏感程度請參閱原始報表的環境背景一覽表中的價格彈性項目。

（2）倉儲分配（計劃生產量）：區分四處市場個別分配額。
①這項決策有兩層意義：其一是先決定總計劃生產量，其二是決定運送各處市場倉庫的分配額。為簡化起見，就以四處市場分配額的總和為總計劃生產量。
②總計劃生產量受到產能及原材料存貨量兩項限制（經常有決策值與實際值不同的情形發生）。
③各倉儲分配額的多少，將直接影響該公司在各市場的最大可銷售數量。
④有關計劃生產量、倉儲分配量及銷售量間的計算關係。

（3）營銷費用：營銷費用也包括四處市場分別決策。
①營銷費用是決定該公司在各市場接獲訂單數額的另一重要因素。營銷活動有小幅遞延的效果，投入營銷費用除對本期有效外，對下期也有若干助益。
②營銷活動還有所謂門檻效果，當各期累計營銷費用達到某些定點后，其效果會增強。
③有關本次競賽各市場營銷活動的重要程度，請參閱原始報表的環境背景一覽表中的營銷活動影響項目。

（4）研發費用為公司整體性決策。
①研發費用對市場開發有一定影響力；換言之，研發活動可提高產品品質、增加產品競爭力，也是決定該公司市場潛能的另一要素。
②此外，研發費用亦提高材料使用效率、降低產品成本、簡化工作、節省人工成本也有貢獻。

③相對於營銷費用而言，研發費用具有大幅遞延效果，也就是說研究發展更是一項長期性工作。

④就市場開發方面來說，研發費用支出也有門檻效果。

⑤本次競賽中，研發費用的重要程度，請參閱原始報表環境背景一覽表中的研究發展項目。

（三）生產部

涉及維護費用一項決策。

①維護工作能使機器設備正常運轉，保持材料耗用水平，進而穩定材料成本。

②維護支出少亦對穩定人工成本有較大作用。

③在穩定材料及人工成本方面，維護支出較研發支出更具影響力。

（四）企劃部

涉及設備投資一項決策。

①設備投資可增加機器設備資產額，並提高產能，平均支出預算每投資二十元可擴充一單位產能。

②此外，在競賽中，若訂有投資抵減辦法時，設備投資還有節稅的好處。

③以上兩點在損益表相關項目中有詳細說明。

（五）採購部

涉及購料數量一項決策。

①當期決策決定採購的物料被假設在期末送達；換言之，當期所購物料在下期才能動用。

②同時，當上期物料存貨不能滿足生產需要時，程序會自動產生緊急購料行動，即自本期購料數量中挪用一部分。假設由原材料供貨商緊急提供、在期中送達，結果將是增加相當的額外費用（其計算請參閱損益表科目的補充說明），而且緊急採購的物料於期終耗盡，可供下期生產所用的物料只剩原購料決策值的一部分。其公式為：

期末原材料數量 = 購料數量決策值 − 緊急購料數量

③原材料市價由當期原材料市場需求狀況而定。採購金額為：市價×購料數量。

四、業務狀況表、現金流量表、資產負債表和損益表

（一）業務狀況表

1. 市場潛能

市場潛能指該公司當期所接到的訂單總額（產品單位）。

（1）市場潛能受該公司當期及上期在各市場價格、營銷費用、總研發費用、上期市場佔有率、上期市場潛能遞延、經濟、季節指數、物價波動等的影響。

（2）當市場潛能＞最大可供銷售量（實際倉儲發貨分配額＋倉儲存量）時，超出部分的50%會遞延至下期，其餘50%將可能被其他廠商搶走。

2. 銷售量

銷售量為該公司當期實際總銷貨量（產品單位）及各市場的個別銷售量。

3. 市場佔有率

市場佔有率為該公司的總市場佔有率及個別市場的市場佔有率。

4. 本期生產量

本期生產量指該公司當期實際的總生產數量（即計劃生產倉儲分配額的總和）。

當可供使用原料數量（上期存貨＋本期購料）不足或產能不堪負荷時，則本期生產量＝最大可生產量＜原計劃生產量，且倉儲分配額亦重新計算。

5. 製成品庫存

製成品庫存為該公司各倉庫期末存貨的總和及各倉庫的個別存貨數量。

6. 原材料庫存

原材料庫存為期末原材料存貨數量。

（1）原材料庫存＝上期原材料庫存＋本期購料數量－本期原材料消耗量

（2）本期購料數量為決策輸入值，在正常狀況下（即無緊急採購物料），本期所購物料均在期末送達，供下期使用。

（3）本期原材料消耗量＝生產數量／材料轉換系數。

（4）緊急採購物料，指在期初原材料存貨達不到本期計劃生產量預定使用額時，程序會自動將本期所購且應於期末送達的原料，提前將所需要的部分送達，並在本期生產產品消耗完畢。同時，因緊急購料而產生的額外費用為每單位物料成本 1.5 元。

7. 下期產能

下期產能為一班人工不加班所能生產的產品數量。

（1）產能隨著每期設備實際折舊遞減約 2.5%。

（2）每投資 20 元設備投資支出，約可增加一單位的產能，所以：

下期產能＝0.975×本期產能＋本期設備投資金額／(20×一般物價指數)

（二）現金流量表

（1）流入：包含銷售收益及借款金額（若當期有借款決策）項。

（2）銷售收益：為各市場銷售額的總和。

（3）流出：所有現金流出項目（包含現金費用支出等）。

（4）現金費用支出：所有在當期有現金流出的費用項支出總額。

現金費用含損益表中所有費用支出項，但不含：

①材料耗用——因所使用原料均假設於前期購買，本期並無支出現金。

②銷貨成本修正額——此為帳面調整，不產生現金支出。

③折舊——折舊僅將設備成本轉換成費用分攤各期，並無實際現金支出。

④緊急採購費用——緊急採購費用並入購料支出項目中，在現金流量表中體現。

（5）營利事業所得稅（企業所得稅）：同損益表所列值。

（6）股利支出：同損益表所列值。

（7）設備投資支出：當期決策的設備投資支出值。

(8) 購料支出：為當期購料金額及緊急採購費用的總和。

①原材料市價會隨著整個產業對原材料的需求量的多少而有升降，其單位市價為 0.75 元 ~ 2 元。

② 購料支出 = 當期購料金額 + 緊急採購費用

其中，當期購料金額 = 當期決策購料數量 × 期初原材料市價

(9) 現金資產增加額：現金流入總額 − 現金流出總額。

補充項目：

借款金額：當決策中有借款行為時，此科目會出現在流入項下。

還款金額：當決策中有還款行為時，此科目會出現在流出項下。

①還款時，程序會先以上期期末現金去還款，最大可還款金額以上期期末現金為限。

②程序完成還款步驟后，若總流出大於總流入而造成赤字，程序會再自動借款（即非正常借款或稱事后借款）來補貼差額。

③因在期初利息計算后，原非正常負債歸入正常負債項下，合而為一，故還款行為是針對上期負債總額而言。

④此外，當還款決策值大於上期債額時，程序會自動調整，使還款額等於負債總值。

(三) 資產負債表

1. 資產

(1) 現金：期末公司所持有的現金額。

①現金 = 當期期初現金額 + 本期現金資產增加額。

②當發生赤字情形時，程序會自動採取緊急借款措施，將現金項歸零，並轉入非正式負債科目下。

(2) 製成品存貨價值：期末製成品存貨的折算價值。

①製成品單位價值在開始時為 3 元，往后各期僅隨物價水平略為波動；除非當期銷售量比上期存貨還少，才做調整，調幅亦很小。

期末標準單價 = ［上期標準單價 × （上期存貨 − 本期實際銷售量）+ 3 × 本期實際生產量 × 物價指數］／（上期存貨 − 本期實際銷售量 + 本期實際生產量）

②製成品存貨價值 = 期末標準單價 × 製成品存貨數量。

(3) 原材料存貨價值：期末原材料存貨的折算價值。

①原材料存貨價值 = 原材料單位價值 × 期末原材料存貨數量。

②原材料單位價值即材料單位成本（列於損益表）。

(4) 設備帳面價值：期末帳面上現有設備的折算價值以及取得與原有設備同等效率、同等功能的設備的現時成本（即重置成本）。

①設備帳面價值 = 期初設備帳面價值 − 帳面折舊 + 本期決策的設備投資。

②重置成本的換算是假設現有產能可折算每單位約 20 元，故：

重置成本 = 20 × 期末產能（即下期產能）× 物價指數。

（5）資產總值：為各資產價值的總和。

（6）業主權益：期末所有者對企業資產的剩余權益。

①期末所有者權益＝上期所有者權益＋本期所有者權益增加額。

②經濟權益＝期末所有者權益－設備帳面價值＋設備重置成本。

2. 負債

負債是指期末公司對外借款總額，含正常與非正常兩部分。

（1）正常負債：本期期末正常負債＝上期期末負債（包括正常與非正常）總額＋本期正常（事前）借款金額－本期還款金額

（2）非正常負債：本期因現金不足而被迫借款數額。

①非正常借款在現金資產項出現赤字時自動產生，並於期末轉入本項。

②本項在下期期初計算利息後，程序會自動將之全數轉入正常負債項下；將本項歸零。

（四）損益表

（1）銷售收益：價格×銷售量，所列為個別市場銷售金額及總銷售額。

（2）費用支出：營銷費用項以下至雜項費用之間所有費用項的費用總和。

（3）營銷費用：該公司當期決策的各市場營銷費用值的總和及個別市場決策值。

（4）研發費用：當期決策的研發費用值。

（5）管理費用：因生產規模大小而產生的有關管理性質的半固定費用項。

①在一班制的生產狀態下，管理費用隨生產量變動（表8－2）：

表8－2

生產規模	管理費用	生產班次
生產量產能	(150,000＋0.32×本期產能)×物價指數	1
生產量產能（即加班）	(150,000＋0.32×本期產能＋50,000)×物價指數	1

其中，150,000元為固定管理費用支出，且每單位產能須另付0.32元的管理費用，加班費則為50,000元。

②在輪班制的狀態下，管理費用的計算方式如表8－3所示：

表8－3

生產規模	管理費用	生產班次
生產量＜1班產能	(175,000＋0.32×本期產能)×物價指數	1
1班產能＜生產量＜1.35倍產能	(200,000＋0.32×本期產能)×物價指數	1
1.35倍產能＜生產量＜2班產能	(275,000＋0.32×本期產能)×物價指數	2
2班產能＜生產量＜2.5產能	(295,000＋0.32×本期產能)×物價指數	2
2.5倍產能＜生產量＜3班產能	(400,000＋0.32×本期產能)×物價指數	3

(6) 維護費用：當期決策的維護費用支出額。
(7) 人工費用：為應付本期實際生產量所花費的人工成本（隨生產量和生產班次變動）。
①單位製成品人工成本的大小受研發費用、維護費用支出多少的影響。
②設人工成本每單位為@元，加班生產的部分則為1.5@元。如下表所列：
a. 一班制

表8-4

生產量大小	總人工成本	生產班次
生產量＜產能	@×生產量	1
1班產能＜生產量	@×1班產能＋1.5@×加班生產單位（生產量－1班產能）	1

b. 輪班制

表8-5

生產量大小	總人工成本	生產班次
生產量＜產能	@×生產量	1
1班產能＜生產量＜1.35倍產能	@×1班產能＋1.5@×加班生產單位（生產量－1班產能）	1
1.35班產能＜生產量＜2班產能	@×生產量	2
2班產能＜生產量＜2.5班產能	@×2班產能＋1.5@×加班生產單位（生產量－2班產能）	2
2.5班產能＜生產量＜3班產能	@×生產量	3

(8) 材料耗用：為應付本期實際生產量所消耗的材料成本。
①材料轉換系數是指1單位材料能生產的製成品單位數，其受研發費用及維護支出影響。
②材料單位成本的計算：
材料單位成本＝(當期購料金額＋上期原物料存貨價值)/(當期購料數量＋上期原物料存貨數量)
　　a. 當期購料金額（不含緊急採購）＝當期決策的購料數量期初原材料市價
　　b. 當期購料數量為決策值。
　　c. 當期實際材料耗用價值＝當期實際耗用材料數量×材料單位成本
(9) 銷貨成本修正額：調整銷貨量與生產量差額部分，並折算價值。
①因本期實際銷貨量與實際生產量不完全相同，所以為了符合一般會計原則需要調整其中因數量不同而產生的差異。
②當實際銷售量≥上期存貨時：

銷貨成本修正額＝上期製成品存貨價值－本期製成品存貨價值

製成品存貨價值列於資產負債表。

③當實際銷售量＜上期存貨時：

銷貨成本修正額＝上期期末標準單價×本期實際銷售量－3×本期實際生產量×物價指數

標準單價的計算見資產負債表的說明。

（10）折舊：指依照現行成本分攤方式所計算出的當期帳面折舊額。

①折舊帳面額隨所採用方法不同，而有以下兩種計算方式：

a. 直線折舊法＝期初設備帳面價值×2.5%

b. 加速折舊法＝期初設備帳面價格×3.125%

②不論以何種方式計算，實際的設備功能折減每期都以2.5%的比例減少。

（11）製成品存貨：製成品庫存過程中發生的成本（如資金積壓的財務成本、產品過期的損失、倉儲設施的折耗等）。

每單位製成品存貨持有成本約為0.5元，故製成品存貨持有成本＝0.5×期末製成品存貨數量（各倉庫期末值總和）×（期末標準成本／3）

（12）原材料持有成本：為保存原材料所發生的成本。

原材料持有成本＝期初原材料存貨價值×5%

（13）訂購成本：欲補充原材料訂購過程中所產生的成本費用（含訂購手續作業費、運輸過程檢驗費等）。

其值隨原材料訂貨單位而呈階梯式分佈。如表8-6所示：

表8-6

原材料訂購數量	訂購成本
1～500,000 單位	40,000 元
500,000～1,000,000 單位	80,000 元
1,000,000～1,500,000 單位	120,000 元
1,500,000～2,000,000 單位	160,000 元
2,000,001 單位以上	200,000 元

（14）緊急採購費用：發生緊急採購時需支付的額外費用。

①緊急採購費用為每單位1.5元。

②緊急採購費用＝1.5×緊急採購原材料單位

（15）工作班次變換成本：為當期所開班次數與上期不同時所產生的換班成本。每變換一個班次，會產生100,000×物價指數的費用。

工作班次變換成本＝100,000×物價指數×|當期班次－上期班次|

（16）設備投資費用：此項為因設備投資所產生的費用支出（包含保險費及其他相關費用）。

設備投資費用 = $0.000,000,1 \times (設備投資支出)^2$

(17) 財務費用及利息支出：借款經營產生的利息支出。

利息計算區分為兩部分：

①正常負債利息 = 上期正常負債額 × 銀行利率

在負債 < 所有者權益時，銀行利率 = 年利率 × 0.25

但負債 > 所有者權益時，利率會隨之上升。其計算公式為：

銀行利率 = 年利率 × $[0.25 + (0.125 \times 上期正常負債額/上期業主權益)^2]$

②非正常負債利息 = 上期非正常負債額 × $(0.5 \times 上期負債總額/業主權益)^2$ × 年利率

(18) 運費：為運輸產品至各市場的發貨倉庫所產生費用的總和。

①各市場依路程遠近，其每單位產品運費率為：

表 8-7

北區市場	無	中區市場	0.1 元
南區市場	0.2 元	國外市場	0.8 元

②各市場運費 = 運費率 × 實際倉儲分配量

(19) 雜項費：用因維持現有產能規模產生的雜支費用項。

雜項費用 = (10,000 + 0.18 × 本期產能) × 物價指數

(20) 稅前淨利：銷售收益 - 總費用支出。

(21) 企業所得稅：

①企業所得稅的徵收，按照稅前淨利的多少而採用累進稅制。如表 8-8 所示：

表 8-8

稅前淨利	稅率水準		
	低	中	高
淨利 < 20 萬元的部分	18%	22%	26%
20 萬元 < 淨利 < 50 萬元的部分	28%	35%	42%
50 萬元 < 淨利 < 100 萬元的部分	38%	48%	58%
100 萬元 < 淨利的部分	44%	55%	66%

②若環境背景設有投資抵減項，則還能從所得稅中扣抵 3.5% 的投資獎勵額。

抵減後所得稅額 = 抵減前所得稅額 - (當期設備投資額 × 3.5%)

企業所得稅 = (稅前淨利 × 各自稅率) - 投資抵減額

(22) 稅後淨利：稅前淨利 - 企業所得稅。

(23) 股利支出：當期決策的股利發放額。

但因股利支出不可產生資本退回現象，故當所有者權益 < 650 萬元時，程序自動停止發放股利。

（24）業主權益（所有者權益）增加額：稅后淨利－股利支出，並且計入所有者權益的淨增加額。

第二節　企業經營對抗模擬

一、單一市場四決策項目運作模擬

（一）實驗目的

學生利用 BOSS 系統建立虛擬企業，並在教師設定的經濟背景和市場競爭環境下進行企業運作經營決策。決策項目包括產品價格決策、營銷費用決策、計劃生產量決策以及購料支出金額決策 4 個項目。通過決策過程以及對決策後企業運作狀況的分析和總結，認識企業運作中的生產、銷售和原材料採購等業務過程的基本內容和戰略。

（二）實驗內容和步驟

學生分成若干小組，每個小組利用 BOSS 系統建立一個虛擬企業，並在單一市場背景及教師設定的經濟運行情況條件下進行企業生產運作決策，針對不同企業進行不同的決策，公司財務報表將隨后反應出企業運作情況的效果，並由教師進行評判、講解，學生進行經驗總結。實驗共分五個步驟進行，具體內容如下：

1. 學生分組及小組成員角色和任務分工

全部學生分為若干個競賽小組，每個小組 4 人，進行角色和任務分工。小組成員根據其各自對相關專業知識領域的熟悉程度和個人能力分別承擔虛擬企業的總經理（兼任一部門經理）、營銷經理、財務經理、採購經理、生產經理。

2. 新公司註冊與審核

點擊進入 BOSS 系統界面后，見到如下畫面，點擊「申請新公司」（圖 8-5）。

圖 8-5　BOSS 系統界面

點擊后，出現下面的畫面，在此界面中填寫虛擬公司的名稱、簡介等基本信息，然后點擊「送出申請」，等待教師審核通過。等待期間可點擊「查詢公司審查進度」瞭解公司審核情況，點擊「瞭解競賽流程」查看競賽流程。當教師審核通過后，點擊

「回到登入畫面」返回主界面（圖8-6）。

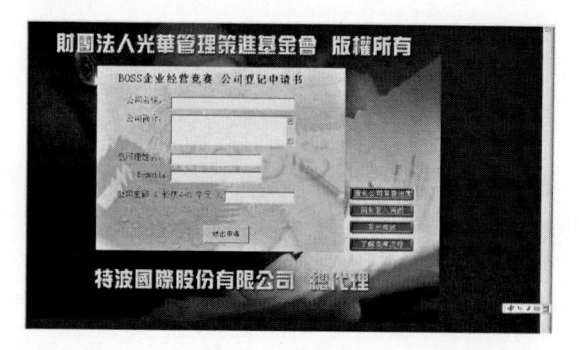

圖8-6　填寫信息

此時將會看到系統自動為企業生成了一個公司統一編號，在「管理密碼」中填入公司申請中設定的管理密碼，並點擊「登入BOSS」進入公司營運模擬系統（圖8-7）。

圖8-7　填寫管理密碼

3. 公司設定

在企業營運模擬系統中點擊「公司設定」，分別填入公司成員的姓名，對公司成員角色進行設定，並點擊「儲存設定」。此時，扮演不同角色的同學可以分別按其存取密碼，從公司登入界面中進入企業營運模擬系統，參加競賽（圖8-8）。

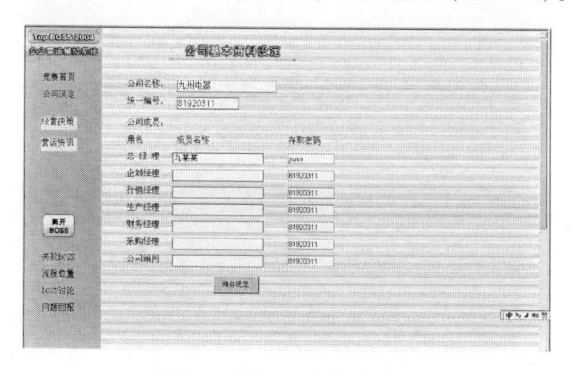

圖8-8　公司基本資料設定

4. 競賽決策

教師宣布競賽開始后,點擊左側的「競賽首頁」,看到如下畫面(圖8-9)。在此界面中可以點擊查看「競賽背景」,並與公司其他成員溝通,根據經濟背景和市場競爭情況作出經營決策。

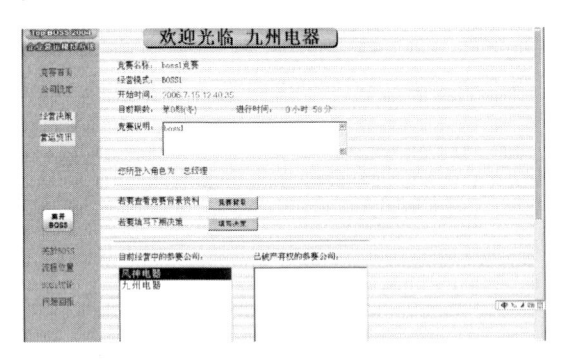

圖8-9 競賽首頁1

點擊左側的「經營決策」會出現下面的選單(圖8-10),包括「如何制訂決策」「瞭解競賽背景」「檢討前期決策」以及「進行本期決策」等。

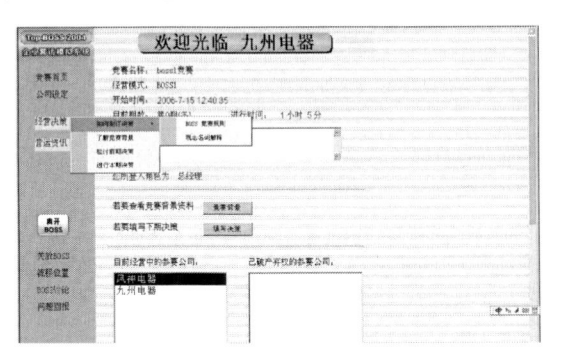

圖8-10 經營決策1

點擊「瞭解競賽背景」子菜單,可以看到競賽主持人(教師)所設定的經濟背景,包括季節波動幅度、通貨膨脹幅度以及經濟成長幅度三個方面(圖8-11)。

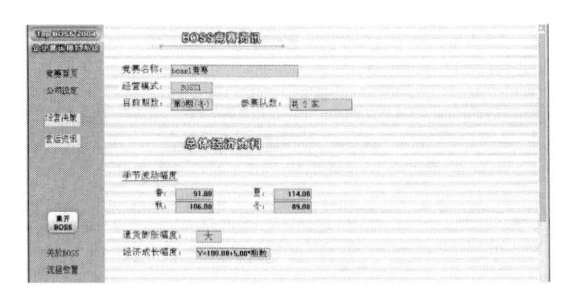

圖8-11 競賽背景1

點擊「營運資訊」，則可以看到包括市場景氣預報、公司業務狀況、損益表等公司基本信息，如圖 8-12 所示：

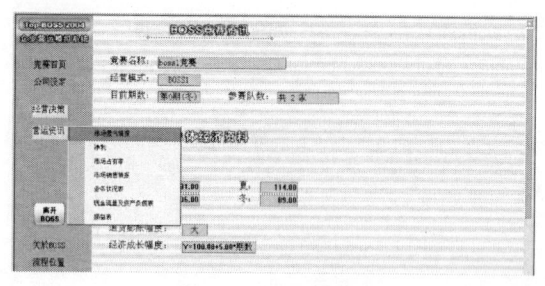

圖 8-12　營運資訊 1

根據這些信息，擔任不同角色的學生分別對產品價格、營銷預算、計劃生產量以及購入物料數量 4 個項目進行決策，並在進行本期決策中填寫決策結果，按下「暫存決策」按鈕暫存已經作出的決策，從而可以轉到其他頁面查看別的參數；當所有決策值都已經填好，選擇「下一步」，按確定鍵送出決策值（圖 8-13）。

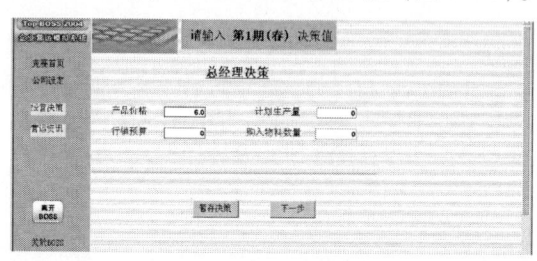

圖 8-13　輸入決策值 1

決策按部門可以分為財務部、營銷部、生產部、企劃部和採購部五種類型，由扮演不同角色經理的學生進行決策。其中總經理可以修改所有的決策，而其他部門只能對自己的部門決策進行修改，無權修改其他部門的決策。經營顧問負責所有決策制定過程的諮詢，而不進行具體的決策工作。

5. 決策結果分析

競賽主持人進行公司經營狀況當期運算后，各公司可以看到第一輪決策之後的企業營運情況，如公司業務狀況、損益表等的變化。學生可以根據營運結果對前期決策進行檢討，同時進行新一輪決策（圖 8-14）。

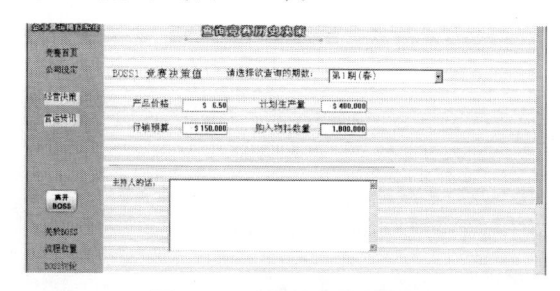

圖 8-14　查詢競賽歷史決策

二、單一市場八決策項目運作模擬

(一) 實驗目的

學生利用 BOSS 系統建立虛擬企業，並在教師設定的經濟背景和市場競爭環境下進行企業運作經營決策。與 BOSS1 實驗項目相比，本實驗決策過程的複雜性有所增加，決策項目包括產品價格決策、營銷費用決策、研發費用決策、計劃生產量決策、維護費用決策、設備投資支出決策以及購料支出金額決策等 8 個項目。通過決策過程以及對決策后企業運作狀況的分析和總結，進一步認識企業運作中的研發、設備投資、設備維護和股利支出等方面對企業運作的影響及其基本戰略。

(二) 實驗內容和步驟

本實驗同樣首先將學生分成若干小組，每個小組利用 BOSS 系統建立一個虛擬企業，並在單一市場背景及教師設定的經濟運行情況條件下進行企業生產運作決策，針對不同企業進行不同的決策，公司財務報表將隨后反應出企業運作情況的效果，並由教師進行評判、講解，學生進行經驗總結。實驗共分五個步驟進行，具體內容如下：

1. 學生分組及小組成員角色和任務分工

同實驗項目一。

2. 新公司註冊與審核

同實驗項目一。

3. 公司設定

同實驗項目一。

4. 競賽決策

教師宣布競賽開始后，點擊左側的「競賽首頁」，看到如下畫面（圖 8-15）。在此界面中可以點擊查看「競賽背景」和「營運資訊」。

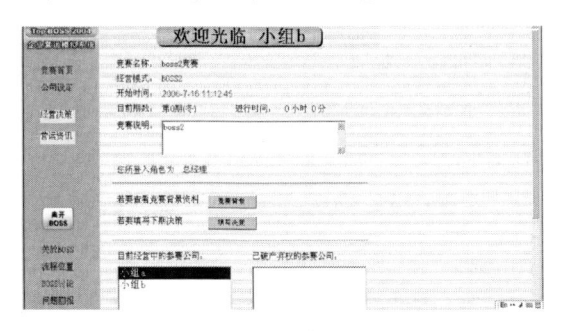

圖 8-15　競賽首頁 2

點擊查看「競賽背景」，可以看到，與實驗項目一相比，多了「稅率資料」「產業背景資料」和「企業內部狀況」三項背景的設定（圖 8-16）。

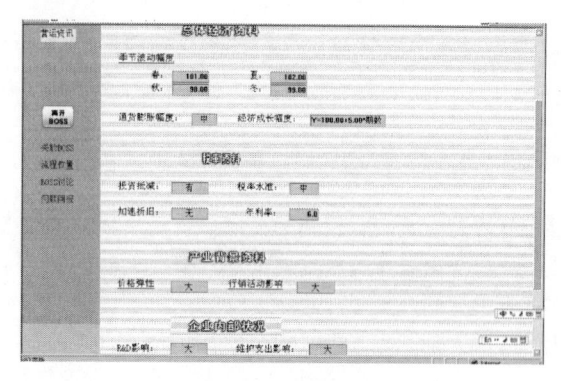

圖 8-16　競賽背景 2

點擊查看「營運資訊」，可以看到與實驗項目一相比，BOSS2 項目多了關於股利支出的基本信息（圖 8-17）。

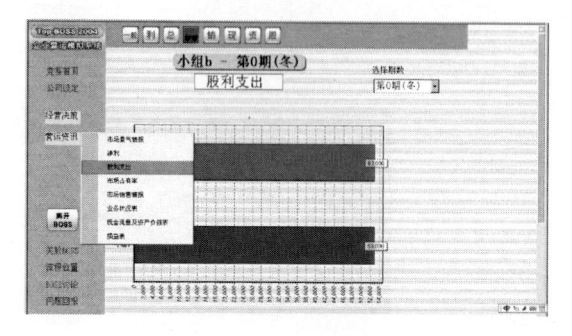

圖 8-17　營運資訊 2

根據經濟背景和市場競爭情況，擔任不同角色的學生分別對產品價格、營銷費用、研發費用、計劃生產量、維護費用、設備投資支出以及購料支出金額等 8 個項目進行決策，並與公司其他成員溝通和討論。在進行本期決策中填寫決策結果，按下「暫存決策」按鈕暫存已經作出的決策，從而可以轉到其他頁面查看別的參數；當所有決策值都已經填好，選擇「下一步」，按確定鍵送出決策值（圖 8-18）。

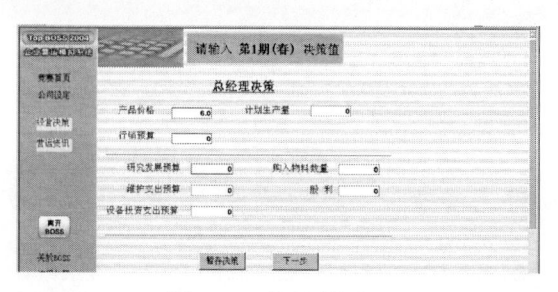

圖 8-18　輸入決策值 2

5. 決策結果分析

競賽主持人進行公司經營狀況當期運算後，各公司可以看到第一輪決策之後的企業營運情況，如公司業務狀況、損益表等的變化。學生可以根據營運結果對前期決策進行檢討，同時進行新一輪決策。

三、多市場十四決策項目運作模擬

（一）實驗目的

學生利用 BOSS 系統建立虛擬企業，並在教師設定的經濟背景和多市場競爭環境下進行更加複雜的企業運作經營決策。決策項目包括產品在四個市場的價格決策、在四個市場的營銷費用決策、研發費用決策、計劃生產量決策、維護費用決策、設備投資支出決策以及購料支出金額決策共計 14 個項目。通過決策過程以及對決策後企業運作狀況的分析和總結，認識企業運作中的生產、銷售和財務等業務過程的基本內容和戰略。

（二）實驗內容和步驟

學生分成若干小組，每個小組利用 BOSS 系統建立一個虛擬企業，並在多市場背景及教師設定的經濟運行情況條件下進行企業生產運作決策，針對不同企業進行不同的決策，公司財務報表將隨後反應出企業運作情況的效果，並由教師進行評判、講解，學生進行經驗總結。實驗共分五個步驟進行，具體內容如下：

1. 學生分組及小組成員角色和任務分工

同實驗項目一。

2. 新公司註冊與審核

同實驗項目一。

3. 公司設定

同實驗項目一。

4. 競賽決策

教師宣布競賽開始後，點擊左側的「競賽首頁」，看到如下畫面。在此界面中可以點擊查看「競賽背景」和「營運資訊」（圖 8-19）。

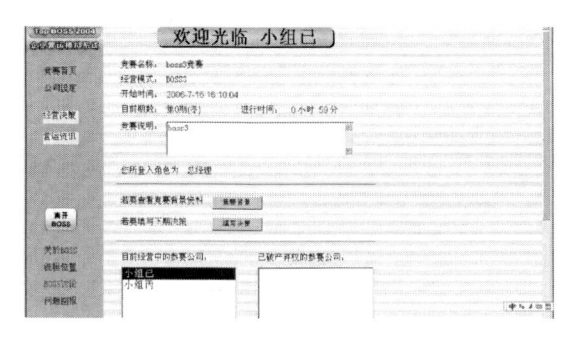

圖 8-19　競賽首頁 3

在經營決策中，BOSS3 增加了對產品形象和不同角色任務的說明。

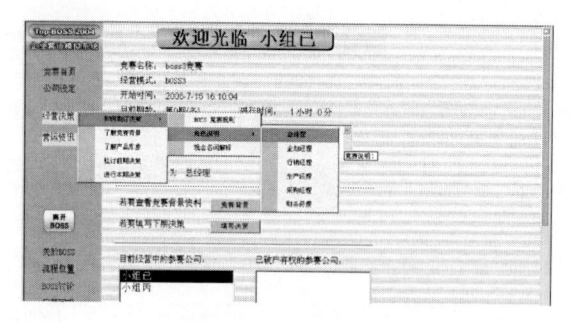

圖 8-20　經營決策 3

點擊查看「競賽背景」，可以看到，與實驗項目二相比，在「總體經濟資料」「稅率資料」「產業背景資料」和「企業內部狀況」中進一步增加了對「產品生命週期」「四個市場的價格彈性」「營銷活動影響」以及「企業生產狀況影響」的設定（圖 8-21）。

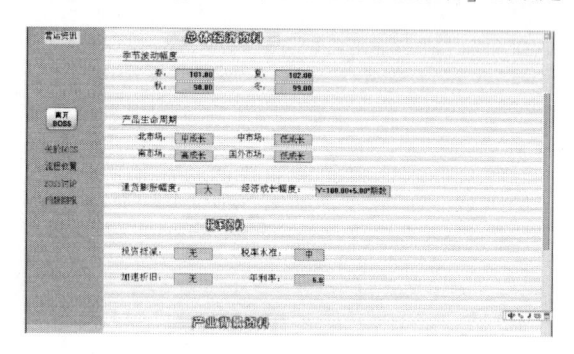

圖 8-21　競賽背景 3

點擊查看「營運資訊」，可以看到與實驗項目二相比，BOSS3 項目增加了不同市場的市場佔有率和市場銷售情報的基本信息（圖 8-22）。

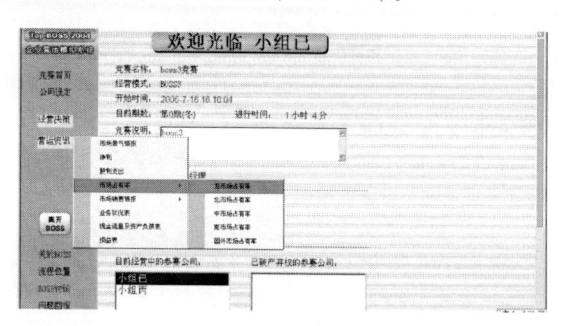

圖 8-22　營運資訊 3

根據經濟背景和市場競爭情況以及企業生產銷售的基本信息，擔任不同角色的學生分別對四個市場的產品價格和營銷費用、產品研發費用、計劃生產量、維護費用、

設備投資支出以及購料支出金額等 14 個項目進行決策，並與公司其他成員溝通和討論。在進行本期決策中填寫決策結果，按下「暫存決策」按鈕暫存已經作出的決策，從而可以轉到其他頁面查看別的參數；當所有決策值都已經填好，選擇「下一步」，按確定鍵送出決策值（圖 8-23）。

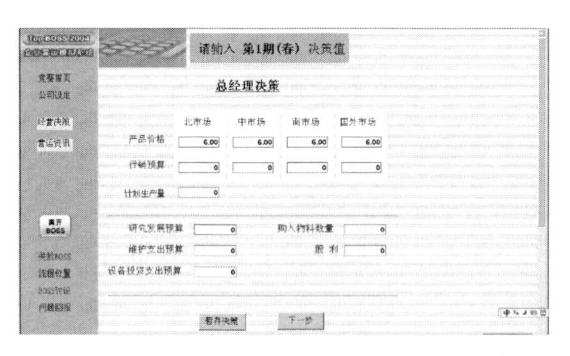

圖 8-23 輸入決策值 3

5. 決策結果分析

競賽主持人進行公司經營狀況當期運算後，各公司可以看到第一輪決策之後的企業營運情況，如公司業務狀況、損益表等的變化。學生可以根據營運結果對前期決策進行檢討，同時進行新一輪決策。

四、多市場十八決策項目運作模擬

（一）實驗目的

學生利用 BOSS 系統建立虛擬企業，並在教師設定的經濟背景和多市場競爭環境下進行企業運作經營決策。決策項目包括產品在四個市場的價格決策、營銷費用決策以及倉儲分配決策、產品的研發費用決策、對銀行的借款還款決策、維護費用決策、設備投資支出決策、購料支出金額決策以及股利發放決策等共計 18 個項目。通過決策過程以及對決策后企業運作狀況的分析和總結，認識企業運作中的生產、銷售和財務等業務過程的基本內容和戰略。

與實驗項目三相比，企業運作決策者需要多考慮產品在四個市場上的分配量以及企業與銀行的借還款往來。

（二）實驗內容和步驟

學生分成若干小組，每個小組利用 BOSS 系統建立一個虛擬企業，並在多市場背景及教師設定的經濟運行情況條件下進行企業生產經營管理，針對不同企業進行不同的決策，公司財務報表將隨後反應出企業運作情況的效果，並由教師進行評判、講解，學生進行經驗總結。實驗共分五個步驟進行，具體內容如下：

1. 學生分組及小組成員角色和任務分工

同實驗項目一。

2. 新公司註冊與審核

同實驗項目一。

3. 公司設定

同實驗項目一。

4. 競賽決策

教師宣布競賽開始后，點擊左側的「競賽首頁」，看到如下畫面。在此界面中可以點擊查看「競賽背景」和「營運資訊」（圖8-24）。

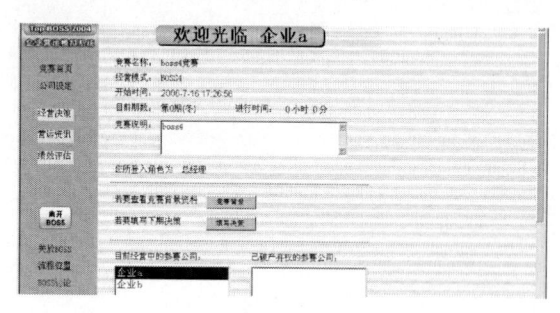

圖8-24 競賽首頁4

點擊查看「競賽背景」，可以看到，與實驗項目三相比，在「產業背景資料」中進一步增加了對「市場遞延效果」的設定（圖8-25）。

圖8-25 競賽背景4

點擊查看「營運資訊」，可以看到市場景氣情報、公司淨利、股利支出、不同市場的市場佔有率和市場銷售情報等基本信息（圖8-26）。

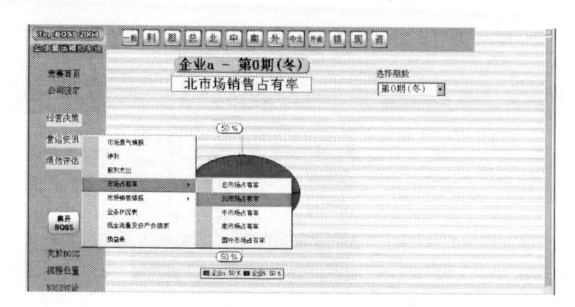

圖8-26 營運資訊4

與BOSS3項目相比，實驗項目四還增加了對不同部門績效的評估功能（圖8-27）。

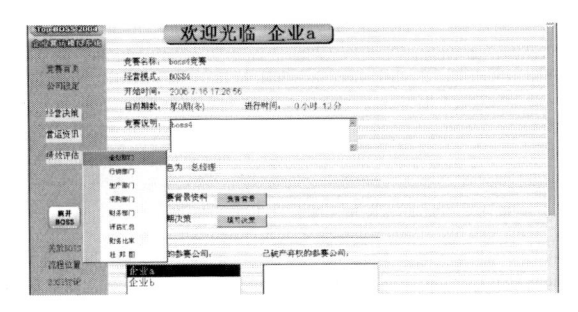

圖 8-27　績效評估

　　根據經濟背景和市場競爭情況以及企業生產銷售的基本信息，擔任不同角色的學生分別對四個市場的產品價格、營銷費用和倉儲分配量、產品的研發費用、銀行借款還款、設備維護費用、設備投資支出以及購料支出金額等 18 個項目進行決策，並與公司其他成員溝通和討論。在進行本期決策中填寫決策結果，按下「暫存決策」按鈕暫存已經作出的決策，從而可以轉到其他頁面查看別的參數；當所有決策值都已經填好，選擇「下一步」，按確定鍵送出決策值（圖 8-28）。

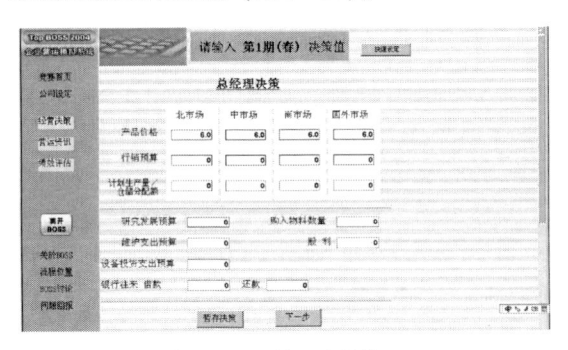

圖 8-28　輸入決策值 4

5. 決策結果分析

　　競賽主持人進行公司經營狀況當期運算後，各公司可以看到第一輪決策之后的企業營運情況，如公司業務狀況、損益表等的變化。學生可以根據營運結果對前期決策進行檢討，同時進行新一輪決策。

參考文獻

［1］卓永斌，雷劍，劉振華. 市場營銷實務與操作［M］. 北京：中國人民大學出版社，2010.

［2］楊勇，束軍意，吳賢龍，等. 市場營銷：理論、案例與實訓［M］. 北京：中國人民大學出版社，2011.

［3］單鳳儒. 市場營銷綜合實訓［M］. 北京：科學出版社，2009.

［4］秦國偉. 如何設計銷售地圖［EB/OL］. 中華品牌管理網：http：//www.cnbm.net.cn/article/zu91005897.html. 2007－05－25.

［5］王建民. 生產運作管理［M］. 北京：北京大學出版社，2007.

［6］黃娟，等. 生產運作管理［M］. 成都：西南財經大學出版社，2010.

［7］胡北忠. 會計學綜合實習［M］. 大連：東北財經大學出版社，2010.

［8］史習民. 全面預算管理［M］. 上海：立信會計出版社，2003.

［9］王化成，佟岩，李勇. 全面預算管理［M］. 北京：中國人民大學出版社，2003.

［10］劉俊勇. 全面預算管理：戰略的觀點［M］. 北京：中國稅務出版社，2006.

［11］楊淑君，王利娜. 會計綜合業務模擬實驗［M］. 北京：科學出版社，2009.

［12］沈洪濤，樊瑩，羅淑貞. 初級財務會計［M］. 大連：東北財經大學出版社，2008.

［13］胡玉明. 財務報表分析［M］. 大連：東北財經大學出版社，2008.

［14］邁克爾·A.希特. 戰略管理［M］. 北京：機械工業出版社，2009.

［15］周三多. 戰略管理思想史［M］. 上海：復旦大學出版社，2003.

［16］蕭鳴政. 人力資源開發的理論與方法［M］. 北京：高等教育出版社，2005.

［17］卿濤，羅鍵. 人力資源管理概論［M］. 北京：清華大學出版社，2006.

［18］吳國華，崔霞. 人力資源管理實驗實訓教程［M］. 南京：東南大學出版社，2008.

［19］馮明，李華. 人力資源管理實驗教程［M］. 重慶：重慶大學出版社，2007.

［20］侯章良，劉立新. 戰略管理最重要的5個工具［M］. 廣州：廣東經濟出版社，2008.

［21］程烈. 銷售計劃九步法［J］. 中國商貿，2005（11）.

國家圖書館出版品預行編目(CIP)資料

中國經營企業決策與管理 / 黃潔主編. -- 第二版.
-- 臺北市：崧博出版：財經錢線文化發行，2018.10
　面；　公分
ISBN 978-957-735-559-1(平裝)
1.企業管理 2.決策管理
494.1　　　　107017072

書　名：中國經營企業決策與管理
作　者：黃潔 主編
發行人：黃振庭
出版者：崧博出版事業有限公司
發行者：財經錢線文化事業有限公司
E-mail：sonbookservice@gmail.com
粉絲頁　　　　　　網　址：
地　址：台北市中正區延平南路六十一號五樓一室
8F.-815, No.61, Sec. 1, Chongqing S. Rd., Zhongzheng Dist., Taipei City 100, Taiwan (R.O.C.)
電　話：(02)2370-3310　傳　真：(02) 2370-3210
總經銷：紅螞蟻圖書有限公司
地　址：台北市內湖區舊宗路二段 121 巷 19 號
電　話：02-2795-3656　傳真：02-2795-4100　網址：
印　刷：京峯彩色印刷有限公司（京峰數位）

　　本書版權為西南財經大學出版社所有授權崧博出版事業有限公司獨家發行電子書及繁體書繁體版。若有其他相關權利及授權需求請與本公司聯繫。
定價：450元
發行日期：2018 年 10 月第二版
◎本書以POD印製發行